LabVIEW 程式設計與應用

惠汝生　編著

全華圖書股份有限公司

序言

科技始終來自於人性，在瞬息萬變的時代裡，每分每秒皆有推陳出新的新科技。在現今網際網路時代來臨之際，LabVIEW 已融入更強大的無線通訊功能，更具備遠端監控的能力，如今推出的 LabVIEW 2020 新增 Python 程式的編輯功能，改變使用者對 LabVIEW 的刻板印象，終究是個全新的系統架構，也將成為另一波學習的熱門新領域。在經過親自安裝與測試之後，發現在迴圈結構、系統監控，以及影像處理等方面增添不少新功能。最讓人驚艷的不僅在程式方面有重大改變，就連硬體支援也較以往的版本更加成熟與完備，要如何將 LabVIEW 2020 全新的功能介紹給讀者，便是當前要務。

本書共分 12 章，每一章節皆以循序漸近的方式編輯，並在各章節中提供範例讓初學者操作與練習，為提高實際學習的效果，本書以全彩輸出，因應讀者在學習與編輯程式時，更能清楚分辨程式與資料間連線的狀態。若在各章節出現 CLAD 標示，代表此處是 CLAD 的出題重點所在，並於每章結尾處提供 LabVIEW 的 CLAD 模擬考試題目，亦在隨書附贈光碟中，附有官方的 CLAD 模擬試題與題庫，供讀者參考與練習之用。另外在此提醒讀者注意，本書在第 11 章的部分，必須要安裝 Python 系統程式，才能執行章節當中的範例程式。而第 12 章的範例程式部分，若有標示 ▦▦ 表示需要額外安裝 GPIB 卡，才能執行 GPIB 範例程式與操作 NI Simulator 模擬器。

本書雖力求完美而盡最大的力量，不過難免尚有遺珠之憾，或有不周延之處。期望先進學者與專家們，能不吝賜教，藉以提升本書的內容與品質。在此要感謝國家儀器公司的技術支援，全華圖書公司編輯部楊素華 副理和李孟霞 組長的鼎力協助，也謝謝友人林玲宜小姐的校稿工作，更感謝曾對本書指教與協助的相關人士。關於 LabVIEW 2020 系統軟/硬體的支援相關問題，可洽國家儀器股份有限公司。

作者

惠汝生

編 輯 部 序

　　2020 年推出的 LabVIEW 2020 新增 Python 程式的編輯功能，改變使用者對 LabVIEW 的刻板印象，且在迴圈結構、系統監控及影像處理等方面增添不少新功能，硬體支援也更加成熟與完備。本書以循序漸近的方式編寫，並在各章節中提供範例讓初學者操作與練習，並提供 LabVIEW 的 CLAD 模擬考試題目，供讀者參考與練習之用。

　　全書共 12 章，第 1 章至第 3 章介紹 LabVIEW 系統安裝和工具欄、面板、物件對話方塊等操作，以及數值基本運算功能、布林函數運算的法則；第 4 章至第 6 章從副程式的建立、定義與設定開始說明，接著說明重複式迴圈的結構及應用、陣列的形態與函數功能，以及叢集的設定與函數；第 7 章說明如何將數值與陣列的資料，以圖表或圖形的方式輸出顯示；第 8 章介紹 2D 與 3D 圖形，讓數學分析結果更加清楚呈現；第 9 章說明進階條件式迴圈，包含條件式結構、事件結構等；第 10 章說明字串與檔案儲存管理；第 11 章說明特殊 Node 的應用，包含 MathScript Node、Python Node；第 12 章介紹 GPIB 的儀器控制，從架構開始說起，接著講述 Waveform 轉換，最後說明儀表驅動程式設計。

　　本書適用於大學、科大電子、電機系「LabVIEW 程式設計」、「圖控程式設計」課程使用。

關 於 光 碟

請尊重智慧財產權

　　本書所附光碟除了 LabVIEW(試用版)的軟體與安裝說明、章節內容的範例程式，以及 NI 原廠 CLAD(Certified LabVIEW Associate Developer)的基礎認證模擬試題。另外也提供了 MathScript RT Module 程式、Python(3.6)系統程式，與 Anaconda 開發編譯程式等輔助學習軟體。

❋ 光碟附件軟體僅供學習之用，如有需要請向原(廠)公司購買合法軟體 ❋

	目錄名稱	資料夾內容	內容說明
1	LabVIEW 系統程式	① 線上安裝執行檔 ② 自解壓縮安裝執行檔	＊自從 LabVIEW2019 開始，NI 只提供線上安裝的版本。 ＊本光碟提供 LabVIEW2018 自解壓縮安裝執行檔，無須透過解壓縮程式，便可自行安裝。
2	LabVIEW 2020 安裝說明	PDF 文件檔案	
3	CLAD 認證模擬試題	① 中文模擬試題 ② 英文模擬試題 ③ 基礎認證(CLAD)白皮書 ④ CLAD 考試(常見的犯錯指南)	＊內含(全真)中文試題兩份。 ＊內含(全真)英文試題兩份。 ＊基礎認證(CLAD)白皮書一份。 ＊CLAD 考試常見的犯錯指南一份。 如欲參加認證考試人員，請務必詳讀資料。
4	LabVIEW 範例程式	包含第 2 章、第 3 章、第 4 章、第 5 章、第 6 章、第 7 章、第 8 章、第 9 章、第 10 章、第 11 章第 12 章等內容章節範例。	每一個資料夾皆以章節命名，內含章節示範說明的範例與操作範例之外，也增加了延伸學習範例。
5	Anaconda 程式(64bit)	自解壓縮安裝執行檔	內含編譯器
6	Python 3.6 (64bit)	自解壓縮安裝執行檔	＊LabVIEW 2020 暫不支援 Python(3.8)版本。
7	MathScript RT Module	自解壓縮安裝執行檔	第 11 章 MathScript Node 輔助程式，可不安裝。

目　錄

第1章　*LabVIEW* 緒論

1-1　何謂 LabVIEW 1-1

1-2　LabVIEW 系統的安裝需求 1-3

1-3　如何啓動 LabVIEW 系統 1-5

1-4　檔案儲存(Files Save) 1-8

1-5　檔案開啓(Files Open) 1-11

1-6　程式列印(Files Print) 1-13

CLAD 模擬試題練習 1-18

第2章　*LabVIEW* 系統介紹

2-1　人機介面 (Front Panel) 2-2

　　2.1.1　人機介面的基本架構 2-2

　　2.1.2　人機介面下拉式工具列介紹 2-4

　　2.1.3　控制面板工具列 2-6

　　2.1.4　人機介面控制面板設定 2-8

2-2　程式區 (Block Diagram) 2-9

　　2.2.1　程式區的基本架構 2-10

　　2.2.2　程式區下拉式工具列介紹 2-13

　　2.2.3　函數面板工具列 2-15

2-3　工具面板 (Tools Palette) 2-15

　　2.3.1　工具面板快速鍵操作 2-18

2-4　編輯技巧 (Editing Techniques) 2-19

　　2.4.1　建立與連線操作 2-19

　　2.4.2　連線修改操作 2-21

　　2.4.3　建立 VI 程式 2-22

　　2.4.4　尋找錯誤與程式修正 2-23

2-5 執行 VI 程式 (Running VI)..2-24

   2.5.1 標示執行 2-24

   2.5.2 單步執行 2-24

2-6 特殊工具 (Special Tools)..2-26

   2.6.1 探針工具 2-26

   2.6.2 中斷點工具 2-27

2-7 文字輔助視窗 (Context Help Windows) 2-28

CLAD 模擬試題練習 2-31

第 3 章　數值與布林

3-1 數值函數物件 3-2

   3.1.1 基本數值運算函數 3-3

   3.1.2 三角函數物件 3-12

   3.1.3 特殊功能三角函數物件 3-24

   3.1.4 指數函數物件 3-25

   3.1.5 對數函數物件 3-27

3-2 布林邏輯與布林轉換 3-29

3-3 比較函數 3-38

3-4 辨識與判定函數 3-45

3-5 正反器 3-49

問題練習 3-51

CLAD 模擬試題練習 3-52

第 4 章　副程式結構

4-1 建立副程式 4-2

   4.1.1 建立副程式的方式 4-2

   4.1.2 編輯圖像 (Edit Icon) 4-3

   4.1.3 連接器 (Connector) 4-6

   4.1.4 選擇與修改終端點的類型 4-8

4-2　SubVI 的定義與設定 4-9

　　4.2.1　建立 SubVI 輔助說明的功能 4-9

4-3　函數面板嵌入 SubVI 程式 4-12

　　4.3.1　自建檔案夾模式的說明與步驟 4-12

　　4.3.2　Favorite 檔案夾的說明與步驟 4-18

　　4.3.3　嵌入式的說明與步驟 4-22

問題練習 4-25

CLAD **模擬試題練習** 4-26

第 5 章　　重複式迴圈

5-1　While Loop 結構 5-1

　　5.1.1　機械開關的布林邏輯狀態 5-4

　　5.1.2　定時設定 5-7

　　5.1.3　數值範圍的設定 5-9

　　5.1.4　數值的位數設定 5-10

5-2　For Loop 的結構 5-13

　　5.2.1　數值的變換 5-14

　　5.2.2　通道結構 5-15

5-3　移位暫存器(Shift Register)的應用 5-16

　　5.3.1　移位暫存器的初始化 5-18

　　5.3.2　堆疊移位暫存器 5-18

5-4　回饋節點 (Feedback Node) 5-21

5-5　變數 (Variable) 5-24

　　5.5.1　區域變數 5-24

　　5.5.2　全域變數 5-26

5-6　平行運算 (Parallel Computing) 5-32

問題練習 5-35

CLAD **模擬試題練習** 5-36

第 6 章　　陣列與叢集

6-1 陣列(Array)的型態 6-1

    6.1.1 陣列產生方式 6-2

    6.1.2 一維陣列 (1D Array) 6-3

    6.1.3 二維陣列 (2D Array) 6-3

    6.1.4 常數陣列 (Constant Array) 6-4

6-2 建立迴圈陣列 6-5

    6.2.1 一維陣列 (1D Array) 6-5

    6.2.2 二維陣列 (2D Array) 6-5

    6.2.3 For Loop 控制陣列執行次數 6-6

6-3 陣列的函數功能 6-8

6-4 何謂 Polymorphism 6-26

6-5 叢集 (Cluster) 6-28

    6.5.1 叢集的控制器與顯示器 6-28

    6.5.2 叢集的常數 6-29

    6.5.3 叢集的順序設定 6-30

    6.5.4 叢集函數 6-32

    6.5.5 利用叢集傳送資料到 SubVI 6-38

6-6 錯誤叢集 (Error Cluster) 6-39

    6.6.1 錯誤叢集 6-40

    6.6.2 錯誤叢集的應用 6-41

問題練習 6-45

CLAD 模擬試題練習 6-46

第 7 章　　圖表與圖形

7-1 波形圖表 (Waveform Chart) 7-1

    7.1.1 圖表說明 (Plot Legend) 7-4

    7.1.2 刻度說明 (Scale Legend) 7-5

    7.1.3 圖形面板 (Graph Palette) 7-5

    7.1.4 X 軸與 Y 軸刻度設定與調整 7-8

    7.1.5 覆蓋式與堆疊式顯示的方式 7-10

    7.1.6 全螢幕顯示與均分式顯示 7-11

7.1.7　圖表資料清除方式 7-12

7.1.8　圖表特性 (Chart Properties) 7-13

7.1.9　單一與多重圖表應用 7-14

7.1.10　圖表 (Chart) 的使用摘要 7-17

7-2　波形圖形 (Waveform Graph) 7-21

7.2.1　游標說明 (Cursor Legend) 7-22

7.2.2　游標移動器 (Cursor Moving Tool).............................7-24

7.2.3　圖形特性 (Graph Properties) 7-24

7.2.4　單一與多重圖形應用 7-25

7.2.5　圖形取樣率 (Graph Sample Rate)..............................7-26

7.2.6　圖形 (Graph) 的使用摘要 7-27

7-3　XY 圖形 (XY Graph) 7-30

7.3.1　單一座標 XY 圖形 7-30

7.3.2　多重座標 XY 圖形 7-31

7.3.3　快速 XY 圖形 (Express XY Graph) 7-31

7-4　強度圖表與圖形 (Intensity Chart and Graph) 7-33

7.4.1　強度圖表的選項功能 7-33

7.4.2　強度圖形的選項功能 7-34

問題練習 7-36

CLAD 模擬試題練習 7-37

第8章　2D 與 3D 圖形

8-1　2D 圖形 (2D Graph)..8-1

8.1.1　羅盤圖 (Compass Plot) 8-2

8.1.2　錯誤條狀圖 (Error Bar Plot).....................................8-2

8.1.3　羽狀圖 (Feather Plot)..8-3

8.1.4　XY 陣列圖 (XY Plot Matrix)......................................8-4

8-2　3D 圖形 (3D Graph)..8-5

8.2.1　三維表面圖形 (3D Surface) 8-5

8.2.2　三維參數圖形 (3D Parametric) 8-5

8.2.3　三維線條圖形 (3D Line Graph)...................................8-6

    8.2.4　三維圖形特性的設定...8-6

8-3　數位波形圖 (Digital Waveform Graph).............................8-18

    8.3.1　二進制資料的輸入與輸出.....................................8-18

    8.3.2　混合訊號波形...8-22

8-4　3D 圖像 (3D Picture)..8-26

第 9 章　進階條件式迴圈

9-1　條件式結構 (Case Structure)..9-2

    9.1.1　布林 Case 結構...9-2

    9.1.2　數值 Case 結構...9-3

    9.1.3　字串 Case 結構...9-3

    9.1.4　列舉 (Enumerated) Case 結構 9-4

    9.1.5　錯誤 Case 結構...9-5

    9.1.6　增加 Case 結構層...9-6

9-2　順序結構 (Sequence Structure) 9-11

    9.2.1　如何使用 Flat Sequence 結構 9-13

    9.2.2　如何使用 Stacked Sequence 結構...........................9-13

9-3　公式節點 (Formula Node) 9-18

9-4　事件結構 (Event Structure)..9-22

問題練習 9-29

第 10 章　字串與檔案儲存管理

10-1　字串 (String)..10-2

    10.1.1　字串控制物件與顯示物件....................................10-2

10-2　字串函數 10-4

    10.2.1　字串格式轉換 10-8

    10.2.2　數值與字串的轉換..10-10

10-3　檔案管理函數 10-15

    10.3.1　資料寫入方式..10-17

    10.3.2　資料讀取方式..10-21

10-4 試算表字串格式 10-24

    10.4.1 建立表格 10-27

    10.4.2 Table Property Node 的產生方式 10-27

10-5 高階檔案 I/O 的技巧 10-34

    10.5.1 使用文字 (ASCII) 檔案時機 10-34

    10.5.2 使用二進位檔案時機 10-34

    10.5.3 使用 TDM 檔案時機 10-35

10-6 循序讀取與隨機讀取 10-39

    10.6.1 循序讀取 10-39

    10.6.2 隨機讀取 10-40

問題練習 10-41

CLAD 模擬試題練習 10-42

第 11 章　特殊 Node 應用

11.1 MathScript Node 應用 11-2

    11.1.1 節點式 MathScript 11-2

    11.1.2 視窗式 MathScript 11-3

11.2 數值運算 11-7

    11.2.1 基本四則運算 11-7

    11.2.2 三角函數 11-7

    11.2.3 雙曲線函數與反雙曲線函數 11-8

    11.2.4 指數與對數 11-8

    11.2.5 取餘數與捨去的指令 11-9

    11.2.6 一般數值資料型態 11-10

    11.2.7 n-bit 數值資料型態 11-10

    11.2.8 邏輯運算 11-11

    11.2.9 數值與字串的轉換函數 11-12

    11.2.10 不同數字之間的轉換函數 11-13

    11.2.11 字串處理函數 11-14

11.3 陣列與矩陣 11-15

    11.3.1 一維陣列 11-15

11.3.2 二維陣列 11-16

11.4 矩陣的運算 11-17

11.5 陣列的運算 11-23

11.6 多項式的運算 11-30

11.6.1 多項式的建立 11-30

11.6.2 多項式求根 11-31

11.6.3 多項式求值 11-32

11.6.4 多項式的加法與減法 11-32

11.6.5 多項式的乘法 11-33

11.6.6 多項式的除法 11-33

11.7 Python Node 應用 11-34

11.7.1 Python 的開發環境 11-35

11.7.2 Define 函式的功能 11-36

11.7.3 Return 函式的功能 11-37

11.7.4 if…elif…else 的功能 11-39

第 12 章　GPIB 儀器控制

12-1 IEEE 488.1 與 GPIB 的規格 12-2

12.1.1 GPIB 硬體配置 12-3

12.1.2 GPIB 訊號與纜線 12-3

12.1.3 軟體架構 12-7

12.1.4 GPIB 的重要指令 12-9

12.1.5 錯誤的訊息 12-11

12-2 虛擬儀器軟體架構 (VISA) 12-15

12-3 Waveform 轉換 12-19

12.3.1 移除資料表頭 12-19

12.3.2 Binary Waveform Encoded as 1-byte Integers 12-22

12.3.3 Binary Waveform Encoded as 2-byte Integers 12-22

12-4 儀器驅動程式設計 12-24

問題練習 12-29

LabVIEW 緒論

 ## 1-1 何謂 LabVIEW

    LabVIEW(**Lab**oratory **V**irtual **I**nstrument **E**ngineering **W**orkbench，實驗室虛擬儀器工程平台)是由 National Instrument 公司，程式初期在 1986 年由傑夫·考度斯基(Jeff Kodosky)於蘋果電腦上發表於世。而早期的 LabVIEW 是為了儀器自動控制所設計，至今則轉變成為一種逐漸成熟的高階程式語言。圖形化程式與傳統程式語言之不同點在於程式的流程是採用"資料流"的概念，此創舉打破了傳統的程式編輯思維與模式，使得程式設計者在流程圖構思完畢之後，也同時完成了程式的撰寫動作。因此這種，它是使用圖像物件函數的方式編輯程式，來取代傳統採用文字編輯的方式，使得使用者更容易了程式結構的涵義。在歷經了 4.0、5.0、6.0、7.0、8.0、2009、2010、2011、2012、2013、2014、2015、2016、2017、2018、2019 等系統版本的更新之後，更在 2020 增添需多更強大的功能。自從 LabVIEW 2014 開始，便提供了 32bit 與 64bit 兩種版本供使用者選用，本書 LabVIEW 的系統是在 Windows 10(64bit)視窗下，安裝 LabVIEW 2020(64bit)系統來進行本書之編輯。

LabVIEW 程式語言，也被稱為**圖像程式語言**(Graphic Language，簡稱為 G 語言)，它是一種資料流程式語言。程式設計師透過繪製導線連線不同功能的節點，圖形化的程式框圖（亦稱為 LV 原始碼）結構決定程式如何執行。而這些連接線傳遞變數，讓所有的輸入資料都準備好之後，節點便馬上執行。這可能出現同時使用多個節點的情況，G 語言天生地具有並列執行能力，亦可以在跨平台上重複執行與使用節點的執行方式。

　　圖形化的方法還允許非程式設計者，可以透過拖放虛擬化形式的 VI 的方式，產生出程式的編輯方法，來控制已經熟悉的實驗室裝置與設備。在 LabVIEW 系統環境之下，可以藉助已經提供的大量資訊和文件，便可輕而易舉地建立出小型應用程式。在編寫複雜的演算法或大規模的代碼，有一點是非常重要的觀念，那就是程式設計者必需要對 LabVIEW 特殊的語法，具有專業的知識與廣泛的了解，並且知曉 LabVIEW 記憶體管理的結構。並充分運用最先進的 LabVIEW 開發系統，建立獨立應用程式的可能性。此外，還可以建立分布式應用，與透過客戶機與伺服器模式進行通訊。由於 G 語言本身具有並列性的特質，這是一個很容易會被實現的理念。

　　LabVIEW 沿用先前的**虛擬儀表**(Virtual Instruments, VIs)的概念，使用者可透過人機介面直接控制自行開發之儀器。此外 LabVIEW 提供的程式庫包含：訊號擷取、訊號分析、機器視覺、數值運算、邏輯運算、聲音震動分析、資料儲存...等。由於 LabVIEW 特殊的圖形程式與簡單易懂的開發介面，縮短了開發原型的速度以及日後軟體維護也相當的方便，因此逐漸受到系統開發及研究人員的喜愛。目前 LabVIEW 被廣泛的應用於工業自動化之領域，例如 PLC 工業自動控制。此外 LabVIEW 在通訊介面支援：GPIB、USB、IEEE1394、MODBUS、串列埠、並行埠、IrDA、TCP、UDP、Bluetooth、.NET、ActiveX，以及 SMTP...等介面。

　　LabVIEW 在儀器控制與量測方面提供相當強大的功能，其與儀器的連接介面，可透過 GPIB(General Purpose Interface Bus)、Bluetooth，或是 USB 通訊介面。亦可使用儀器所提供較低階的 RS-232 通訊介面，由區域網路的方式直接與電腦連線，從事訊號的量測、分析、數據儲存與資料的擷取等功能，提升工作效率與數據資料的準確性。LabVIEW 系統也提供數位與類比的轉換功能，如**資料擷取**(Data Acquisition, DAQ)系統，透過資料擷取介面卡，取得類比訊號之後，再轉換為數位訊號，讓一般電腦能夠判讀所擷取的數位訊號。同樣地，也可以藉由介面的訊號轉換功能，把電腦的指令由數位訊號轉成類比訊號，來驅動被控制的物件，以達到訊號擷取與自動控制的目的，以獲得更多資源共享的附加價值。

不論，LabVIEW 帶給程式編輯者的方便性如何，程式最重要的部份是在人機控制面板的設計，是否可以做到眞正虛擬儀表的功能，以便捷與有效地操作複雜儀器之設定。這才是程式設計者最終目的。所以**人機介面**(Front Panel)是整個程式系統的靈魂中心，下面範例爲虛擬三用儀表的人機介面，在圖中你可以深切的體會到，虛擬儀表面板與眞實儀器面板之間的差異。然而，虛擬儀表面板的設計，考驗著程式編輯者，是否可以讓提昇控制面板更人性化與精確的可靠度，如下圖所示。

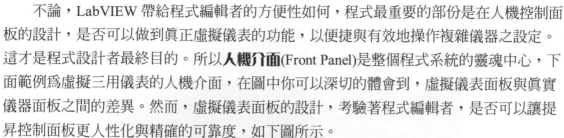

 ## 1-2　LabVIEW 系統的安裝需求

　　LabVEW 系統可區分爲基本版、完整版，以及專業版等三個版本。因此對電腦的硬碟空間之需求，也會因爲所選擇的系統功能而有所不同。就以 LabVIEW 2020 系統爲例，當你選擇安裝"全部功能"時，則需要有 3GB 以上的磁碟空間。對一般初學習者而言，可以依照系統指示進行建議安裝即可。除非另有特殊的考量，否則不建議使用者選擇"自訂安裝"的方式。目前 LabVIEW 2020 系統的安裝過程可以先安裝主程式系統之後，再安裝其它其他相關設備的驅動程式安裝。若是要將 LabVIEW 2020 系統安裝在不同的視窗作業環境之下，所需安裝的時間長短，則會依電腦系統與硬體設備不同而有所差異。

　　作者將 LabVIEW 2020(64bit)安裝在 Windows 10(64bits)視窗下，主機以 CPU i7 1.6GHz CPU 搭配 4GB 的記憶體爲例，需耗時近 90 分鐘的時間在安裝系統。因此會建議讀者優先考慮採用 CUP i5 以上等級的電腦，主機的記憶體需在 8GB 以上，如此操作 LabVIEW 會較爲順暢。對於硬體控制來說，也比較不會產生時間的延遲問題，同時請留意電腦硬碟空間是否足夠。值得留意的是在 LabVIEW 2019 起，LabVIEW 系統的安裝皆需透過網路執行，所以 LabVIEW 2020 也需透過網路連線方式安裝，有關 LabVIEW 系統的步驟請參閱光碟資料檔案。在完成安裝時系統會要求「Active Software」，如下圖所示。

若是無法給予有效的"序號碼"時，則系統會以有時效性的體驗版呈現，僅提供使用者 44 天的體驗，畫面如下圖所示。

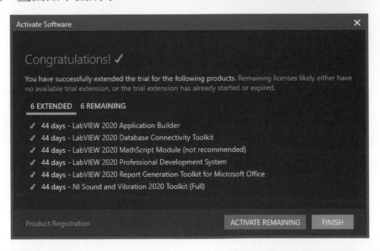

下面的畫面表示已經完成所有安裝程序，使用者必須執行重新開機，畫面如下圖所示。

1-3 **如何啟動** LabVIEW **程式**

首次開啟 LabVIEW 2020 時，會由下面的畫面進入主系統。

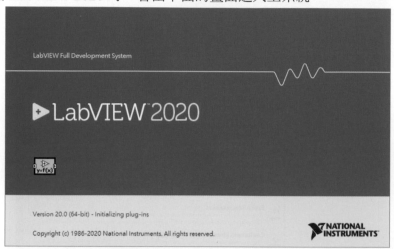

在進入編輯程式時會有兩個分別為 Create Project 與 Open Existing 的選項功能，於啟動視窗會有三個新的選項功能，分別為 Find Drivers and Add-ons、Community and Support，以及 Get Started With LabVIEW 等，其功能說明如下：

①Find Drivers and Add-ons：查詢驅動程式和附加軟體，提供下載與連結的功能。

②Community and Support：社群和支援選項，提供 LabVIEW 技術論壇與系統支援。

③Get Started With LabVIEW：參訪互動式課程，其內容涵蓋範圍從連結到進行測量之所有內容。

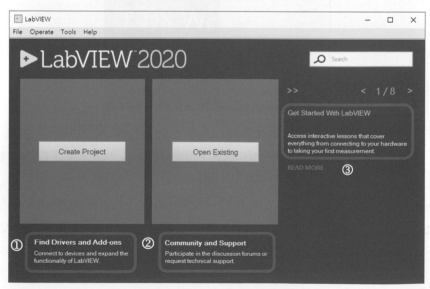

如果是以選 Create Project 方式進入系統時，如下圖示在左邊欄位選項中，包含有 All、Template，以及 Sample Projects 等功能，不過選項的內容會因安裝 LabVIEW 2020 時，所選擇安裝項目的不同而有所差異。舉例來說，在 Sample Projects 內容中出現(NI-DAQmx)，則是作者自行安裝 NI myDAQ 的狀態。

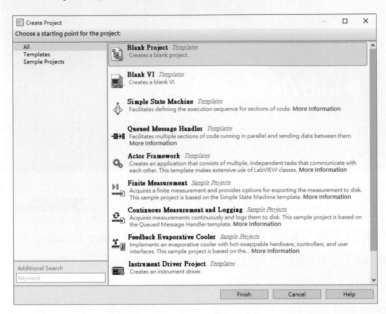

　　首次點選 Create Project 在啟動畫面的左上角，會有四個主要功能說明如下：

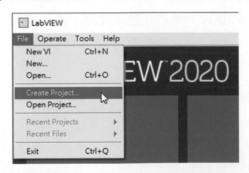

接下來，將簡單說明下拉式功能的內容：
1. File：新 VI 檔案、創建新空白 VI 檔案、開啟舊檔案、建立專案檔案、檢視最近開啟之檔案，以及離開系統等功能。
2. Operate：此選單有連接遠端控制功能、除錯應用，以及分享資料庫等功能。
3. Tools：此選單提供量測與儀器搜尋、使用者與安全設定、LLB 管理、VIs 檔案搜尋，以及進階和其它選項等功能。

4. Help：主要是提供物件與指令說明服務、LabVIEW Help、範例搜尋、NI
ELVISmax 服務、更新檢查，以及 LabVIEW 系統介紹等功能。

如欲進行新的程式編輯時，可以從 File 下拉選單中點選 New VI 或 New 選項，便可
以執行程式編輯，亦或是由下圖所示點選 Blank VI 來進行程式編輯。

無論是選用何種方式開啟新檔案，皆會產生重疊顯示的新程式面板，非常不利於程式
設計者進行程式編輯，如下圖所示。

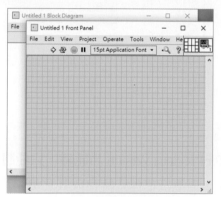

接著將介紹幾種方式，可依個人喜好展現新程式面板排列。例如調整成**左右並列**
(Ctrl+T)、**上下陳列**，以及**全螢幕顯示**(Ctrl+/)等方式。然而上下陳列功能並沒有提供快捷
鍵法，此時就必須到 Windows 的下拉式選單點選，來改變視窗的排列方式。

小叮嚀：LabVIEW 程式多是縱向發展居多，建議初學者採用左右並列的面板
顯示，對程式編輯與檢查較為有利。少數程式編寫時是採用橫向的方
式如裝置驅動程式。

1-4 檔案儲存(Files Save)

在進行 LabVIEW 程式編輯或是修改時，無法避免會使用到檔案儲存的動作。但要如何進行程式儲存呢？對初學者而言，絕對是一件相當重要的事，為了避免不當的儲存方式，造成程式檔案的遺失或被覆蓋的危險。首先，要從 File 功能選單了解，使用 Save、Save As、Save All 及 Save for Previous Version 等正確使用方式。對讀者而言，Save for Previous Version 功能是把編輯好的 VI 程式，將其儲存成為早期版本的格式，如下圖所示。

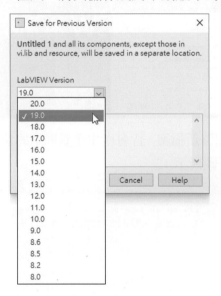

小叮嚀：在使用 Save for Previous Version 功能時，只能將程式向下儲存成 8.0 版系統可執行的檔案，但無法把程式轉存成其它更早期的版本，例如 6.i、6.1、7.0及 7.1 等。如欲將舊版本的 VI 程式在新版系統環境執行，必須先載入舊版程式的 Run time engine 與副程式物件之後，才能順利執行程式。為避免舊程式在新版系統下執行會產生 bug 的問題，建議的做法是逐一升級到新版系統，再另存新檔案。

在程式編輯過程中，常會有 Save 或是 Save As 選項選擇，當編輯好一個程式時，首先會以一個新的檔案名稱進行程式儲存，於日後因為某些需要而進行程式修改，若不想把原先的程式覆蓋過去。一般的作法是以 Save As 的方式，重新再給予一個新的檔案名稱，在 LabVIEW 系統與其它軟體系統會有明顯的差異，有時 LabVIEW 系統會利用記憶體暫時存放 VI 程式，由下圖中便可分辨出其不同的地方所在。

1

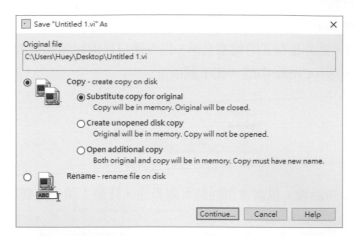

　　在上圖視窗中，提供 3 種選擇功能分別為**複製**(Copy)與**重新命名**(Rename)。在 Copy 的功能選單中，有 3 種不同的儲存方式，分別敘述如下：

1. Substitute copy for original：**替換複製原程式**，此選項功能僅複製現在系統記憶區內的程式內容，原本程式會被系統關閉。

2. Create unopened disk copy：**建立關閉磁碟複製**，當原本程式在系統記憶區內，將不被允許被複製。

3. Open additional copy：**開啟有條件複製**，當原程式與複製同存在系統記憶區，在執行複製時必須另幾一個新的檔案名稱。

　　上述 3 種儲存方式，皆可適用於一般檔案變更儲存時。通常編輯好的 VI 程式，可用單獨檔案名稱加以儲存，或是將數個 VI 程式以為群組方式儲存，亦可以建立一個新的 VI 程式庫，把同類型的 VI 程式儲存在一起，其所建立的 VI 程式庫檔案屬性為.llb。

　　下面將介紹程式庫建立的步驟，與如何將新的程式儲存到程式庫。首先在編輯完程式之後，從 File 下拉式功能選單中點選 Save As…功能，先不急於在檔名處輸入新的檔案名稱，請依下圖紅色標示指示操作，點選 New LLB…選項。

此時，請先在 Name of new LLB 的欄位輸入想建立的程式庫名稱。**注意！**所輸入的是新的程式庫名稱，並非是程式的檔案名稱。以方便日後編輯同類型的新程式，可分類儲存在程式庫中，再按下 Create 功能，如下圖所示。

在按下 Create 功能後，視窗會再回到下圖畫面，**注意！**請一定要選擇按下 OK 鍵。

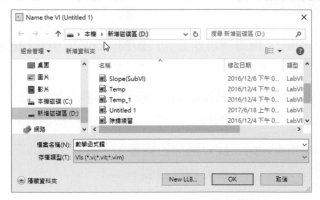

當下面圖示出現時，便可以鍵入程式的新檔名，輸入完成時一定要按下 OK 鍵，如下圖所示。

1-5 檔案開啟(Files Open)

　　先前介紹過檔案儲存的方式，如果從檔案總管來檢視程式庫的圖示與 VIs 程式的圖示，卻是完全不相同，如下圖所示。

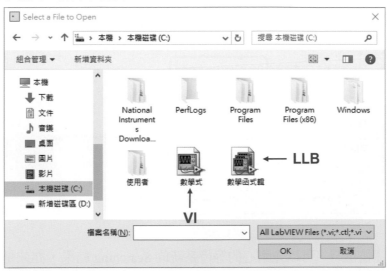

　　如果原先編輯的程式存放在程式庫的話，那必須先找到程式庫所在的路徑之下，先開啟程式庫，才能找到所要執行的程式，在確認要開啟的程式之後，直接在檔案上按兩下滑鼠左鍵，便可以開啟程式檔案，顯示如下圖對話框。

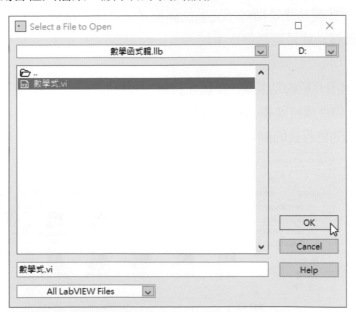

如開啟程式發生如下圖的情況時，便是原先的程式發生錯誤，大部分的原因是缺少副程式物件，系統會在所有可能的路徑找尋缺少的程式物件或指令。較常見於不同系統版本之間的轉換緣故。因此作者以一個簡單的程式範例，讓讀者可以明白發生的原因，下圖紅色框線的訊息是顯示缺少 Demo Voltage Read.vi 副程式。

在發生上述情況時，可以先耐心的等待系統的 Searching 結果，亦或是自行決定使用視窗所提供的功能，利用 Ignore Item、Ignore All、Browse...，或是 Stop...來中斷系統的搜尋動作，中斷功能略述如下：

1. Ignore Item：此鍵功能是忽略單一不完整副程式或物件，繼續執行載入程式。
2. Ignore All：此鍵功能是忽略所有不完整的副程式或物件，完成載入程式。
3. Browse...：此鍵功能是搜尋不完整的副程式、物件及指令。
4. Stop...：此鍵功能是強制停止系統。

在不選擇上述所介紹的功能鍵，系統在搜尋一段時間後，便會出現下面訊息視窗的提示，若是將副程式物件或特殊指令存放於其它儲存路徑時，可以直接連結至存放路徑所在的位置，繼續完成開啟程式的動作；反之，亦可直接按下取消鍵，停止繼續搜尋的動作。

1

假如直接按下取消鍵時，依舊可以開啟所展示的範例程式，如是缺少副程式的物件時，會以問號的方式警示，如下圖紅色虛線框所示。

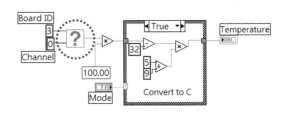

1-6 程式列印(Files Print)

對於辛苦編輯完成的程式，要如何進行輸出列印呢？通常有許多不同的方法可以完成，例如剪圖列印的方式。在此作者僅介紹 LabVIEW 系統的列印方式，首先確定是要列印執行結果，或是列印程式內碼，只需從 File 下拉式功能選單中點選列印的方式。

系統的列印功能，有 3 個選項分別是 Page Setup、Print...，以及 Print Window...等。將依序介紹功能如下：

1. **Page Setup**：此為列印頁面設定功能，主要是在考慮列印時，是否要列印 VI 的名稱、資料內容，以及頁碼等。如果不接受系統預設的列印尺寸時，可在 Use custom margins 自選設定方式，進行紙張邊緣的調整設定，然後便是列表機型式的選擇，如下圖所示。

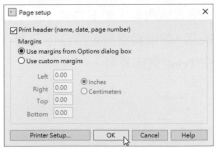

2. **Print...**：此項列印設定有不同的選項，接下來將逐一的介紹其功能，從範例程式的**人機介面**(Front Panel)印執行之後的結果。
   步驟 1. 點選指定列印的檔案，或是預設所要列印的 VI 檔案，如須調整設定請自行勾選，欲做其它設定請點選"Next"，或是直接按"Print"列印資料。

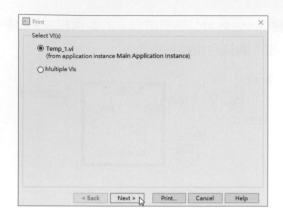

步驟 2. 列印內容選項，如須調整設定請自行勾選，欲做其它設定請點選"Next"，或是直接按"Print"列印資料。

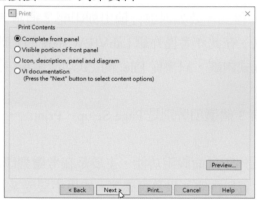

CLAD **步驟** 3. 列印內容選項，如須其它設定請選"Next"，或是直接按"Print"列印資料。選擇列印的格式或內容，如 HTML file、Rich Text Format (RTF) file 及 Plain text file 等，如須調整設定請自行勾選，欲做其它設定請點選"Next"，或是直接按"Print"列印資料。

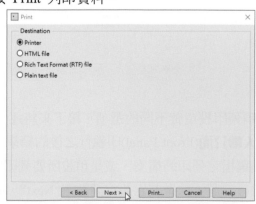

步驟 4. 紙張頁面設定，如須調整設定請自行勾選，欲做其它設定請點選"Next"，
或是直接按"Print"列印資料。

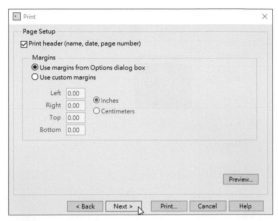

步驟 5. 設定列印選項，或是預設所要列印的 VI 檔案，如須調整設定請自行勾
選，結束後直接按下"Print"列印資料。

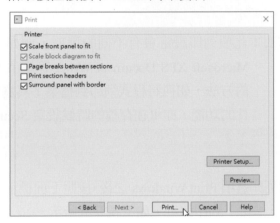

在上面視窗畫面的設定功能簡述如下：

　　①Scale front panel to fit：合適的人機介面尺寸設定。

　　②Scale block panel to fit：合適的程式區面板尺寸設定。

　　③Page breaks between section：頁面之間的分頁設定。

　　④Print section headers：列印章節標頭設定。

　　⑤Surround panel with border：顯示面板的邊框設定。

步驟 6. 在列印之前，可以先預覽要列印的內容，只需按下 Preview...鍵。結束
預覽時，直接按下"Print"列印資料即可，如下圖所示。

3. **Print Windows...**：此項列印設定會有不同的選項，例如 Adobe PDF、FAX 及
Microsoft XPS Document Writer 等選項。接下來將介紹較實用
的方法，如何將程式列印到檔案？其實它是一種製作 PDF 文
件的功能，亦可在存檔的時候設定 Security 功能，操作步驟如
下。

步驟 1. 點選列印選項 Print Windows 之後，按照下面標示順序①選擇 Adobe PDF
功能，②按下列印即可，如下視窗圖所示。

步驟 2. 在完成**步驟** 1 的動作之後，視窗會顯示出準備儲存成為 PDF 文件，緊
接著，先選擇檔案要存放的位置，依照紅色標示順序①鍵入檔案名稱，
再②按下儲存即可，通常最好將欲列印的檔案儲存在視窗的 "桌面" 之
下，如下圖示說明。

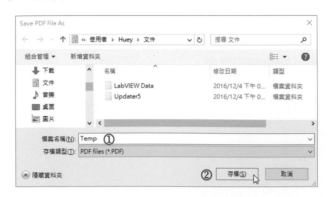

步驟 3. 在完成**步驟** 2 的動作之後，請立即回到程式列印儲存的位置，將列印儲
存的檔案開啟，如下圖所示。

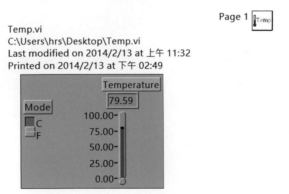

CLAD 模擬試題練習

1. 在 LabVIEW 中，你可以列印以下所有的內容，但除了……之外：

   A. Printer

   B. HTML

   C. Plain Text

   D. 以上所有都是可能的列印選項。

LabVIEW 系統介紹

本章節將介紹如何在 LabVIEW 環境下執行程式，包含如何使用選單、工具欄、面板、工具、說明，以及物件對話方塊等功能。並學習如何執行 VI，並對程式中的人機介面與程式區的差異進行了解，在結束本章節時，可以順利建立一個簡單的 VI 程式。

LabVIEW 的程式被稱為**虛擬儀表**(Virtual Instrument)，或是簡稱 VI，因為程式的外觀和操作方式模仿實體儀器。然而 LabVIEW 它內含完整的 VI 及函數，可以執行取得、分析、顯示以及儲存資料等，並提供工具處理程式碼中的問題。LabVIEW 主程式系統方面，可區分為三個主要的部份分別為：**人機介面**(Front Panel)、**程式區**(Block Ddiagram)，以及**圖示**和**連接器**(Icon/Connector)面板。

在開啟 LabVIEW 系統後，如果是以選擇"Blank VI"的方式，來建立一個新檔案時，則會出現兩個重疊的面板視窗，可以透過"Ctrl+T"的方式，將人機介面與程式區式窗分列左右兩側，如下頁圖示說明。

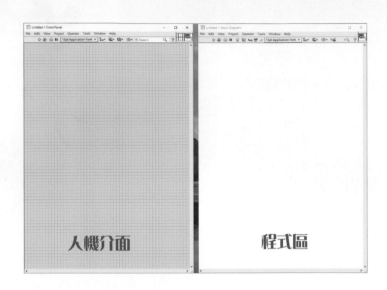

⚠️ **注意**：本書的 LabVIEW 2020 系統，乃是將它安裝在 Windows 10(64bits)的版本中，在展開 LabVIEW 視窗時，人機面板與程式區面板之間所產生間隙，此屬正常的現象。

 2-1　**人機介面**(Front Panel)

LabVIEW 人機介面是 VI 程式的使用者介面，因此人機介面的控制定義，是設定初始值與輸入值的功能，其輸入狀態也可以使用開關的方式來表示。在指示的部份，是將輸出的結果指示在面板的指定區域內，所以在人機介面中的控制與指示功能，可視為如下的關係：

控制 Controls　=　**輸入** Inputs

指示 Indicators　=　**輸出** Ouputs

2.1.1　**人機介面的基本架構**

若依控制與指示的功能性區分，又可分為數字控制與指示、布林控制與指示，以及字串控制與指示等型態。接下來，將分別圖示說明數字、布林，以及字串等控制器與顯示器的功能。

控制器(Control)**及指示器**(Indicator)

通常使用控制器與指示器來建立人機介面時，它們分別扮演 VI 的互動輸入端與輸出端。在控制器方面包含旋鈕、按鍵、轉盤及其它的輸入裝置。而指示器方面包含圖表、LED，以及其它的顯示元件。控制器模擬儀器輸入裝置，為 VI 的程式區提供輸入的相關資料。指示器模擬儀器輸出裝置，顯示程式區所取得或產生的資料。所以每個控制器或指示器都有一個相關的資料型態，通常最常使用的資料型態是數值、布林值，以及字串等，因此將會在第三章中其它不同類型的資料型態。

數字控制器與指示器

數值資料型態是最常見的輸入方式之一，可以代表多種不同的數字類型，例如整數或常數。如要輸入或改變數值控制器的數值，可直接利用**操作**(operating)工具點選增量及減量按鍵，亦可利用**標籤**(labeling)工具在數字上按兩下以滑鼠鍵，輸入新的數字之後，再按下<Enter>鍵即可。

（增量／減量）按鍵 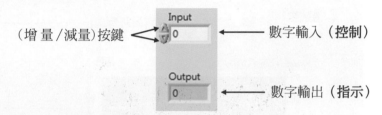 數字輸入（控制）

數字輸出（指示）

布林控制器與指示器

布林(Boolean)資料型態代表之功能，乃是以**真**(True)與**偽**(False)，或**開**(Open)與**關**(Close)來設定輸入和輸出的狀態。然而布林物件可以模擬開關、按鈕，以及 LED 等狀態。

字串控制器與指示器

字串資料的型態是一連串的 ASCII 字元，可以使用字串控制器來接收使用者所提供的文字(例如密碼或文字)，並利用使用字串指示器來顯示字串給使用者觀看，如下圖所示。

2-4   *LabVIEW* 程式設計與應用

　　人機介面也是使用者的溝通主要區域，每一個人機介面皆有單獨存在的程式區，也就是內碼程式的部份。通常，在設計人機介面時，會以儀器的面板為參考的藍本，主要是讓操作人員熟悉操作的環境，對從事系統執行與監控時，都能以更精確的控制輸入與記錄輸出的結果，來達到自動化的目標。

　　由下面人機介面範例得知，在 LabVIEW 的世界裡，編寫程式其實是件很容易的事，它的優點是可以更簡化程式的步驟，讓溫度的變化量透過圖表的方式呈現，將枯燥乏味的程式以生動活潑的面貌呈現，讓學習者更能了解程式的結構，下圖為虛擬人機介面程式。

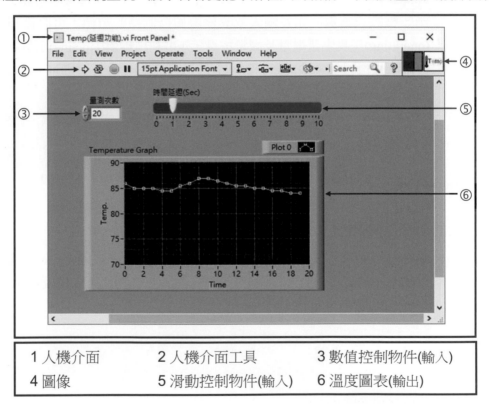

| 1 人機介面 | 2 人機介面工具 | 3 數值控制物件(輸入) |
| 4 圖像 | 5 滑動控制物件(輸入) | 6 溫度圖表(輸出) |

2.1.2 　人機介面下拉式工具列介紹

　　在人機介面與程式區視窗的上方，皆含有相關的工具列可用來設定或調整程式的輸入物件(如數值、布林)和輸出物件(如數值、圖示)，不過這兩個視窗的所有工具列是無法同時使用，下圖即為人機介面工具列，其位於人機介面最上方。

人機介面工具列提供的功能，如執行、連續執行、停止執行、暫停執行、字型編輯、物件排列、物件間距設定、縮放物件大小，以及文字輔助說明視窗等功能。

執行(Run)鍵：

如欲執行程式直接點選 Run 鍵即可執行 VI，如果 Run 按鈕顯示為 ⇨ 一個實心白色箭頭，您就可以執行 VI 程式。執行中的 VI 程式，其 Run 按鈕會顯示為 ➡ 的樣式，如果您編輯中的 VI 程式有錯誤時，則 Run 按鈕會呈現破碎 ➡ 的樣式，表示該 VI 有問題，不能夠執行。當您點選此按鈕，即可顯示 Error List 視窗，列出所有的錯誤及警告。如果您所執行的 VI 是 subVI 程式，則 Run 按鈕會顯示成 ➡ 樣式。

連續執行(Run Continuously)鍵：

點選此按鈕，及可使程式重複、且連續不斷的執行 VI 程式，直到您想放棄執行會暫停執行程式為止，只需再次點選這個按鈕，以終止連續執行。當您按下此按鈕時便會呈現 ➡ 的狀態。

停止(Abort Execution)鍵： ⬛

當執行中的程式，必須以強制中斷執行時，只須按下此按鈕，VI 程式便會被立刻終止執行。

暫停(Pause)鍵： ⏸

在 VI 程式執行時，點選 Pause 按鈕即可暫停執行中的 VI 程式，此時 LabVIEW 會在程式區上標示出您暫停執行的位置，而 Pause 按鈕會呈現紅色 ⏸ 的顯示。當您再按一次 Pause 按鈕，便會繼續執行程式未完成的部份。

字型格式選擇(Text Settings)鍵：

此功能是選擇文字的字型結構、大小、型式和顏色等。

物件排列(Align Objects)鍵：

針對在人機介面或程式區中，各種物件之間的排列方式，如物件的上下與左右邊緣的對齊排列，以及物件垂直與水平的中心點對齊排列等方式，其內容如下圖所示。

物件間距分配(Distribute Objects)鍵：

常用於人機介面中，各種物件之間的距離分配方式，如物件之垂直、水平的間距與壓縮的距離分配等，其內容如右圖所示。

物件大小重置(Resize Objects)鍵：

此鍵功能只能對人機介面的物件，改變兩物件之間的最大，或最小的寬度與高度，以及調整單一物件的高度與寬度等功能。

重置排列順序(Reorder)鍵：

當有兩個或兩個以上的物件為上下重疊時，您希望能夠決定何者在前，何者在後時。只需使用定位工具先點選一項物件，然後從 Reorder 下拉選單中選擇如 Move Forward(向前移)、Move Backward(向後移)、Move To Front(移到前方)，以及 Move To Back(移到後方)中選擇其一。

搜尋(Search)鍵：

提供人機介面與程式區的搜尋模式，執行文字搜尋，找尋控制器物件或函數物件。

文字輔助視窗(Show Context Help Windows)鍵：

提供人機介面與程式區中，各種物件或函數指令的輔助說明。

⚠️**注意**：LabVIEW 系統有自動程式除錯功能，在錯誤訊息中顯示程式的錯誤數目與原因。若程式有許多錯誤時，則可用**顯示錯誤**(Show Error)鍵，找出錯誤的位置。但自動除錯無法對連線的遺漏，或連線所對應物件屬性是否正確提出警告的訊息，亦無法判斷程式的邏輯結構則是否正確。

2.1.3　控制面板工具列 `CLAD`

LabVIEW 2017 版系統，在人機介面中的控制面板工具列，一如往昔承襲先前的 LabVIEW 2016 版本的架構，在人機介面區域按滑鼠右鍵的方式來產生它。所產生的控制面板是浮動式，此時只要將控制工具面板的右上角圖釘加以固定之後，控制面板會被固定在人機介面的視窗上。但控制面板工具中所有的物件，是不會被程式區所接受或使用，下面圖示控制面板由浮動式轉變成固定式，僅供參考之用。

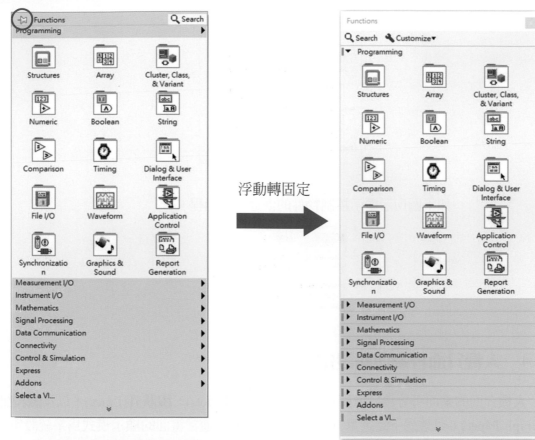

浮動轉固定

　　當控制面板或函數面板被固定時，會出現兩個新的功能，分別是 Search 與 Customize 的新選項，其主要功能簡述如下：

搜尋(Search)鍵：　🔍 Search

可將面板轉換成搜尋的模式，可以執行文字搜尋在控制面板或函數面板，搜尋控制器物件或函數物件。

搜尋(Customize)鍵：　🔧 Customize▾

此功能可開啟控制與函數面板的選項設定，如工具面板的分類、圖示，以及文字等。

 新功能：LabVIEW 系統在 2011 年之後，提供程式編輯者一個全新的**銀灰色**(Silver)控制物件選擇面板，提供部分控制物件讓初學者了解系統演進變化。

如下圖所示顯示控制物件的演進發展過程。

2.1.4　人機介面控制面板設定

人機介面的畫面可分為三種模式，分別為**點狀式**(Dots)、**線狀式**(Lines)，以及**圖表紙式**(Graph Paper)，可透過下圖選單方式進行畫面調整。通常畫面的顯示模式為系統設定，但使用者可依照不同需求進行修改設定，將原先的格線畫面顯示模式做改變。

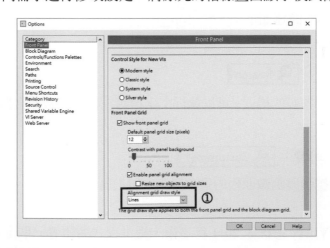

首先，須從人機介面的下拉式工具列，點選 Tools 選項，由 Options 功能選單，進入畫面的設定，可依照上圖紅色框標示①處，直接在 Alignment grid draw style 提供的選單中進行選擇，所需要的畫面顯示模式。

人機介面的三種畫面所呈現模式，如下圖所示。

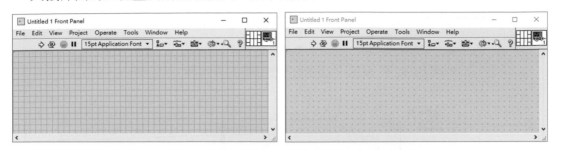

格線式(Lines)　　　　　　　　　　　點狀式(Dots)

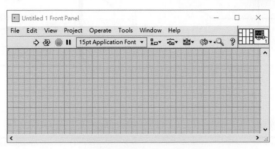

圖表紙式(Graph Paper)

⚠ **注意**：如欲使用無任何輔助點狀或線狀模式的畫面，只須將 Show front panel grid 的左邊☑勾選取消即可，此時人機介面的畫面會呈現**灰色**(Grey)無輔助的模式。

2-2　程式區(Block Diagram)

在開啓編寫程式的環境之後，所有在程式區中的指令，皆以圖像的方式來表示，其包含有終端點、subVI、函數、常數、結構，以及**接線**(wire)，這有助於初學者與程式編寫者使用。在程式結構方面，可先將每一個資料函數的輸出端，連接至另一個函數的輸入端，對於程式的輸出入指令，或是函數功能指令的連接端，也可以利用連線的方式將所有的物件連結起來，使得資料可藉由連線達到傳輸的目的。

LabVIEW 是可以將全部或其中的一部份程式，以 subVI 的方式建立成爲一個**副程式**(subroutine)VI，其功能有如副程式一般，尤其在圖像與連接器的部份，可以先自行定義，最後才來決定輸入和輸出的方式。因此，subVI 有助於簡潔主程式的架構，避免造成程式看起來複雜與混亂，亦有助於編輯者進行程式除錯的方便性。

下面為程式內碼圖示說明:

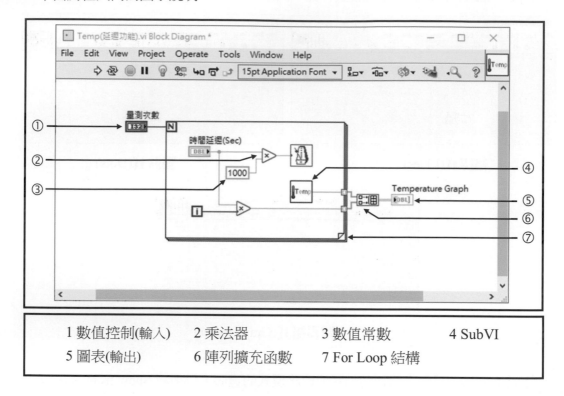

1 數值控制(輸入)	2 乘法器	3 數值常數	4 SubVI
5 圖表(輸出)	6 陣列擴充函數	7 For Loop 結構	

2.2.1　程式區的基本結構

　　人機介面的指令函數或物件,在程式區會以**終端點**(Terminal)、**節點**(Node),以及**連線**(Wire)的方式顯現。

終端點

終端點是人機介面與程式區之間交換資料的進入端點及離開端點,其功能十分類似文字式程式設計語言的參數與常數的特性。在程式區中的輸入與輸出的對應終端點,可區分為**控制終端點**(Controls Terminal)與**顯示終端點**(Indicator Terminal),若仔細比較實不難發現與先前的 LabVIEW 版本有些不同,要如何分辨控制終端點和顯示終端點呢?首先,控制終端點的連線端位於圖像**右側邊**,圖像的外框也比較**粗**。反觀,顯示終端點的連線端位於圖像**左側邊**,圖像的外框比較**細**,請參閱下面的比較圖示。

控制終端點　　　　　顯示終端點

節點

節點是屬於程式區的物件，也是程式組成的要件之一。它擁有輸入及/或輸出機制，與其它文字的程式設計語言中的敘述、運算元、函數，以及次常式等功能相當類似。因此節點可以是函數、subVI 或是**結構**(Structures)。所以節點又可分為四種類型，如函數、節點副程式、結構、以及節點介面碼等。函數與結構乃是 VI 程式中最重要的部份，而函數為建立節點的基本物件，如輸入數值、檔案 I/O、及字串型式。節點的結構如同程序控制元件，例如 Case 結構、For Loop 或是 While Loop。亦如同傳統程式語言中的迴圈，可以不斷地重複或有條件地執行程式。

擴充節點與圖示

在程式區的函數面板中，VI 函數物件會以顏色區分不同性質，例如可擴充節點的顏色是灰色的圖示，subVI 的顏色區域則為黃色，Express VI 則為藍色。如果您想要節省程式區的空間，就只能使用圖示了。但使用可擴充節點時，可以幫助您更容易接線，但是這樣也會在程式區中佔用較多的空間。如欲了解擴充節點與圖示的基本特性，可以先自行至 Analyze»Waveform Generation»Basic Function Generator.vi，選取一個函數物件並完成以下步驟，即可體驗彼此之間的差異，步驟說明如下所示：

1. 將定位工具移到灰色的圖示上，按滑鼠的右鍵從彈出功能選單中，點選移除 View As Icon 勾號，此時便可以改變擴充節點物件的大小。

2. 在利用定位工具，移至圖示的上緣邊界或下緣邊界處，在邊界處往向下拉，即可顯示額外的終端點。

下圖顯示出不同模式的 Basic Function Generator VI。

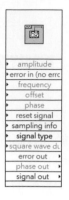

| amplitude |
| error in (no errc |
| frequency |
| offset |
| phase |
| reset signal |
| sampling info |
| **signal type** |
| square wave du |
| error out |
| phase out |
| signal out |

⚠ **注意：**如果想將 SubVI 或 Express VI 顯示成為可擴充節點時，那麼就無法顯示出該節點的終端點，亦無法啟動該節點的資料庫存取功能。

連線

連線相當於文字式程式設計語言中的變數，主要工作是在程式區的物件之間傳送資料，連接所有節點與終端點的橋樑。每一條連線都有單一的資料來源，因此所有的資料與數值的路徑，可藉由連線的方式將來源端與目的端接連在一起，然而在連線上的資料或數值的流動方向是單方向。也就是說，可由單一來源端連接至單一或是多個目的終端點。依其資料型態之不同，接線 具有不同的顏色、型態及粗細，以下範例是最常見的接線類型。

連線類型	純量	一維陣列	二維陣列	附註
數值	——	———	===	浮點數(橘色)
	▬▬	▬▬▬	▬▬▬	整數(藍色)
布林	········	·········	·········	(綠色)
字串	～～～～	··········	▬▬▬▬	(粉紅色)
群集		▬▬▬▬		(咖啡色)

在程式區中的控制與顯示物件圖示，系統預設的圖示會比較大，所以也會較為浪費版面的空間，而且非常不利於複雜的程式設計。如果想要調整圖示設定，可以將滑鼠移到控制或顯示的物件上，直接按下滑鼠右鍵由彈出式功能選單，將勾選"View As Icon"的功能

取消，即可改變終端點的外觀大小，如下圖所示。

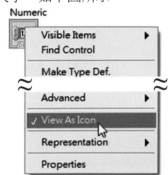

　　另一種方法就是直接進入系統設定，如此可以一勞永逸無須逐一地調整每個物件圖示的外觀大小。其設定步驟說明如下：

1. 可從程式區的下拉式功能選單，選擇 Tools 進入之後，再點選 Options…選項。
2. 此時會出現如下圖所示的 Options 選單，請在一次點選 Block Diagram 之後，將滑鼠移至 General 的選項中，使用滑鼠把☑Place front panel terminals as icons 的勾選取消即可，請參閱下圖操作。

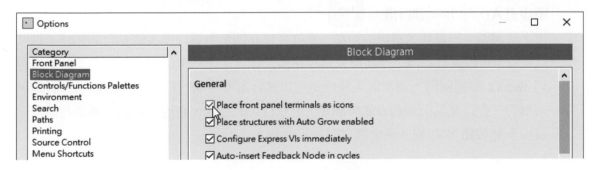

2.2.2 程式區下拉式工具列介紹

　　整體而言，程式區的工具列選項與人機介面的工具列大致是相同，只不過在程式區的工具列新增加一些特殊新功能，讓使用者在編輯與執行程式時，能獲得更多的幫助。程式區的工具列新功能提供的功能，有標示執行、保留連線值、單步進入、單步跨越、單步離開，以及清理圖示等新的功能。

標示執行(Highlight Execution)**鍵**：

當程式執行時開啟此功能，會呈現如右圖 💡 的模式，系統會以慢速動畫方式執行程式，方便程式執行者觀察程式區的程式資料輸入、出與流向的情形，如下圖範例所示。如欲取消此功能，只需再按一下標示執行鍵即可。

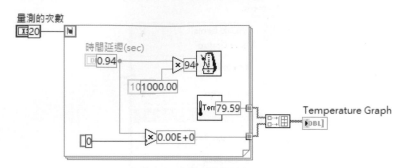

保留連線值(Retain Wire Values)**鍵**：

在程式執行過程中，可即儲存每一個點上的連線資料或數值，只要在連線時上預先加入**探測器**(probe)，就能立刻獲得流經過該連線的任何資料之最新值。但必須至少成功的執行過一次該 VI 程式之後，才能保留住連線的值。

單步進入(Step Into)**執行鍵**：

按下此鍵時，只要切入連線的節點，您就可以在節點內進行單步驟執行的動作，也可以按<Ctrl>和鍵盤的**向下方向**鍵來執行這個動作。當您以單步進入執行程式時，如遇到 SubVI 與迴圈時，單步進入執行是可以執行迴圈內部的程式，凡是被執行到的程式部份，會以亮點閃爍的方式來顯示。若執行中的程式，必須以強制中斷執行時，只須按下此按鈕，VI 程式便會被立刻終止執行。

單步跨越(Step Over)**執行鍵**：

此按鍵的功能，是以單步跨越每個節點的方式執行程式，並會停在下一個節點處暫停，凡是被執行到的程式部份，會以亮點閃爍的方式來顯示。不過在碰到 subVI 或迴圈時，則此功能就無法執行單步跨越的方式，而是必須以一次執行完畢 subVI 或迴圈的內部程式。您也可以按<Ctrl>及鍵盤的向右方向鍵來執行這個動作。

單步離開(Step Out)**執行鍵**：

按下此鍵時，可立即完成目前的節點執行與立即暫停住。當 VI 程式結束執行時，此按鈕便會立即變成灰色。您也可以用按<Ctrl>及鍵盤向上方向鍵來執行這個動作。若用此能可以單步執行節點內容，或讓您直接進入下一個節點執行，也可以直接跳到輸出的節點。

清理圖示(Clean Up Diagram)**鍵**：
在編寫程式完畢按下此鍵時，可協助您整理程式區的圖示物件與連線，讓程式區內的程式碼看起來較為簡潔，是一個不錯的服務功能選項。

2.2.3　函數面板工具列　CLAD

主要是用來建立程式方塊圖的運算指令，如果函數面板不在程式方塊圖上，可從 Windows 選單裡，點選 Show Functions Palette，或是在程式方塊圖視窗中，直接以滑鼠右鍵來呼叫。

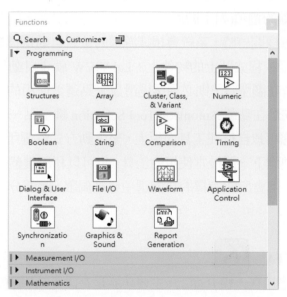

2-3　工具面板(Tools Palette)

工具面板之主功能是用來建立、修改、及除錯。其可以並存於人機介面或程式區，若工具面板不存在於上述兩個視窗區時，則可以透過 View 下拉式選單裡的 Tools Palette 呼叫出工具面板，也可利用滑鼠右鍵加上鍵盤的(Shift 鍵)來產生它。在使用工具面板選項時，須將滑鼠的游標移到功能板選單上，在預選取的功能物件圖示上按下滑鼠左鍵，此時滑鼠的游標立刻會改變成功能物件圖示，與您所選取的工具形狀相同。

以下將逐一介紹工具面板中，每個工具物件的使用功能，並搭配範例程式顯示出工具面板的操作特性：

自動選擇(Automatic Tool Selection)**工具**：

在工具面板最頂端的選項(如上圖所示)是自動選擇工具。此項功能有兩種狀態分別為開啟與關閉，在選擇開啟時，系統會根據游標的位置自動選擇功能工具，只需將滑鼠游標移到人機介面或程式區上的物件上，LabVIEW 就會自動從工具面板中選擇對應的工具。反之，若在關閉時，則必須透過滑鼠來點選欲使用的功能工具，亦可按鍵盤上(Shift-Tab 鍵)或是在點選 Automatic Tool Selection 鍵上點一下，即可解除自動工具選擇鍵的設定，您可以自行在工具面板上，來手動方式點選所要使用的工具，或是利用空白鍵，來切換到下一個最常使用的工具。也可以利用鍵盤的 Tab 鍵來執行選擇面板中的功能項目，但會所能選擇的功能選項會被侷限，此部分的應用將在後續小節說明。

操作(Operating)**工具**：

此操作工具最常應用在人機介面上，主要功能是在設定或調整人機介面，輸入與輸出物件的工具，如開關、旋鈕、數值等，但也可以在程式區中使用 Operating 工具來操作增量/減量按鈕。

定位(Positioning)**工具**：

當滑鼠游標變成一個箭頭(如上圖所示)，定位工具可選擇與移動物件，或放大縮小物件的尺寸。在選擇物件之後，就可以移動、複製或刪除該物件。當自動選擇工具是開啟的狀態時，若將滑鼠停留在物件的邊緣上，游標會立即自動變成定位工具。

標籤(Labeling)**工具**：

當滑鼠游標變成(如上圖所示)，可在控制器中輸入文字、編輯文字，以及建立自由標籤。當滑鼠停留在控制器的內部時，游標會自動變成標籤工具，只需按一下滑鼠即可輸入文字。預設的滑鼠游標會呈現十字形，在十字形模式的狀態下，只需按兩下滑鼠鍵即可變換成標籤工具，此時即可建立自由標籤。

連線(Wiring)**工具**：

此工具只能用於程式區，將程式區中的物件連結在一起，亦可將各節點或物件對應端進行連線。

物件快速選單(Object Shortcut Menu)**工具**：

按下此工具鍵，即可使用滑鼠左鍵來開啟物件的捷徑選單。

捲軸(Scrolling)**工具**：

此工具可在不使用視窗上下與左右來捲動軸的情況下，將超出視窗範圍的物件，或資料拉回到視窗內。

中斷點(Breakpoint)**工具**：

此工具鍵時，可對程式中任一個節點或對應端點，設置中斷點以便觀查之用，亦可對 VI、函數、節點、接線，以及結構中設定中斷點，以便在該位置暫停執行。

探測(Probe)**工具**：

透過此工具可在程式區中的接線上建立偵測點，來查看產生有問題或不可預期之 VI 中的中間數值。亦可查看 VI 在線上執行時其資料結果。舉例來說，若要檢視數值資料，可以選擇使用探測器內的圖表檢視資料。若要建立自行設定探測器時，請在連線上按滑鼠右鍵，直接從彈出式選單中點選 Custom Probe » Generic Probe。

顏色複製(Get Color)**工具**：

主要的功能是可用於複製其它物件的顏色，將複製的顏色提供給著色工具使用。

著色(Coloring)**工具**：

主要的功能是為物件上色，它也會顯示目前的前景與背景色彩之設定值。

2.3.1　工具面板快速鍵操作

除了使用滑鼠來點選工具面板中的功能工具之外,另外一種選擇方式,便是透過使用鍵盤的快速鍵法,您可以利用鍵盤上的(Tab 鍵),來快速切換與選擇工具面板上的功能工具。不過無論是人機介面或程式區,在使用(Tab 鍵)輪流切換時,最多只有四項功能工具,可以透過快速鍵法來選擇與使用。其餘的功能工具,則必須使用滑鼠來點選與使用。接下來,說明人機介面與程式區的快速鍵法操作方式。

人機介面快速鍵法操作:請先使用滑鼠將自動選擇工具功能關閉,當您使用 Tab 鍵操作時,只有操作、定位、標籤,以及著色等四個工具會被選取。

程式區快速鍵法操作:請先使用滑鼠將自動選擇工具功能關閉,在使用 Tab 鍵操作時,只有操作、定位、標籤,以及連線等四個工具會被選取。

⚠注意:並非所有的工具面板的功能工具,皆可以使用在人機介面與程式區當中,例如連線、中斷點、以及探針等工具,是無法在人機介面發揮其功能。而著色工具則無法在程式區中使用,因此快速鍵法在人機介面與程式區使用時,也會有所區別。

2-4 編輯技巧(Editing Techniques)

本章節將介紹如何使用 LabVIEW 所提供的工具來建立、修改，與 VI 程式的除錯，也附帶介紹幾個重要的面板工具應用。

2.4.1 建立與連線操作

建立物件：先從簡單建立物件連線談起，您可以在程式區按下滑鼠右鍵，由函數面板工具列的 Numeric 中選取 Add 函數物件。接下來，便是在人機介面中選擇適當的輸入物件與輸出物件，為了避免連線發生錯誤，請先分辨控制物件(輸入)與顯示物件(輸出)的差異，如下圖所示。

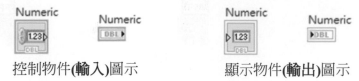

控制物件**(輸入)**圖示　　　　　　顯示物件**(輸出)**圖示

以下範例說明，如何為加法(Add)函數建立控制與顯示物件。首先，為加法(Add)函數建立控制物件的步驟，在完成輸入控制物件後。接下來便是建立輸出顯示物件，步驟說明如下：

步驟 1. 請選用定位工具，在人機介面的控制面板工中，點選適當的控制物件，移至固定位置。

步驟 2. 緊接著，請選用連線工具，先控制物件上按一下滑鼠左鍵之後，並拖曳連線至加法函數的輸入終端點時，再按一下滑鼠左鍵，即可將連線建立完成。

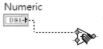

步驟 3. 接下來，請改用標籤工具，在控制物件的標示處，鍵入新名稱即可。

步驟 4. 繼續依照上述方法將加法器(Add)函數建立顯示物件。

連線：連線的定義，乃是指一獨立水平或垂直的線段，連接輸入終端點與輸出終端點的線段。

連線方式與步驟：先將連線工具的**接線端**(Hot Spot)，慢慢地移向欲連線物件的終端點上，此時終端點會發出閃爍亮點如下圖所示，就表示已經在正確的連線位置上，現在只需在物件的終端點上，按一下滑鼠左鍵，選定連線的起始點。再把滑鼠移向下一個終端點，直到該終端點發出閃爍亮點，代表已正確到達連接的位置，便可再按下滑鼠左鍵，如此便可完成兩個物件之間的連線工作，請參閱下面圖示說明。

進行連線　　　　　連線完成

另一種方法，則可減少在連線的過程產生失敗，您只需把連線工具移到圖像物件的終端點上，按滑鼠右鍵一下，由彈出式功能選單，點選 Create 功能中的 Control 或 Indicator，便可產生一個顯示器且會直接為該物件連上線，如下圖所示。

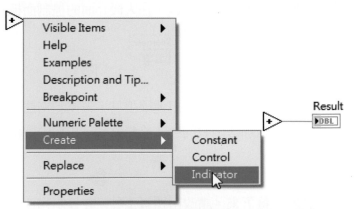

注意：連線時，請再三確認第一個圖像連接端是否已產生連線點，在移動滑鼠到下一個圖像終端點時，不要壓著滑鼠左鍵拖曳線段，以免因此產生虛線的錯誤。如果在編輯程式時不小心出錯，可以從 Edit 選單中選擇 Undo 或 Redo 來還原前一次的步驟，不過復原的次數也可以藉由設定的方式修改，路徑為 Tools » Options » Environment » Maximum undo steps per VI 重新設定復原次數。

2.4.2　連線修改操作

不良的連線： 虛線的產生表示有不良的連線，如輸出和輸入的資料型態不同，可利用定位工具鍵，把不良的連線選出來，再按下(Delete 鍵)刪除。亦可從 Edit 選單中，點選 Remove Broken Wires 刪除所有的不良連線，如下圖所示。

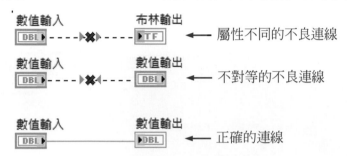

選擇與刪除連線： 若有三個或四個以上的終端點則稱為**連接點**(Junction)，而**線段分支**(Wire Branch)所包含的是從一個接點到另一個接點，或是從一個對應端點到另一個接點所有的線段。無論連線與線段的多寡，都可以達到選擇或刪除的功能，當你在使用定位工具指到一線段時，只要按一下滑鼠左鍵，便可以選取一條線段。如連續按兩下滑鼠左鍵，則可以選取兩條分支線段，若按三下滑鼠左鍵時，所有的連接線段都會被選取，接下來的範例是提供初學者參考之用。

按一下滑鼠鍵，　　　連續按兩下滑鼠鍵，　　連續按三下滑鼠鍵，
單線段選取。　　　　分支線段被選取。　　　所對應線段被選取。

延伸連線： 可用定位工具選擇一條連線或是一群連線，將線段拖曳到新的位置，或是調整線段的位置，亦可拖曳物件的方式延伸連線，其操作如下圖所示。

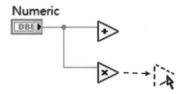

2.4.3　建立 VI 程式

本小節將介紹如何進行 VI 程式的除錯操作，尋找出錯誤的部分並加以修正。首先，依照下面範例所示建立一個簡單的 VI 程式，請開啟一個新的 VI 程式編輯畫面，並依下面說明建立程式。

人機介面：　　　　　　　　　　　　　　　　**程式區：**

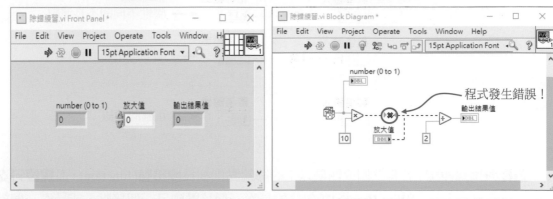

步驟 1. 請在程式區按滑鼠右鍵，從 Function palette » Numeric palette 選取隨機函數、乘法器、除法器，以及常數物件。

步驟 2. 請參照步驟 1 找出下面所示的物件。

　　　🎲　隨機函數：此函數物件，可產生介於 0 到 1 之間的隨機數字。

　　　▷　乘法函數：此物件可將輸入函數乘上任一個有理數值。

　　　▷　除法函數：此物件可將輸入函數除以任一個有理數值。

　　　10.0　常數函數：此物件提供手動設定任一有理數值為常數值。

步驟 3. 請依照上面程式區的圖示完成連線之後，直接執行 VI 程式。

2.4.4 尋找錯誤與程式修正

執行上一小節所建立的程式，若在視窗的工具列發現  時，這表示 VI 程式當中發生錯誤。此時請將滑鼠移到錯誤發生的物件圖示上，按滑鼠左鍵一下，並從顯示錯誤對話視窗中，了解錯誤的資訊。若顯示有多個錯誤資訊時，可在錯誤資訊上連續按壓滑鼠左鍵兩下，可由系統指出錯誤發生在那個物件，錯誤顯示視窗如下圖所示。

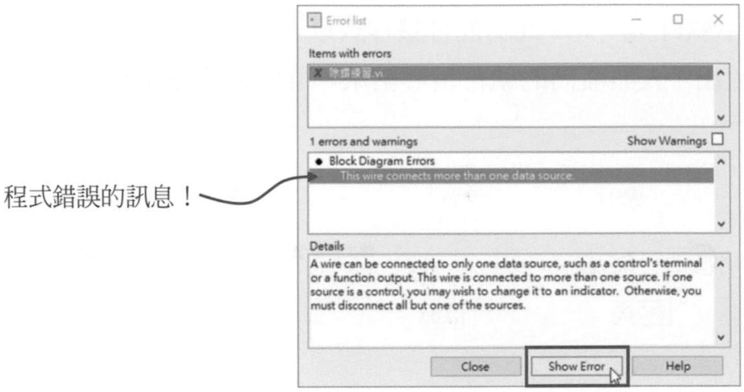

從上圖的錯誤訊息得知，任意一條連線不得有兩個以上的控制輸入來源或控制輸入物件。

⚠ **注意：** 在 LabVIEW 系統中，允許函數物件的輸出可以不接任何顯示物件，但輸入則必須一定要連接控制物件。

當您已得知錯誤發生的原因之後，如何找出錯誤的所在位置呢？若錯誤超過一個以上的時候，您可以借助 LabVIEW 系統的錯誤搜尋，使用滑鼠在上圖紅色框的**顯示錯誤**(Show Error)，按滑鼠左鍵一下即可顯示出錯誤發生的位置，如下圖所示。

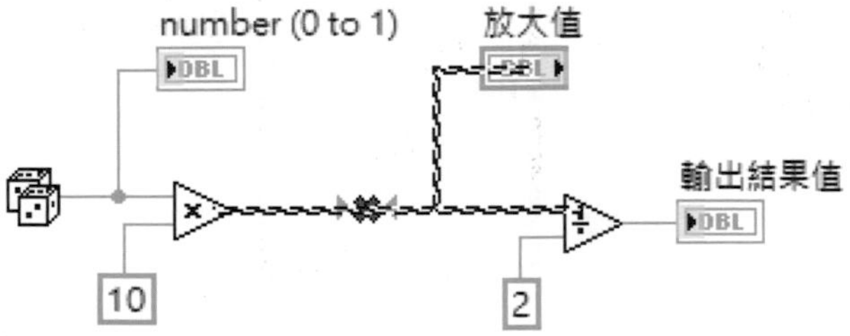

此時可以直接修改程式發生錯誤的部分，在修正完成之後，請先記得儲存修改後的程式。完成儲存之後，便可立即重新執行程式。

2-5　執行 VI 程式(Running VI) `CLAD`

　　LabVIEW 系統提供幾種方式，讓程式設計者執行 VI 程式，每種方法都有不同的功能與特性，例如您想在執行過程中，預先瀏覽每筆結果資料值，就必需選擇標示執行 的方式，尚有其它執行方式，將以小節的方式加以介紹。

2.5.1　標示執行

　　當執行程式時開啓標示執行 時，此功能會讓程式以非常慢的速度運作，這時您便可由各個節點觀察，資料流出、入與流向的執行情形結果，可依此預覽結果做爲下次修改程式的依據，如下圖所示。

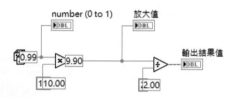

2.5.2　單步執行

　　另一種單步執行的方式，可依照程式編輯者的需求來執行 VI 程式，深入了解 LabVIEW 系統執行程式的步驟與資料流的過程。接下來，要介紹三個執行程式功能鍵，分別爲單步進入執行鍵、單步跨越執行鍵，以及單步離開執行鍵等功能。

單步進入(Step Into)執行鍵：

　　按下此鍵時，當您以單步進入執行程式時，如遇到 SubVI 與迴圈時，單步進入執行是可以執行迴圈的內部程式，凡是被執行到的程式部份，會以亮點閃爍方式來顯示。

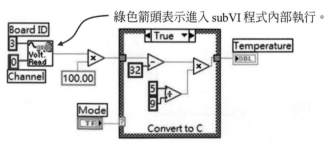

綠色箭頭表示進入 subVI 程式內部執行。

　　緊接著，再以滑鼠左鍵在功能鍵上按一下，這時便會進入到 SubVI 的程式內部執行，您只需將程式區的畫面移動到 SubVI 即可，繼續觀察執行的結果。值得注意的地方是單步執行功能，無法顯示執行後的結果值，但可以告知程式編輯者程式的資料流路徑，以供其日後修改程式的依據。當單步執行進入 SubVI 之後，會在 SubVI 圖示物件上留下一個綠色的進入執行標示，如下圖所示。

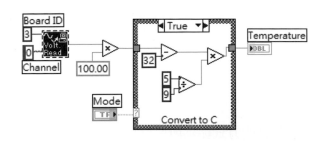

單步跨越(Step Over)執行鍵：

此按鍵是以單步跨越每個節點的方式執行程式，並會停在下一個節點處暫停，凡是被執行到的程式部分，會以亮點閃爍的方式來顯示。不過在碰到 SubVI 或迴圈時，則此功能就無法執行單步跨越的方式，必須以一次執行完畢 SubVI 或迴圈的內部程式。

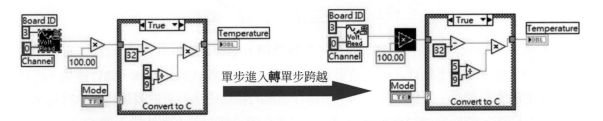

單步離開(Step Out)執行鍵：

按下此鍵時，可立即完成目前的節點執行與立即暫停住，如下圖所示。

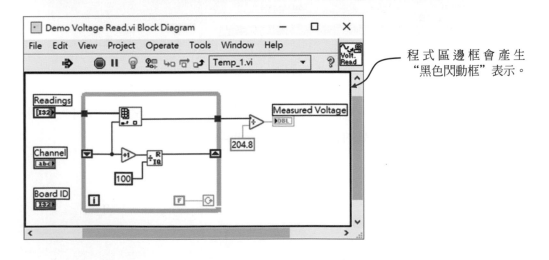

程式區邊框會產生"黑色閃動框"表示。

2-6 特殊工具(Special Tools) `CLAD`

　　LabVIEW 系統針對執行中的程式,提供設定偵測點顯示資料,或是在程式結構中設定執行中斷點,以利程式編輯者預期了解程式結構是否合理。

2.6.1 探針工具

　　探針工具可設定在程式當中的任一連線上,以顯示該連線的資料。系統會自動為探針視窗進行編號,並以小視窗的方式顯示所要檢視的資料,如下圖所示。

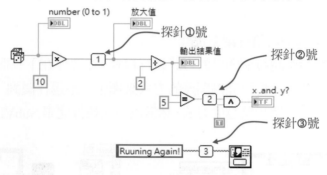

　　當程式未被執行的時候,探針視窗中的**探針顯示**(Probe Display)是無資料,當您按下執行鍵時,便會記錄下執行之後的結果資料,如果探針在程式的迴圈內,執行結果,將會產生先前的資料覆蓋。所以探針不適合使用在迴圈的結構中,若只檢視最終的執行結果,則是沒有問題。若要取消探針視窗的顯示,只需在顯示窗的右上角按一下便可。

　　接下來,是執行一次上面程式之後,探針視窗所記錄下來的資料,您可以利用滑鼠點選每一個探針,在探針顯示區內會顯示出執行後的資料,如下圖所示。

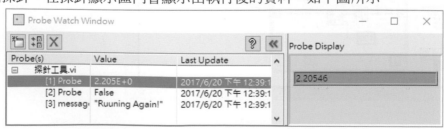

2.6.2　中斷點工具

　　如何在程式區設定中斷點，讓執行到該點時可使程式暫停呢？請參照下面的步驟說明即可完成。

步驟 1. 首先，點選中斷點工具，可以在程式區的任何函數物件或連線上，加入中斷點來暫停程式的執行，如下圖所示。

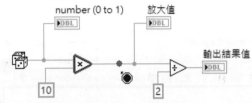

步驟 2. 在程式執行中，若是執行到中斷點時程式便會暫停，同時工具列的暫停鍵會呈紅色顯示，如下圖所示。

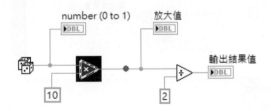

步驟 3. 當程式執行到中斷點時，您可以按一下暫停鍵，讓程式繼續執行到下一個中斷點，或是直接結束程式的執行。

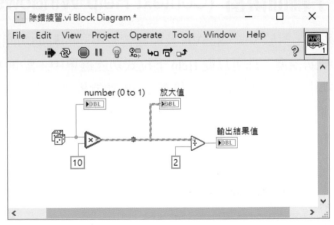

步驟 4. 若要將中斷點取消時，可利用中斷點工具在該點上按一下滑鼠左鍵，即可把原先
所設定的中斷點移除。

⚠️ **注意：** 請特別小心在設定中斷點時，千萬不可以使用在程式區空白處，這樣會造成整
個程式區陷入暫停的狀態，如下圖所示。如欲解決上述問題，則可以使用中斷
點工具在程式區空白的地方按一下滑鼠左鍵即可取消。

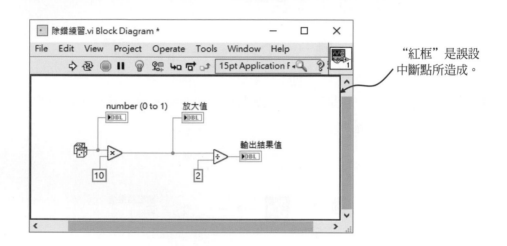

"紅框"是誤設
中斷點所造成。

 ## 2-7　文字輔助視窗 (Context Help Windows)

在 LabVIEW 系統，對於 VIs、SubVIs 及節點皆有不同的輔助功能選擇，其包含有文
字輔助視窗與線上輔助視窗。您可以從 Help 下拉式功能選單中，點選 Show Context Help
或直接按(Ctrl-H)呼叫出文字輔助視窗。或是在 Tools 功能板中，選擇定位工具亦或是連線
工具，將滑鼠移動到程式區或人機介面的物件上，則文字輔助視窗便會顯示出該物件的應
用與說明，如下圖所示。

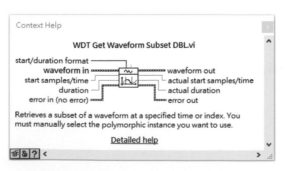

然而在視窗的左下角可選擇輔助說明的模式，可區分為簡單與詳細的文字輔助說明兩種，但兩者之間會有些許的差異性。

簡易圖示說明：

此鍵是提供程式編輯者，使用線上輔助視窗，來獲得更多的物件文字說明與相關範例程式。此按鈕位於輔助視窗的左下角，簡單的輔助說明只強調物件的主要連接點，而次要的連接端只會呈現較短的顯示，通常只顯示主要的連接端點，而進階的連接點並不會被顯示出來，如下圖所示。

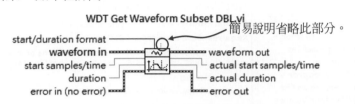

進階圖示說明：

如下圖為點選詳細圖示輔助說明，便會顯示所有終端點的名稱與說明其功能。原先在簡易圖示說明未顯示的部分，如 open interval? (T)終端點則會被顯示出來。

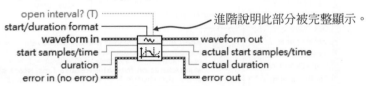

固定(Lock)工具：

按下此鍵時，文字輔助視窗的說明內容會被鎖住，因此無法同時顯示其它物件的說明，如欲解除此功能設定，只需再按一下即可。

詳細輔助(Detailed Help)工具：

此鍵是提供程式編輯者，使用線上輔助視窗，來獲得更多的物件文字說明與相關範例程式。

⚠️ **注意：**如果想進一步了解物件的使用說明，可以在顯示該物件的 Context Help 視窗直接按下 Detailed help 來獲得更多的訊息。

2-30 *LabVIEW 程式設計與應用*

線上輔助視窗：

在線上輔助視窗裡，包含所有函數物件的詳細說明，亦可以透過按下 <kbd>?</kbd> 鍵或是在 Help 下拉式功能選單中，選擇以 Show Context Help 等方式，進入線上輔助視窗，或藉由此功能找尋適當的範例程式。

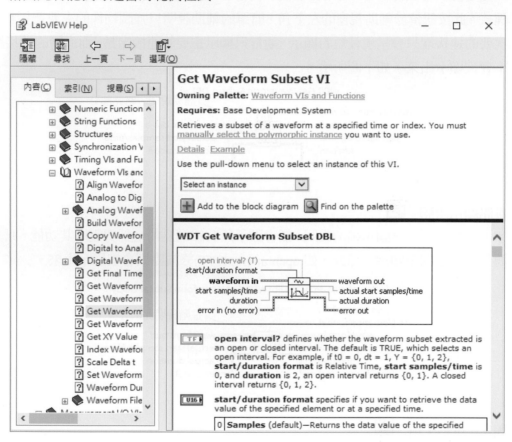

CLAD 模擬試題練習

1. 若要在人機介面放置一個物件，可從何處選取物件：
    A. Controls Palette
    B. Functions Palett
    C. Tools Palett
    D. Icon Palett

2. 自定義探針產生於：
    A. 在連線上按壓右鍵，從彈出選單點選自定義探針。
    B. 在正常的探針上連按兩下。
    C. 將屬性節點放置到程式區中，並從屬性選單中點選自定義探針。
    D. 將探針子工具面板的自定義探針，放到程式區中。

3. 數字常數可以放置在何處？
    A. Front Panel
    B. Block Diagram
    C. A 與 B 兩者。
    D. 以上皆非。

4. 在程式執行時，如欲觀察程式區的數據移動狀態，可按壓_____按鍵。
    A. Highlight Execution
    B. Run
    C. Run Continuously(連續執行)
    D. Abort Excution(中止執行)

5. LabVIEW 在執行程式區的內碼時，是根據何種程式設計的佈局？
    A. 由上到下，程式執行開始時，會從程式區的最頂部往下移動。
    B. 數據資料流模式，程式區的執行會根據資料流。
    C. 控制流程，程序元素的順序會決定一個程序執行的順序。
    D. 從左到右，在程式區由左邊開始執行程式，並會向右邊移動。

解答：① A，② D，③ C，④ A，⑤ B

3

數值與布林

　　本章節除了介紹 LabVIEW 數值基本運算功能之外，也將介紹與說明布林函數的基本運算法則。在數值函數部分，除了加、減、乘、除等基本功能外，也將介紹進階的階層與冪次方等運算函數物件，另外將以繪圖的方式解說三角函數應用。在布林函數的部分，先以基礎的邏輯分析原理介紹外，也將介紹 And、Or、Not，以及 Exclusive Or 等邏輯的替代邏輯電路，以便簡化與解決邏輯電路設計的問題，讓使用者能依邏輯分析之需求，自行設計簡潔而實用的電路。

　　目前 LabVIEW 系統，已將部分進階的數學函數物件，分別存放於不同的選單中，並依不同屬性分別存放在 Programming、Measurement I/O、Instrument I/O、Vision and Motion、Mathematics、Signal Processing、Data Communication、Connectivity、Control Design & Simulation、Express、Addons、 Favorites，以及 User Libraries 等功能檔案夾。因此找尋進階函數物件時，可依數學函數物件的屬性進行尋找，其所存放的位置，如下圖所示。

函數面板：

此部分爲進階功能選單。

3-1 數值函數物件

　　本節所介紹的基本數學運算函數，都是在程式設計時會被使用到的運算函數物件；另外在進階的函數部分，將採重點式說明與介紹，但在說明每一個函數物件時，皆會附上範例說明，基本數學運算函數選單，如下圖所示。

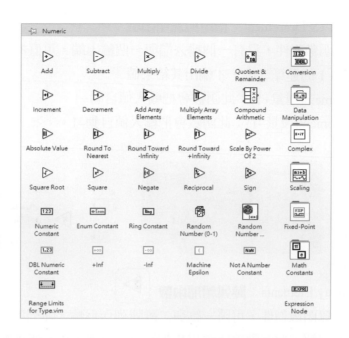

3.1.1　基本數值運算函數

本小節將針對數值運算與數值比較函數物件，逐一地以範例做說明與介紹。

1. **四則運算函數**：下面所介紹的運算函數物件，皆有兩個輸入端與一個輸出端，如 Add(加)、Subtract(減)、Multiply(乘)，以及 Divide(除)。

範例：

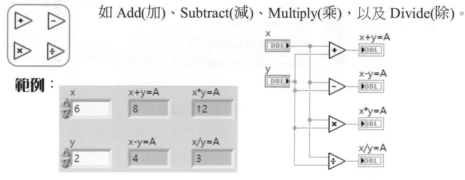

2. Quotient & Remainder：**商與餘數函數**

此函數可將 x 輸入數值除以 y 輸入數值之後，顯示其輸出結果值。R 代表是餘數，IQ 代表是商。

範例：

3. Increment & Decrement：**增量與減量函數**

運算函數物件，只有一個輸入端與一個輸出端，可直接將輸入數值做+1，或是–1 的運算之後，才輸出其結果值。

Increment(增量+1)：此函數會把輸入值自動+1。

Decrement(減量–1)：此函數會把輸入值自動–1。

範例：

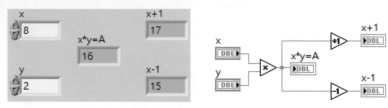

4. Add Array Elements：**陣列相加函數**

此運算函數物件，可將一維與二維陣列作為輸入陣列數值，以求取其運算之陣列解，此函數功能會以相加的運算方式，求取陣列解。

範例：

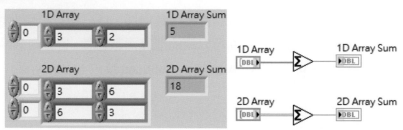

5. Multiply Array Elements：**陣列相乘函數**

此運算函數物件，可將一維與二維陣列作為輸入陣列數值，以求取其運算之陣列解，此函數功能以相乘的運算方式，求取陣列解。

範例：

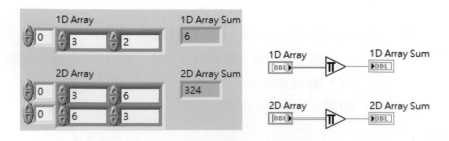

⚠️**注意**：上述陣列數值的相加與相乘函數，是不接受以數值的方式作為輸入，相關陣列的運用。

6. Compound Arithmetic：**混合運算函數**

此運算函數物件，共有五種運算模式，其進階的運算方式包含有陣列、群集以及布林等。

範例：

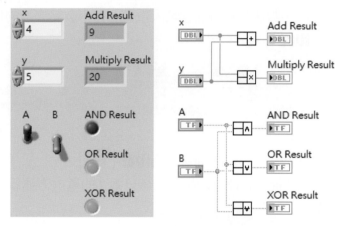

7. **絕對值與小數進位函數**：分別說明各個函數物件功能如下。

① Absolute Value：**絕對值**

此函數功能可將任意輸入為負值數，在取絕對值之後，輸出為正值數。

範例：

② Round To Nearest：**取整數值**

此函數功能可將輸入值的小數點之後的第一個位數，以四捨五入的方式進位成整數值輸出。

範例：

③ Round Toward －Infinity：**小數點之後全部捨去**

此函數功能可把任意輸入數值，在小數點之後的位數全部捨去。

範例：

④ Round Toward +Infinity：**小數點之後全部進位**

此函數功能會將任意輸入數值，在小數點之後的位數全部進位。

範例：

8. Scale By Power Of 2：**2 的冪次方函數**

此函數功能可將任意的輸入數值以乘 2 的冪次方運算，範例說明如下。

範例：

9. Square Root：**平方根**

此函數功能可將所有(>0)的輸入數值開平方根。

範例：

10. Square：**平方**

此函數功能乃將所有輸入數值平方之後輸出。

範例：

11. Negate：**正/負號轉換**

此函數物件可將輸入數值的正號或負號，在輸出時產生自動變換功能。

範例：

12. Reciprocal：**倒數**

此函數可將任意輸入數值，以倒數方式運算之後輸出結果。

範例：

13. Sign：**正負數判定標記**

此函數功能可判定任意輸入數值，當輸入值 > 0 時，輸出標記為 1；若輸入值 = 0 時，輸出標記為 0，如果輸入值 < 0 時，輸出標記為 –1。

範例：

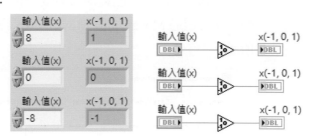

14. Numeric Constant：**整數常數**

此函數只能夠在程式區建立與使用，無法使用在人機介面。

範例：

15. Enum Constant：**列舉數值**

此函數的**項目**(Items)設定可為數字或字串，但每一個項目也會對應一個系統的內定**值**(Values)，其功能可以建立字串名稱的標貼或整數值的標貼。

建立 Enum Constant 物件的選單標籤的步驟說明如下：

步驟 1. 在 Enum Constant 物件上，按下滑鼠右鍵點選 Edit Iterms 進入選單標籤編輯模式，如下圖所示。

步驟 2. 在進入選單標籤編輯模式後，可以鍵入欲使用的標籤類型，再按下右邊的 Insert 功能鍵即可完成，如有設定的標籤順序不對時，亦可透過 Move Up 與 Move Down 功能來做調整，如下圖所示。

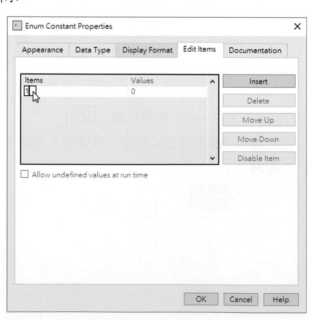

範例 1：字串選單標籤顯示：

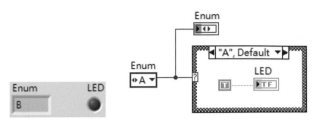

範例 2：數字選單標籤顯示：

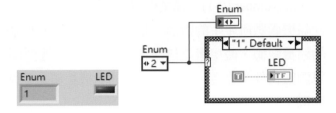

16. Ring Constant：Ring **常數**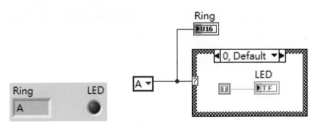

此函數的功能與 Enum Constant 物件十分類似，其**項目**(Items)設定可
為數字或字串，但每一個項目也會對應一個系統內定**值**(Values)，因而
形成選項標籤。

範例：1 字串選單標籤顯示：

範例 2：數字選單標籤顯示：

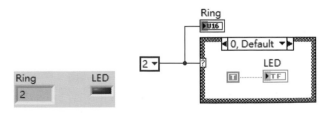

補充：除了上述的選單標籤顯示方式之外，亦可以在 Enum 的物件或 Ring 的物件上按滑鼠右鍵，選擇 Visble Iterms » Digital Display，可以產生雙顯示如下圖所示。

Enum Constant	Ring Constant
◆A ▼ 0	A ▼ 0
◆B ▼ 1	B ▼ 1

17. Random Number (0-1)：**隨機函數**

此隨機函數所產生的數值，是經由電腦的運算時脈，自動產生一個由 0~1 的隨機數值，使用者是無法任意設定隨機函數的輸出數值。但可以利用運算函數物件來修定，所希望產生的隨機數值之範圍，範例說明如下。

範例：

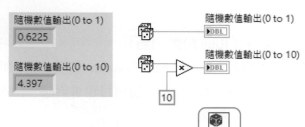

18. Random Number (Range)：**隨機函數範圍**

此隨機函數指令可自定隨機變化的範圍，首先將資料線連接到上限範圍與下限範圍的輸入端點，然後再決定是否要使用預設的範圍，或是透過手動方式選擇自訂範圍，範例說明如下。

範例：

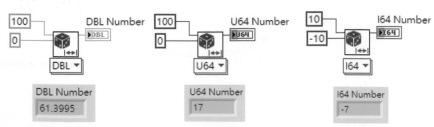

19. Positive Infinity：$\boxed{+\infty}$ **正無限常數**，此函數為常數值。

20. Negative Infinity：$\boxed{-\infty}$　**負無限常數**，此函數為常數值。

21. Machine Epsilon：$\boxed{\varepsilon}$　此函數可產生一個 2.22045E-16 的常數值。

22. Not A Number Constant：$\boxed{\text{NaN}}$　此函數會輸出一個 NaN 的常數值。

23. Range Limits for Type：**類型的範圍限制**　$\boxed{\;\cdot\;\cdot\;}$

此函數指令會依輸入的數值類型，可在輸出端顯示出該類型數值，最大有效顯示範圍，與最小有效顯示範圍，範例說明如下。

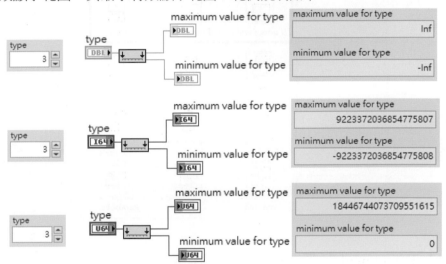

24. Expression Node：**節點數學式**　$\boxed{\quad}$

此函數物件提供簡易數學方程式的運算，其運算指令包含有 abs, acos, acosh, asin, asinh, atan, atanh, ceil, cos, cosh, cot, csc, exp, expm1, floor, getexp, getman, int, intrz, ln, lnp1, log, log2, max, min, mod, rand, rem, sec, sign, sin, sinc, sinh, sqrt, tan, tanh 等，數學方程式編寫說明如下。

範例：

3.1.2　三角函數物件

　　本小節將介紹 Mathematics 函數功能面板中的三角函數、指數與對數，以及複數等函數物件，其路徑為 Mathematics » Elementary & Special Functions。首先，值得注意的是三角函數的運算，其輸出的結果是弧度量。若想要以角度量顯示時，則須透過轉換的運算。本小節的範例會運用到第五章的迴圈功能、第七章的圖示輸出功能，以及第九章的公式節點來顯示三角函數的結果。在下面圖中函數功能面板紅色框的部分，會是本節介紹的重點，如下圖所示。

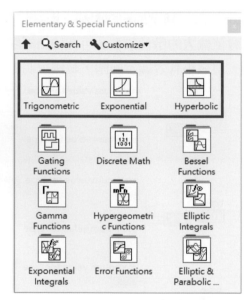

1. Trigonometric Functions：三角函數

　　三角函數物件中，包含有三角函數、反三角函數，以及三角函數之倒數等。

(1)下面範例將透過迴圈功能，介紹**正弦**(Sine)、**餘弦**(Cosine)，以及**正切**(Tangent)等函數，並用圖示方式顯示其輸出結果。

　　範例 1.三角函數的基本程式編寫範例，如下圖所示。

　　　① Sine：**正弦函數**

② Cosine：**餘弦函數**

③ Tangent：**正切函數**

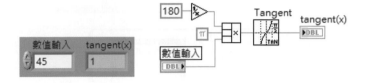

 補充：在 LabVIEW 系統中，所有的三角函數預設為徑度量(Rad)，若想要以角度量(Deg)輸出時，必須透過數學運算轉換，才能以角度量輸出。

範例 2. 學習如何利用第三章的**節點數學式**(Expression Node)指令編寫程式，在迴圈的部分可參閱本書第五章迴圈結構，而輸出圖形顯示部分，請參閱第七章圖形的章節。

◆ To Double Precision Float：**變成雙精密浮點數** [DBL]
此函數功能，可將任意輸入數值轉換成為雙精密的浮點數值。

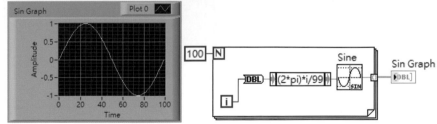

提醒：ⅰ Iteration Number 會顯示出此迴圈已經完成的執行次數，然而迴圈的執行次數是固定由零開始，每當迴圈第一次或是重複執行時，Iteration 的連接端會恢復為 0 開始。

範例 3. 除了節點數學式(Expression Node)指令之外，亦可使用**公式節點**
(Formula Node)指令，請參閱本書的第九章條件式迴圈結構的部分。

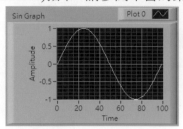

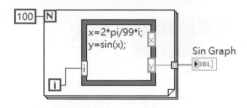

範例 4. 本範例是透過 For Loop 迴圈與 Bundle 指令，將 Sin、Cos，以及 Tan
等三角函數，將結果以**波形圖表**(Waveform Chart)方式呈現出來。針
對波形圖表的應用有興趣的讀者，可參閱本書的第七章的部分，在
範例中所使用到的 Bundle 指令，亦可參閱本書第六章的部分。

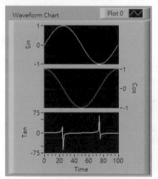

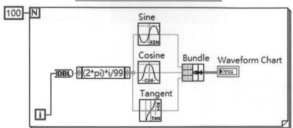

◆ Bundle：**集合**
此函數功能，可將獨立的元素組合成一個**叢集**(Cluster)的方式輸出。

提醒：Bundle 指令能將單獨的物件組合成一個單獨的叢集，例如可將數值、布林，以及文字等物件集合成一個叢集，亦可單獨變更目前叢集內的物件。

(2)下面範例將介紹**正割**(Secant)、**餘割**(Cosecant)，以及**餘切**(Cotangent)等函數。

範例 1. 三角函數的基本程式編寫範例，如下圖所示。

④ Secant：**正割函數**

⑤ Cosecant：**餘割函數**

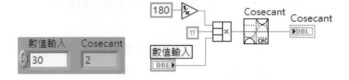

⑥ Cotangent：**餘切函數**

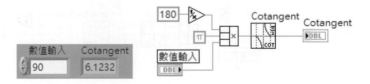

範例 2. 下圖範例則是透過迴圈功能，以圖形方式顯示其輸出結果，請依範例自行練習與修改寫程式，或參閱隨書附贈光碟的範例程式檔案。

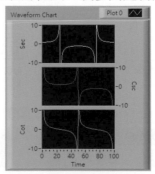

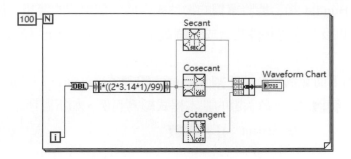

2. Inverse Trigonometric Functions：反三角函數

反三角函數物件中，包含有反正弦、反餘弦、反正切、反正割函數、反餘割函數，以及反餘切函數等。

(1) 下面範例將介紹**反正弦**(Inverse Sine)、**反餘弦**(Inverse Cosine)，以及**反正切**(Inverse Tangent)等函數。

範例 1. 反三角函數基本程式編寫範例，如下圖所示。

❶ Inverse Sine：**反正弦函數**

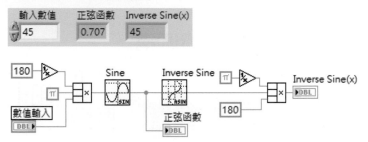

❷ Inverse Cosine：**反餘弦函數**

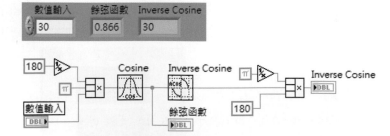

❸ Inverse Tangent：**反餘弦函數**

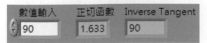

範例 2. 下圖範例則是透過迴圈功能，以圖形方式顯示其輸出結果，請依範例自行練習與修改寫程式，或參閱隨書附贈光碟的範例程式檔案。

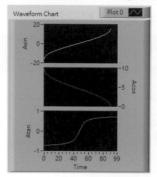

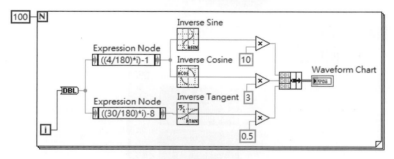

(2)下面範例將介紹**反正割函數**(Inverse Secant)、**反餘割函數**(Inverse Cosecant)，以及**反餘切函數**(Inverse Cotangent)等函數。

範例 1. 反三角函數的基本程式編寫範例，如下圖所示。

❹ Inverse Secant：**反正割函數**

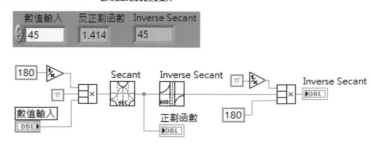

❺ Inverse Cosecant：**反餘割函數**

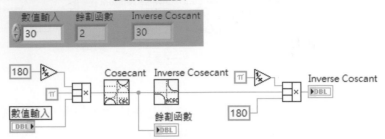

❻ Inverse Cotangent：**反餘切函數**

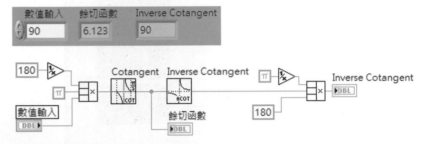

範例 2. 下圖範例則是透過迴圈功能，以圖形方式顯示其輸出結果，請依範例自行練習與修改寫程式，或參閱隨書附贈光碟的範例程式檔案。

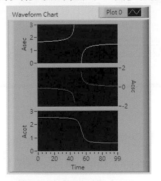

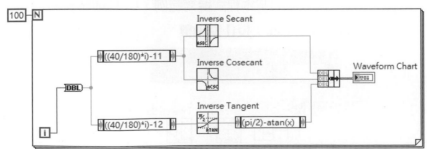

提醒：請留意！如欲在 Expression Node 或 Formula Node 中使用某些三角函數時，值得特別留意 LabVIEW 系統並沒有提供文字指令三角函數，例如 Inverse Cotangent 文字指令函數，因此只能夠利用 Inverse Tangent 函數來做轉換。

3. Hyperbolic Trigonometric Functions：雙曲線三角函數

在雙曲線三角函數物件中，包含有雙曲線正弦函數、雙曲線餘弦函數、雙曲線正切函數、雙曲線正割函數、雙曲線餘割函數，以及雙曲線餘切函數等函數。

(1) 下面範例將介紹**雙曲線正弦函數**(Hyperbolic Sine)、**雙曲線餘弦函數**(Hyperbolic Cosine)，以及**雙曲線正切函數**(Hyperbolic Tangent)等函數。

範例 1. 雙曲線三角函數基本程式編寫範例，如下圖所示。

　① Hyperbolic Sine：**雙曲線正弦函數**

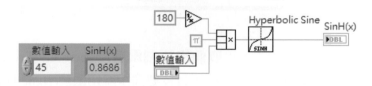

　② Hyperbolic Cosine：**雙曲線餘弦函數**

　③ Hyperbolic Tangent：**雙曲線正切函數**

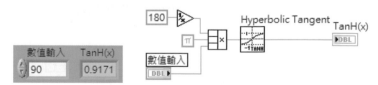

範例 2. 下圖範例則是透過迴圈功能，以圖形方式顯示其輸出結果，請依範例自行練習與修改寫程式，或參閱隨書附贈光碟的範例程式檔案。

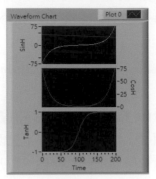

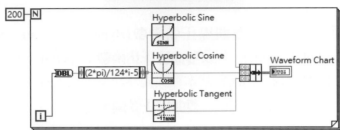

(2) 下面範例將介紹**雙曲線正割函數**(Hyperbolic Secant)、**雙曲線餘割函數**(Hyperbolic Cosecant)，以及**雙曲線餘切函數**(Hyperbolic Cotangent)等函數。

範例 1. 雙曲線三角函數的基本程式編寫範例，如下圖所示。

④ Hyperbolic Secant：**雙曲線正割函數**

⑤ Hyperbolic Cosecant：**雙曲線餘割函數**

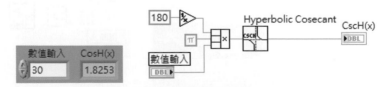

⑥ Hyperbolic Cotangent：**雙曲線餘切函數**

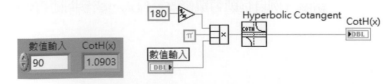

提醒：接下來的範例與先前轉述的問題相同，在 Expression Node 或 Formula Node 中 LabVIEW 系統並沒有提供部分文字指令三角函數，例如 Hyperbolic Cotangent 文字指令函數，因此需要利用 Hyperbolic Tangent 函數來做轉換。

範例 2. 下圖範例則是透過迴圈功能，以圖形方式顯示其輸出結果，請依範例自行練習與修改寫程式，或參閱隨書附贈光碟的範例程式檔案。

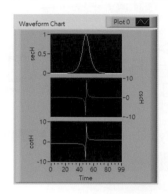

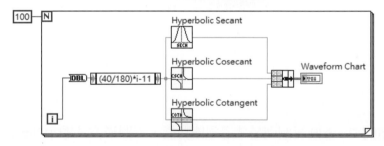

4. Hyperbolic Trigonometric Functions：反雙曲線三角函數

在反雙曲線三角函數物件中，包含有反雙曲線正弦函數、反雙曲線餘弦函數，以及反雙曲線正切函數、反雙曲線正割函數、反雙曲線餘割函數，以及反雙曲線餘切等函數。

(1) 下面範例將介紹**反雙曲線正弦函數**(Inverse Hyperbolic Sine)、**反雙曲線餘弦函數**(Hyperbolic Cosine)，以及**反雙曲線正切函數**(Hyperbolic Tangent)等函數。

範例 1. 雙曲線三角函數基本程式編寫範例，如下圖所示。

❶ Inverse Hyperbolic Sine：**反雙曲線正弦函數**

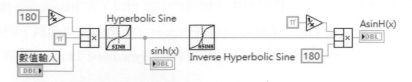

❷ Inverse Hyperbolic Cosine：**反雙曲線餘弦函數**

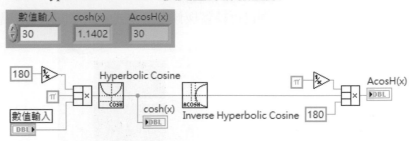

❸ Inverse Hyperbolic Tangent：**反雙曲線正切函數**

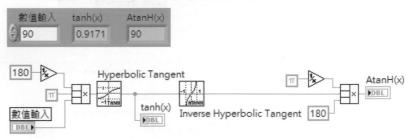

範例 2. 下圖範例則是透過迴圈功能，以圖形方式顯示其輸出結果，請依範例自行練習與修改寫程式，或參閱隨書附贈光碟的範例程式檔案。

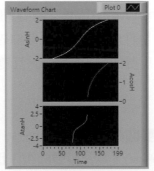

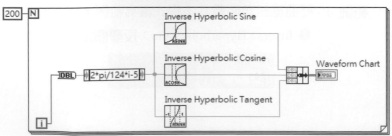

(2) 下面範例將介紹**反雙曲線正割函數**(Inverse Hyperbolic Secant)、**雙曲線餘割函數**(Inverse Hyperbolic Cosecant)，以及**雙曲線餘切函數**(Inverse Hyperbolic Cotangent)等函數。

範例 1. 雙曲線三角函數基本程式編寫範例，如下圖所示。

❹ Inverse Hyperbolic Secant：**反雙曲線正割函數**

❺ Inverse Hyperbolic Cosecant：**反雙曲線餘割函數**

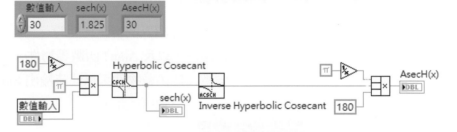

❻ Inverse Hyperbolic Cotangent：**反雙曲線餘切函數**

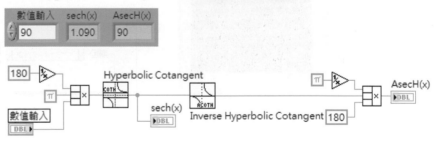

範例 2. 下圖範例則是透過迴圈功能，以圖形方式顯示其輸出結果，請依範例自行練習與修改寫程式，或參閱隨書附贈光碟的範例程式檔案。

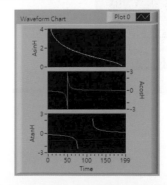

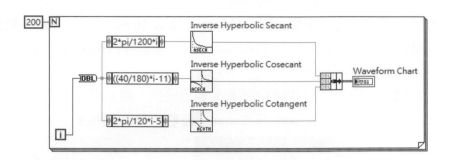

小嘗試：除了節點數學式(Expression Node)指令外，請自行參閱本書的第九章條件式迴圈結構的部分，自行嘗試改寫所有的雙曲線三角函數程式。

3.1.3　特殊功能三角函數物件

接下來，將以範例說明的方式，介紹三個特殊功能的三角函數物件，分別為 Sine & Cosine 複合函數物件、Sinc 函數物件，以及 Atan2 函數等物件。

範例 1. Sin & Cosine 複合函數：此函數物件可以同時輸出 Sine 與 Cosine 的波形，如下範例所示。

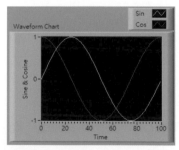
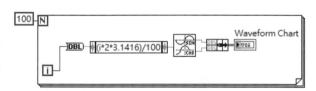

範例 2. Sinc 函數：此函數物件是當 x 值為弳度量時，計算出 Sine(x)除以 x 的結果值，本範例以迴圈方式執行後的結果顯示如下圖示。

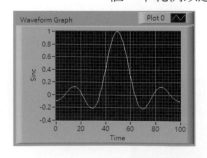
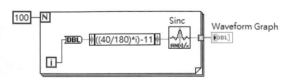

範例 3. Atan2 函數：此函數物件乃是直角坐標語及座標轉換計算函數，如下圖示。

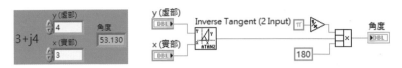

3.1.4　指數函數物件

指數函數物件，除了 Power of X 函數物件為雙輸入與單輸出之外，其它的皆為單一輸入與單一輸出。

① Exponential：以 e 為底的指數函數，指數函數的基本程式編寫範例，如下圖。

② Exponential (Arg) -1：以 e 為底的指數函數減 1，指數函數的基本程式編寫範例，如下圖。

範例 1.下面範例是利用 For Loop 迴圈與公式節點結構，將輸出結果以圖形方式輸出。

❶ Exponential：

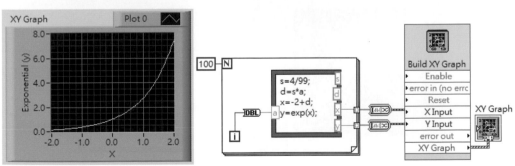

由上面的程式內碼可以感覺到，輸出的 Build XY Graph 物件相當佔版面。其實我們可以透過下面小技巧，來調整輸出物件的大小。切記！並不是每一個輸出物件都可以任意調整大小形狀。如下圖所示，先將滑鼠移到輸出物件上，再按下滑鼠右鍵，由彈出式選單點選 View As Icon 功能。

【 完成後 】

❷ Exponential (Arg) -1：

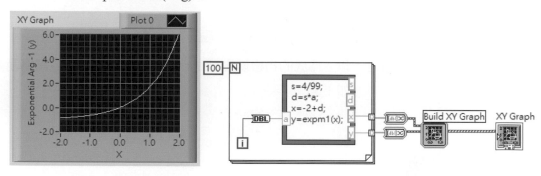

範例 2.下面範例則是利用 Bundle 指令，以整合型方式將結果用圖形方式輸出。

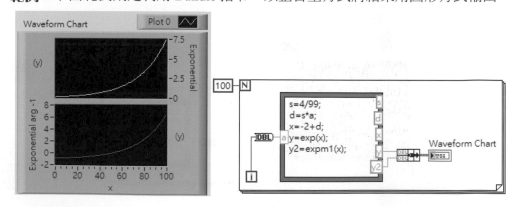

3.1.5　對數函數物件

對數函數物件，除了 Logarithm Base X 函數物件為雙輸入與單輸出之外，其它的皆為單一輸入與單一輸出。

① Natural Logarithm：以 ln 為底對數函數，對數函數的基本程式編寫範例，如下圖。

② Natural Logarithm (Arg +1)：以 ln 為底的對數函數加 1，對數函數的基本程式編寫範例，如下圖。

範例 1.下面範例是利用 For Loop 迴圈與公式節點結構，將輸出結果以圖形方式輸出。

❶ Natural Logarithm：

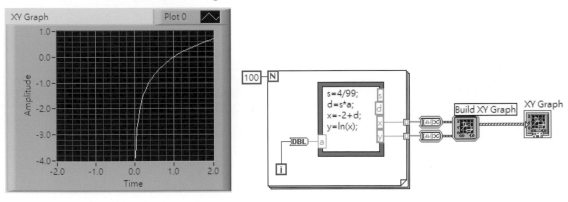

❷ Natural Logarithm (Arg +1)：

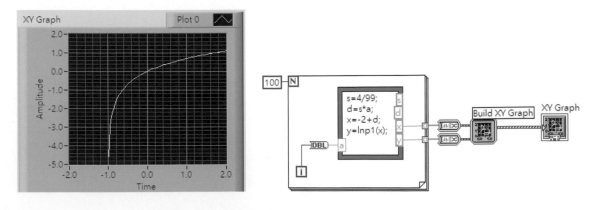

範例 2.下面範例則是利用 Bundle 指令，以整合型方式將結果用圖形方式輸出。

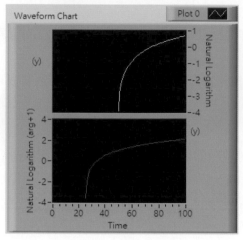

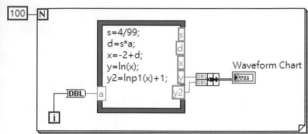

3-2 布林邏輯與布林轉換

　　本節除了介紹布林邏輯：**反閘**(NOT)、**及閘**(AND)、**反及閘**(NAND)、**或閘**(OR)、**反或閘**(NOR)、**互斥或閘**(XOR)，以及**反互斥或閘**(NXOR)等基本原理外，也將探討基本邏輯與替代邏輯之間的關聯性。除此之外，其它 LabVIEW 獨有的布林邏輯應用，也會被詳細介紹，布林函數面板如下圖所示。

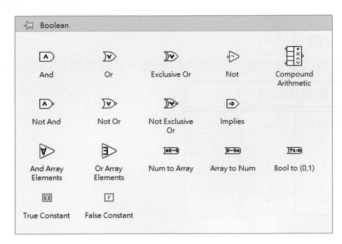

　　接下來，將逐一說明與介紹布林函數物件。

　　1. Not：**反閘**

　　　　此邏輯函數為單輸入端與單輸出端，其真值表與特性如下所示。

布林表示式 $F=\overline{A}$	
A(輸入)	F(輸出)
F	T
T	F

邏輯電路：

邏輯替代電路：可利用 NAND、NOR、Or+NAND，以及 And+NOR 等邏輯閘組成替代電路。

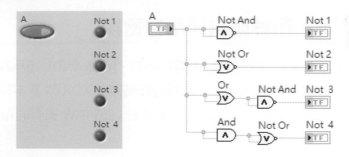

2. And：**及閘**

此邏輯函數為雙輸入端與單輸出端，其真值表與特性如下所示。

布林表示式：F=AB		
A(輸入)	B(輸入)	F(輸出)
F	F	F
F	T	F
T	F	F
T	T	T

邏輯電路：

邏輯替代電路：可利用 NAND+Not、Not+NOR，以及 Not+Or+Not 等邏輯閘組成替代電路。

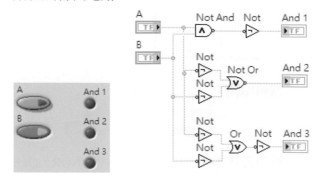

3. NAND：**反及閘**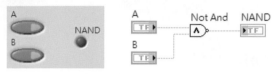

此邏輯函數為雙輸入端與單輸出端，其真值表與特性如下所示。

布林表示式：$F=\overline{AB}$		
$A_{(輸入)}$	$B_{(輸入)}$	$F_{(輸出)}$
F	F	T
F	T	T
T	F	T
T	T	F

邏輯電路：

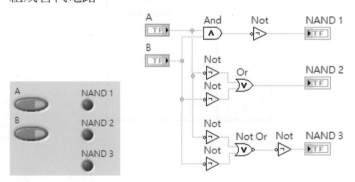

邏輯替代電路：可利用 And+Not、Not+Or，以及 Not+NOR+Not 等邏輯閘組成替代電路。

4. OR：**或閘**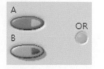

此邏輯函數為雙輸入端與單輸出端，其真值表與特性如下所示。

布林表示式：$F=A+B$		
$A_{(輸入)}$	$B_{(輸入)}$	$F_{(輸出)}$
F	F	F
F	T	T
T	F	T
T	T	T

邏輯電路：

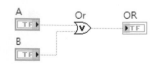

邏輯替代電路：可利用 NOR+Not、Not+NAND，以及 Not+AND+Not 等邏輯閘組成替代電路。

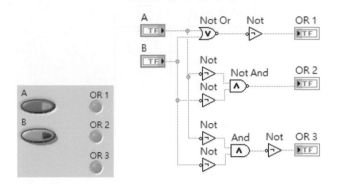

5. NOR：**反或閘**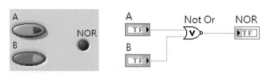

此邏輯函數為雙輸入端與單輸出端，其真值表與特性如下所示。

布林表示式：$F=\overline{A+B}$		
A(輸入)	B(輸入)	F(輸出)
F	F	T
F	T	F
T	F	F
T	T	F

邏輯電路：

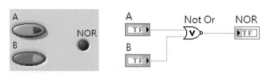

邏輯替代電路：可利用 OR+Not、Not+AND，以及 Not+NAND+Not 等邏輯閘組成替代電路。

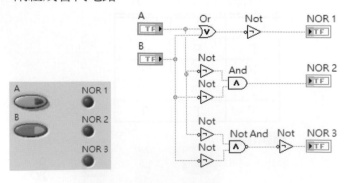

提醒：先前轉述的問題相同，在 Expression Node 或 Formula Node 中 LabVIEW 系統並沒有提供部分文字指令三角函數，例如 Hyperbolic Cotangent 文字指令函數，因此需要利用 Hyperbolic Tangent 函數來做轉換。

6. XOR：**互斥或閘**

此邏輯函數為雙輸入端與單輸出端，其真值表與特性如下所示。

布林表示式：F=A⊕B		
A(輸入)	B(輸入)	F(輸出)
F	F	T
F	T	F
T	F	F
T	T	F

邏輯電路：

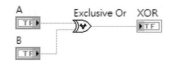

邏輯替代電路：可利用 NXOR+Not、Not+AND+OR、Not+NAND，以及 Not+NOR 等邏輯閘組成替代電路。

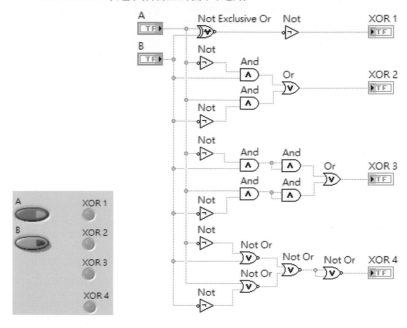

7. NXOR：反互斥或閘

此邏輯函數為雙輸入端與單輸出端，其真值表與特性如下所示。

布林表示式：F=A⊙B		
A(輸入)	B(輸入)	F(輸出)
F	F	T
F	T	F
T	F	F
T	T	T

邏輯電路：

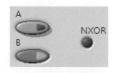

邏輯替代電路：可利用 NXOR+Not、Not+AND+OR、Not+NAND，以及 Not+NOR 等邏輯閘組成替代電路。

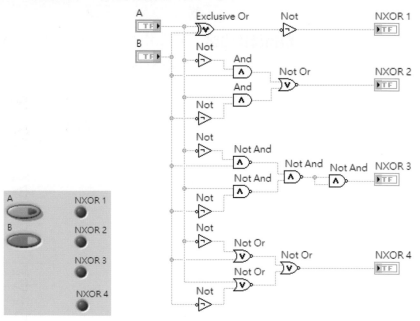

8. Implies：若....則　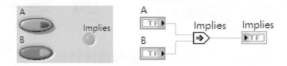

此爲特殊的邏輯函數，其特性如真值表所示。

真值表：

A(輸入)	B(輸入)	F(輸出)
F	F	T
F	T	T
T	F	F
T	T	T

邏輯電路：

9. AND Array Elements：及閘陣列元素　

此邏輯閘的輸入端爲布林陣列，而輸出端則會顯示出運算後的結果，其特性如真值表所示。

真值表：

A(輸入)	B(輸入)	F(輸出)
F	F	F
F	T	F
T	F	F
T	T	T

邏輯電路：

10. OR Array Elements：或閘陣列元素

此邏輯閘的輸入端爲布林陣列，而輸出端則會顯示出運算後的結果，其特性如真值表所示。

真值表：

A(輸入)	B(輸入)	F(輸出)
F	F	F
F	T	T
T	F	T
T	T	T

邏輯電路：

11. Number To Boolean Array：**數值轉換成布林陣列**

此邏輯閘的輸入端可為任意數值，而輸出端則會以二進制的布林陣列，顯示出運算之後的結果，其特性如下所示。

邏輯電路：

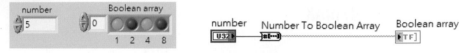

12. Boolean Array To Number：**布林轉換成數值陣列**

此邏輯閘的輸入端可為可為二進制的布林陣列，而輸出端則會顯示出運算之後的數值結果，其特性如下所示。

邏輯電路：

13. Boolean To (0, 1)：**布林偵測**

此邏輯閘的輸入端為單一布林輸入，當布林輸入為 True 時，輸出端則會顯示出整數的 1；否則輸出為 0，其特性如下所示。

邏輯電路：

3

14. Compound Arithmetic：**複合算術**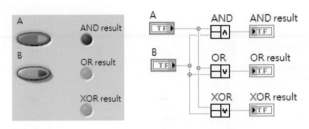

此邏輯物件的輸入端可以滑鼠向下拖曳的方式，增加超過一個以上的輸入物件，但其輸出端僅只能有一個。而此函數物件提供五種不同模式選擇，如欲選擇不同模式時，只需將滑鼠在函數物件上，按壓滑鼠右鍵可以從彈出功能選單中，點選適當的模式即可，其特性如下所示。

邏輯電路：

15. 此邏輯閘的輸入端為單一布林輸入，當布林輸入為 True 時，輸出端則會先前邏輯閘替代方法的特性與**迪摩根定理**(DeMorgan Theorem)相似；迪摩根定理乃是數學家迪摩根先生，發現當布林代數先經過"或"運算之後，再"反向"運算時，其輸出結果等於兩個變數分別經過"反向"運算之後，再"及"運算時，是可以互換其結果亦會相同，如下範例所示。

　　　邏輯電路：

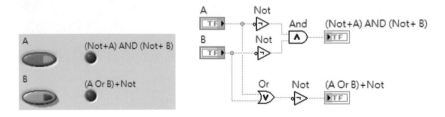

3-3 比較函數

　　本節將介紹可用於數值運算與布林運算的比較函數，如**相等**(Equal?)、**不相等**(Not Equal?)、**大於**(Greater?)、**小於**(Less?)、**大於等於**(Greater Or=?)、**小於等於**(Less Or=?)、**等於**　(Equal To 0?)、**不等於** 0(Not Equal To 0?)、**大於** 0(Greater Than 0?)、**小於** 0(Less Than 0?)、**大於等於** 0(Greater Or Equal To 0?)、**小於等於** 0(Less Or Equal To 0?)，以及**選擇物件** (Select) 等函數物件，比較函數面板如下圖所示。

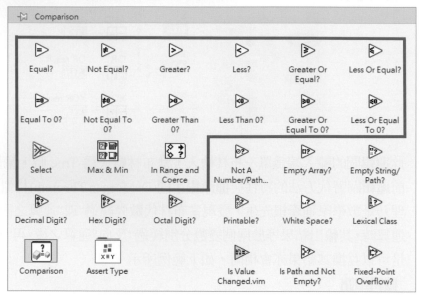

1. Equal ? : **相等？**

　　此函數為雙輸入與單輸出，輸出的值為布林狀態，真值表與特性如下所示。

真值表：

A(輸入)	B(輸入)	A=B?(輸出)
1	0	F
1	1	T

範例：

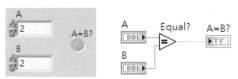

2. Not Equal？：**不相等？**

此函數為雙輸入與單輸出，輸出的值為布林狀態，真值表與特性如下所示。

真值表：

A(輸入)	B(輸入)	A≠B?(輸出)
1	0	T
1	1	F

範例：

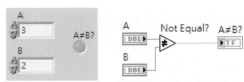

3. Greater？：**大於？**

此函數為雙輸入與單輸出，輸出的值為布林狀態，真值表與特性如下所示。

真值表：

A(輸入)	B(輸入)	A>B?(輸出)
1	0	T
0	1	F

範例：

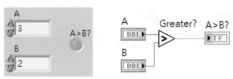

4. Less？：**小於？**

此函數為雙輸入與單輸出，輸出的值為布林狀態，真值表與特性如下所示。

真值表：

A(輸入)	B(輸入)	A<B?(輸出)
1	0	F
0	1	T

範例：

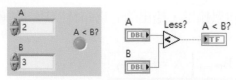

5. Greater Or Equal？：**大於等於？**

此函數為雙輸入與單輸出，輸出的值為布林狀態，真值表與特性如下所示。

真值表：

A(輸入)	B(輸入)	A≧B?(輸出)
1	0	T
0	1	F
1	1	T

範例：

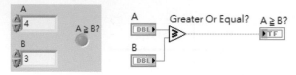

6. Less Or Equal？：**小於等於？**

此函數為雙輸入與單輸出，輸出的值為布林狀態，真值表與特性如下所示。

真值表：

A(輸入)	B(輸入)	A≦B?(輸出)
1	0	F
0	1	T
1	1	T

範例：

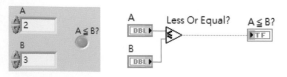

7. Equal To 0？：**等於 0？**

此函數為單輸入與單輸出，輸出的值為布林狀態，真值表與特性如下所示。

真值表：

A(輸入)	A=0?(輸出)
1	F
0	T

範例：

8. Not Equal To 0？：**不等於 0？**

此函數為單輸入與單輸出，輸出的值為布林狀態，真值表與特性如下所示。

真值表：

A(輸入)	A≠0?(輸出)
0	F
1	T

範例：

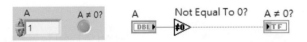

9. Greater Than 0？：**大於 0？**

此函數為單輸入與單輸出，輸出的值為布林狀態，真值表與特性如下所示。

真值表：

A(輸入)	A>0?(輸出)
0	F
1	T

範例：

10. Less Than 0？：**小於** 0？

此函數為單輸入與單輸出，輸出的值為布林狀態，真值表與特性如下所示。

真值表：

A(輸入)	A<0?(輸出)
0	F
-1	T

範例：

 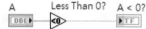

11. Greater Or Equal To 0？：**大於等於** 0？

此函數為單輸入與單輸出，輸出的值為布林狀態，真值表與特性如下所示。

真值表：

A(輸入)	A≧0?(輸出)
-1	F
0	T
1	T

範例：

12. Less Or Equal To 0？：**小於等於** 0？

此函數為單輸入與單輸出，輸出的值為布林狀態，真值表與特性如下所示。

真值表：

A(輸入)	A≦0?(輸出)
1	F
0	T
-1	T

範例：

13. Select：**選擇物件**

此函數有三個輸入端點與單一輸出端，其輸入選擇端必須為布林物件，輸出端則依輸入端函數物件而定。

範例：

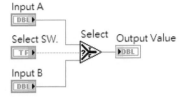

 補充：選擇物件的輸入物件可以為數值、布林、字串，以及路徑等，其輸出端則視輸入端的函數物件性質而定。

14. Max & Min：**最大與最小**

此函數有二個輸入端點與有二個輸出端，其主要功能是分配與辨識輸入值的大小。

範例：

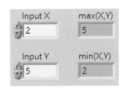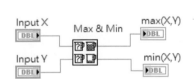

15. In Range and Coerce：**範圍內強制輸出**

此函數的輸入端可以設定輸入上限與下限值，其主要功能是分配與辨識輸入值的大小。

真值表：

Upper Limit (上限範圍)	輸入值 (X)	Lower Limit (下限範圍)	Coerced (X)	In Range?
0	1	0	0	F
5	8	-5	5	F
5	-3	-8	-3	T

範例：

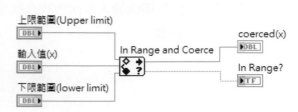

3-4　辨識與判定函數

本節所介紹的函數是具有辨識與判定的功能，如**十進位**?(Decimal Digit?)、**十六進位**?(Hex Digit?)，以及**八進位**?(Octal Digit?)等常用函數物件。

1. Not A Number/Path/Refnum?：

此函數功能在輸入端的輸入不為 Number、Path，或是 Refnum 時，則在其輸出的布林狀態顯示為 TRUE；反之，則為 FALSE。

範例：

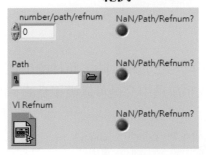

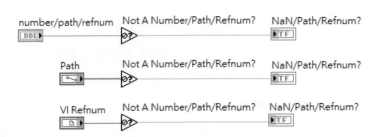

⚠️ **注意**：Not A Number/Path/Refnum?的使用方式，詳細說明如下所示。

① 此函數不接受輸入為字串的物件，範例如下所示。

範例：

② 此函數亦不接受非數值的輸入，範例如下所示。

範例：

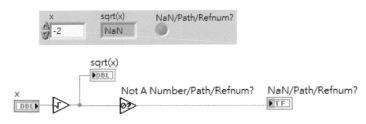

2. Empty Array?：

此函數功能可以判斷輸入陣列的內容是否無數值，若是空的陣列則布林輸出狀態為 TRUE；否則為 FALSE，此函數亦可檢查二維陣列。

範例：

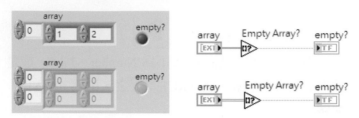

3. Empty String/Path?：

此函數功能可判斷輸入狀態，若為空的字串或是空的路徑時，布林輸出狀態則為 TRUE。反之，則為 FALSE，如輸入字串為中文是可以被接受的。

範例：

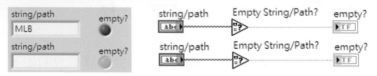

 補充：Empty String/Path? 此函數亦可運用在一維與二維的字串陣列判定，若在字串陣列中發生空字串時，輸出的布林陣列會顯示出空字串的位置如下頁範例所示。

範例：

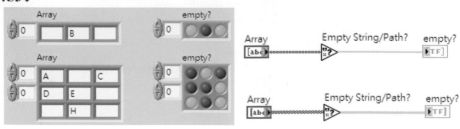

4. Decimal Digit?：**十進位**?

　　此函數功能可辨識輸入字串是否為十進位，如果為十進位數值時，布林輸出狀態為 TRUE；反之，則為 FALSE。

　　範例：

5. Hex Digit?：**十六進位**?

　　此函數功能可辨識輸入字串是否為十六進位，如果為十六進位數值時，布林輸出狀態為 TRUE；反之，則為 FALSE。

　　範例：

6. Octal Digit?：**八進位**?

　　此函數功能可辨識輸入字串是否為八進位，如果為八進位數值時，布林輸出狀態為 TRUE；反之，則為 FALSE。

　　範例：

7. Printable？：

　　此函數功能可辨識輸入的字串是否為 ASCII？如果是 ASCII 時，輸出布林狀態為 TRUE；反之，則為 FALSE。

　　範例：

⚠️**注意**：Printable ?的使用方式，詳細說明如下所示。

　　此函數雖然能接受數值物件輸入，但 Printable 函數無法辨識輸入的內容爲何？
所以輸出則無狀態顯示，範例如下所示。

　　範例：

8. White Space ?：

　　此函數功能會偵測輸入狀態是否爲空白性質，例如空格、表格、換行，以
及垂直表格等情況。如發生上述情況時，則布林輸出狀態爲 TRUE。反之，
則爲 FALSE。

　　範例：

此處發現空格。

9. Lexical Class?：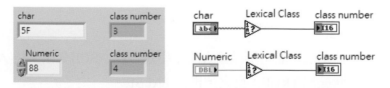

　　此函數功能可接受字串與數值做爲輸入物件，可將輸入的 ASCII 轉換爲 I32
整數值輸出，若以數值做爲輸入時，需小心確認其輸出的數值正確性。

　　範例：

10. In Path and Not Empty?：

　　此函數功能會偵測 path 輸入狀態是否爲空白，如果路徑輸入端內有正確資
料，則布林輸出狀態爲 TRUE；反之，則爲 FALSE。

　　範例：

3-5 正反器

本節所介紹是另外一個重點，那就是邏輯正反器(Flip-Flop 簡寫為 FF)原理應用，一般來說正反器便是指 S-R 正反器，由 S-R 正反器推演變化的包含有 D 型正反器、具有預設與清除的 D 型正反器、J-K 正反器、以及 T 型正反器等。

1. S-R 正反器

S-R 正反器是由反或閘與反及閘兩種模式所組成，因此 S-R 正反器有兩個輸入端與兩個輸出端，特性如下真值表所示。

真值表：

S	R	Q	Q1	附　　　註
T	F	F	T	*重設狀態，在 S=1，R=0 之後結果不變。
T	T	F	T	
F	T	T	F	*重設狀態，在 S=1，R=0 之後結果不變。
T	T	T	F	
F	F	T	T	*不允許的狀態。

範例：

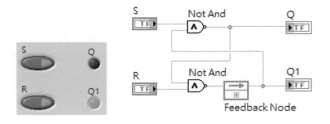

 補充：Feedback Node：回饋節點函數物件位於 Structure 子面板中，主要功能如同移位暫存器，可將資料以移位的方式傳遞。

2. D 型正反器

S-R 正反器是由反或閘與反及閘兩種模式所組成,因此 S-R 正反器有兩個輸入端與兩個輸出端,特性如下真值表所示。

真值表:

D	Q	Q1	附　　　註
F	F	T	
T	T	F	
F	T	T	*不允許的狀態。

範例:

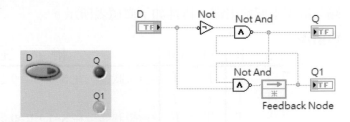

問題練習

1. 試寫一個銀行利率計算程式，設有本金、月利率及存款期數等輸入，並以單利方式計算本利和。如遇到中途解約，若存款期數已超過一個月時，利息以 80%計算；未達一個月以上，則不計息。
   【本利和＝本金 × 月利率 × 存款期數】

2. 於△ABC 中，三邊長之比為 a：b：c＝$\sqrt{2}:2:\sqrt{3}+1$ ，求最小之徑度量？
   【提示：餘弦定理】

3. 假設 A、B、C 三點同在一水平面上，且三點共線，今自各點測一山，其仰角分別為 $30°$、$45°$、$60°$，若 $\overline{AB}＝\overline{BC}＝1000$ （公尺），求山高為多少公尺？

4. 試寫一個判斷程式，其輸入分別為 A、B、C 三個布林數，先由程式執行判斷，若三個數輸入值相同之時，LED 燈發亮；反之則不亮。

5. 試簡化 $y = ABC + A\overline{B}(\overline{\overline{AC}})$ 。

6. 有一布林代數式為 $y = AB + AC + BD$，試求 y 的輸出函數對應的邏輯電路為何？請設計出兩種不同的邏輯電路。

3-52 *LabVIEW* 程式設計與應用

CLAD 模擬試題練習

1. 下面的計算會得到何種答案？

    A. 8

    B. 7.5

    C. 9.0

    D. 9

2. 下面程式被執行之後，在 X 中的值是多少？

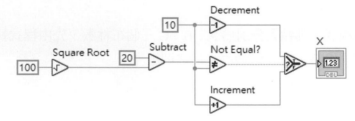

    A. 9

    B. 10

    C. 11

    D. 以上皆非。

3. 下面的程式內碼執行之後，在 OR 結果中的值是多少？

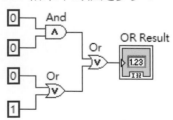

    A. False

    B. 0

    C. True

    D. 1

解答：① D，② C，③ D

4

副程式結構

　　本章將說明如何建立 SubVI 的步驟，然而 SubVI 有如副程式一般，可經由建立檔案方式與嵌入函數面板當中，讓副程式更加易於使用。建立 SubVI 程式必須充分了解程式的階層結構，與如何定義 SubVI 的選單功能。簡而言之，當一個 VI 程式在編輯完成時，可先將高階的 VI 程式內碼當中某一部份，轉變成為一個副程式，而此副程式相當類似於函數或是子程式。若程式區中有許多的圖像時，可以透過叢集的方式，集合成為一個低階的 VI 程式，並在程式區中保有最簡單的架構。而這些基本的方法應用，可以幫助程式編輯者，很容易去進行編輯、修正，以及 VI 程式除錯等工作。

　　一般而言，建立副虛擬儀表與副程式的目的，是為了簡化複雜的主程式結構，若能將 SubVI 程式建立成一個函數物件圖像時，這樣會使主程式看起來更簡潔。在正式進入章節內容之前，我們先了解函數程式碼與 SubVI 程式碼之間差異，在下一頁的範例將以比較方式來說明。

4-1 建立副程式

在編輯與建立副程式時，可單獨圈選主程式當中的部分程式方式，再執行建立 SubVI 把圖像指令編輯成副程式，如此可以達到簡化主程式。**注意！**建立於主程式中的副程式，必須先單獨對副程式進行儲存，不可與主程式一起儲存，下表說明函數程式碼與副程式碼的差異性。

函數程式碼	主程式呼叫 SubVI

Function slope (y2, y1, x2, x1, m)
{
    m = (y2-y1) / (x2-x1);
}
	Main
	{
	    slope (y2, y1, x2, x1, m)
	}

4.1.1 建立副程式的方式

本節所要介紹的重點，是學習如何建立副程式，從下面的範例說明先了解圖像、連接器、及終端點的型式，進而學習副程式的編輯要領。

範例：斜率計算

試設計一個 VI 程式，計算兩個座標點之間的斜率值，並將此程式製作成一個 SubVI。

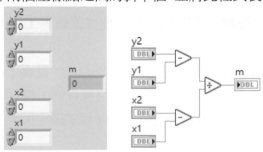

LabVIEW 系統可自行編輯 Control SubVI 與 Function SubVI，並以 SubVI 圖像方式嵌入在人機介面的控制面板，或是程式區的函數面板中，讓程式編輯者可隨時呼叫 SubVI，供正在編輯中的程式使用。

　　現在以範例的 VI 程式，來進行 SubVI 的建立說明，其建立步驟說明如下：

步驟 1：首先在主程式中，用定位工具圈選出來，欲建立 SubVI 的部分，如下圖所示。

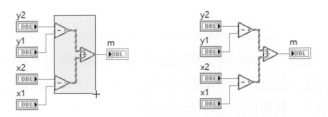

步驟 2：再將滑鼠移到程式區的下拉工具列，從 Edit 功能選單中點選 Create SubVI，此時已被圈選的部分程式，會立刻產生一個新的圖像，而此新圖像中便是新建立的副程式，如下圖所示。

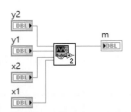

步驟 3：接下來，將滑鼠移到新建 SubVI 圖像上，在圖像上連續點兩下滑鼠左鍵，以開啟新建的 SubVI 程式，再以另存新檔案方式，儲存新建的 SubVI 程式。

4.1.2　編輯圖像(Edit Icon)

　　當 SubVI 被建立完成時，便會產生一個預設的圖像作為代表。而每一個 VI 或 SubVI 在人機界面視窗的右上角，都有一個預設的圖像與**終端點圖像**(Terminals Icon，因此在程式區僅只會顯示預設的圖像。如想修改圖像時，可直接將滑鼠移到人機介面視窗的右上角圖像框內，按下滑鼠右鍵，並點選 Edit Icon，亦或是將滑鼠直接移至圖像框上，連續按滑鼠左鍵兩下，同樣可以進入編輯的模式。

　　在人機介面區與程式區各有一個預設的圖像，在進行圖像修改與編輯時，無須同時在兩邊圖像區進行編修，只要選擇其中一側圖像進行編修即可，在完成圖像修改與編輯之後，另外一側的圖像會立即改變預設圖像。接下來，顯示說明如何進入圖像編修模式。

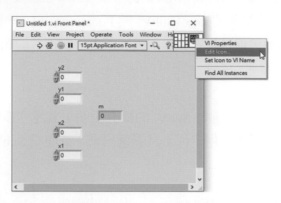

　　在開啓預設的圖像後，可利用選擇功能來清除預設的圖像，進行新的圖像設計或編修，如欲改變預設的圖像，或設計新的圖像，所有的編修工作皆須在圖像編輯器內完成。此新系統的圖像編輯器中，新增加了 3 項新的功能，分別爲**樣本**(Template)功能是以類型的方式提供 Library Framework 與 VI Framework，而**圖像文字**(Icon Text)功能則是以提供文字的行位、字型大小，以及格線設定的功能，**字形**(Glyphs)如 Line 通訊軟體中的貼圖功能，此選項中有許多不同類型的圖像可供挑選。

　　圖像創作方面，也可以透過其它的方法來製作，例如 Windows 視窗的小畫家來編輯圖像，但圖像的格式，必須是 BMP、WMF、EMF、或是 PCT 等格式，才會被圖像編輯器所接受，如下圖所示。

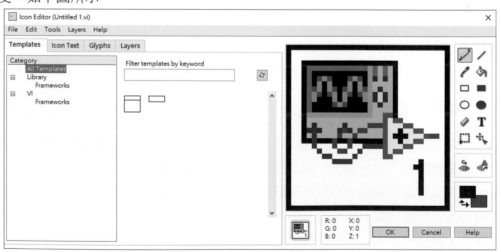

下面將陸續介紹圖像編輯器在最右邊的工具功能指令：

畫筆(Pencil)：　主要是用來繪製線條或圖案。

線段(Line)：　常用在線條的繪製工作。

顏色滴管(Dropper)： 可以複製其它圖像物件的顏色。

填滿(Fill)： 在新建物建的空白區域填滿顏色。

矩形(Rectangle)： 先選取顏色之後，再將移到空白區域以滑鼠拖曳的方式建立矩形圖形。

填滿矩形(Filled Rectangle)： 先選取顏色之後，再將移到空白區域以滑鼠拖曳的方式建立填滿顏色的矩形圖形。

橢圓形(Ellipse)： 先選取顏色之後，再將移到空白區域以滑鼠拖曳的方式建立橢圓形圖形。

填滿橢圓形(Filled Ellipse)： 先選取顏色之後，再將移到空白區域以滑鼠拖曳的方式建立填滿顏色的橢圓形圖形。

橡皮擦(Eraser)： 只能以小面積的方式清除線條或圖型顏色，不能以滑鼠拖曳方式選取欲清除的範圍，也無法如同小畫家中的橡皮擦可以放大清除的範圍。

文字(Text)： 主要功能是在圖像中建立文字，也可以用在文字工具上滑鼠連續按兩下，便可以選擇不同的字型與大小。

選擇(Select)： 此工具為選擇功能，若想要清除預設圖像時，可點選此工具以滑鼠左鍵拖曳方式，選取欲清除的範圍，再按下鍵盤的 Delete 件即可完成清除工作。

移動(Move)： 此工具可以移動圖像編輯器中的圖像，無須經過預先選取圖像的範圍。

水平翻轉(Horizontal Flip)： 此工具可將圖形以水平 180 度方式旋轉。

順時針旋轉(Clockwise Rotate)： 此工具有逆時針方向旋轉的功能，每次以 90 度旋轉圖形。

顏色轉換(Swap Colors)： 可利用滑鼠來選擇轉換上層或是下層的顏色，而調色盤可提供不同顏色的選擇，只需在調色板上點一下，即可進行顏色選擇。

4.1.3 **連接器**(Connector)

連接器是顯示副虛擬儀表的輸入和輸出，與外界連接的介面關係。然而 LabVIEW 會根據前置面板上的控制器與顯示器的數目，來決定預設的連接器的數目，那麼直接呼叫先前建立的 SubVI 範例來說明。

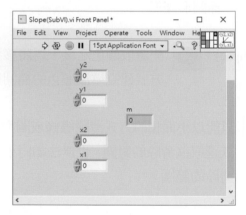

⚠️**注意**：LabVIEW 系統在 2013 之後，會在人機介面的右上角出現連接器圖像與程式圖像的顯示。

LabVIEW 系統中，所有的物件在左邊是控制輸入，而右邊是顯示輸出，因此在連接器的方格中，每個矩形所代表的就是一個**終端點**(Terminal)，而這些矩形也是代表副虛擬儀表的輸入或輸出端，如下圖所示。

圖像圖示   **終端點圖示**

設定控制器與顯示器的終端點，可用連線工具在視窗右上角的終端點，按壓滑鼠左鍵，該終端點會立即變成黑色的狀態，會以虛線框包圍物件，如下頁圖所示。

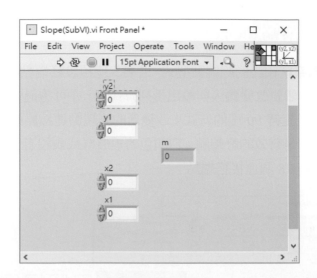

在系統中可以單獨的定義每個終端點特性，讓所有的函數物件可以自動偵測連線正確與否。因此 SubVI 的連接器的類型，可區分為**必要**(Required)、**建議**(Recommended)，及**選擇**(Optional)等不同的類型，其功能如下所述：

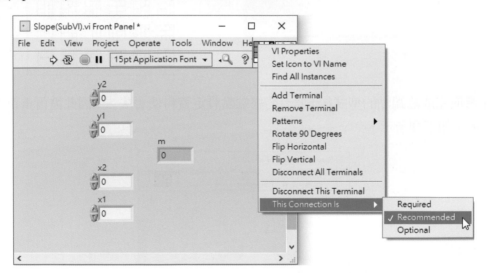

①Required：當輸出與輸入的連接終端點，被設定為必要選項時，若輸出的連接終端點未連線則程式無法執行。

②Recommended：在輸出與輸入連接終端點，被設定為建議選項時，若程式連線不正確或遺漏物件時，則會出現錯誤的訊息警告視窗。

③Optional：只有在輸出與輸入的連接終端點，被設定為選擇性選項時，如果物件終端點未連線或正確的連線，在執行 VI 程式時，連接終端點的訊息顯示功能會被忽略。

4.1.4 選擇與修改終端點的類型 CLAD

　　下圖範例為原本系統預設的終端點型式，若要改變預設終端點的類型時，可直接選取合適的終端點的型式；如要改變輸入與輸出排列方式時，亦可透過彈出式功能選單的左右顛倒、上下顛倒，或是旋轉 90 度的方式，改變新的終端點連接點的位置。然而在矩形的框中有橘色的顏色，才是有效的終端點；白顏色的矩形框代表沒有資料的終端點，但終端點的圖像最多只能設定 28 個連接終端點。

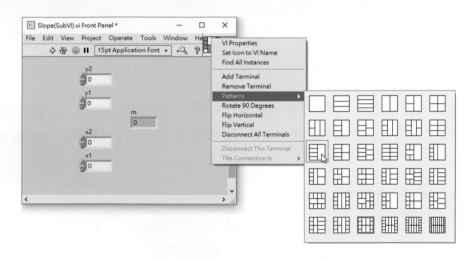

　　在選取完成終端點的型式後，原有的終端點設定資料便會失去，因此需再重新進行資料的設定，如下圖所示。

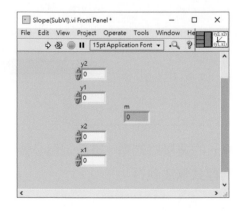

4-2　SubVI 的定義與設定

在程式區可以從主程式中，以圈選部份的 VI 程式，來建構 SubVI 程式，其主要是要達到簡化 VI 主程式的結構。但在建立 SubVI 的時候，輸入端與輸出端方面皆可由系統預設的方式產生，而在被圈選的地方，會另外產生一個新的圖像，且有別於 VI 主程式的圖像，如何為 SubVI 成是編輯文件說明，將在接下的小節中說明。

在 LabVIEW 系統，是可以針對 SubVI 程式與 VI 程式中，任何物件進行編寫輔助說明，在開啟 Help 功能選單時，Show Context Help 的視窗會顯示函數物件的指令功能介紹，與相關的程式範例應用。只需移動滑鼠指標到物件上，便可以獲得物件的輔助說明，如函數指令所示。

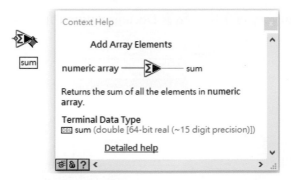

4.2.1　建立 SubVI 輔助說明的功能

在未製作輔助說明時，輔助視窗僅會顯示 SubVI 的基本資料，如檔案名稱、輸入與輸出終端點名稱。如下圖所示。

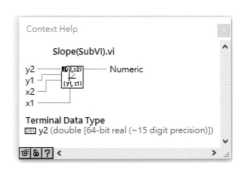

步驟 1：若要建立 SubVI 的文件說明時，必須先開啓 SubVI 程式檔案，由 File 功能
選單中，點選 VI Properties...功能，此時出現一個對話框，如下圖所示。

步驟 2：可由 Category 選單中，點選 Documentation 功能，如下圖所示。

步驟 3：在下面圖示的 VI Description 文字框內，寫入 SubVI 的文字說明之後，再按
下 OK 即可，如下圖所示。

步驟 4：在上面文字框內完成建立文件說明後，必須在 SubVI 程式中按下 Save 之後，便可以從 Context Help 視窗檢視文件說明內容，如下圖所示。

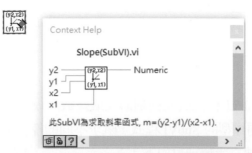

　　若要針對人機介面的物件建立文件說明時，可直接在物件上按滑鼠右鍵，由彈出式選單中，點選 Description and Tip..，便可為人機介面中的物件建立文件說明，每次在完成物件文字說明輸入後，一定要確實按下 OK 鍵，如下圖所示。

⚠ **注意**：當 VI 在一般狀態模式下，從彈出式功能選單呼叫出說明文件；若 VI 程式是在執行模式時，則無法做編輯或修改說明文件的動作。

4-3 函數面板嵌入 SubVI 程式

在函數面板嵌入 SubVI 程式的方式，可分為自建檔案夾模式、使用者檔案夾模式、以及嵌入型模式等 3 種方式。

4.3.1 自建檔案夾模式的說明與步驟

系統允許所有的 SubVI 程式嵌入控制面板或函數面板當中，也允許使用者自訂定檔案夾的名稱，並依照不同類型的 SubVI 程式，賦予不同的檔案夾名稱，如此更能有效的管理 SubVI 程式檔案，其建立步驟細說如下：

步驟 1：首先要取決於 SubVI 程式，是想放在人機介面或是程式區當中，皆可經由人機介面或程式區的下拉式 Tools 功能選單，點選 Advanced 功能之後，再選擇 Edit Palette Set...，便可以進入工具面板的編輯狀態，如下圖所示。

影音教學示範

 補充：在啟動函數面板之後，會發現面板中出現許多 "問號" 的物件，這表示該物件沒有完成程式安裝，或是先前安裝的並不完整。如需使用該到物件時，只需將系統光碟置入光碟機中，以新增的方式進行程式安裝即可，如下頁圖所示。

步驟 2：下圖所顯示的 Edit Controls and Functions Palette Set 對話框訊息，暫時可以不予理會，但千萬不能將其關閉，否則無法再繼續編輯下去，如下圖所示。

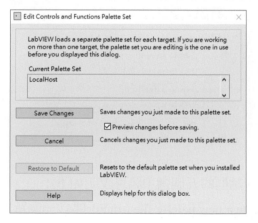

步驟 3：接下來，在電腦畫面會出現控制面板與函數面板，若只在函數面板建立函數庫檔案夾，請先將滑鼠移到函數面板，在適當空白處按滑鼠右鍵，並從彈出的功能選單中，點選 Insert 選單，再選擇 Subpalette...選項，如下頁圖所示。

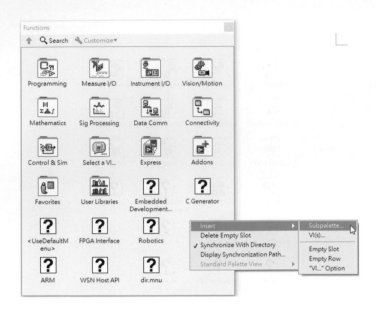

步驟 4：再選定 Insert Subpalette 之後，會出現下圖對話框，請選擇 Create a new palette file (.mnu)，再按下 OK 鍵。

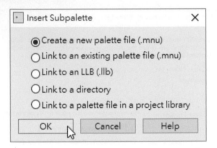

小筆記：上圖對話框的五個選項訊息說明如下：

①Create a new palette file (.mnu):建立一個新文件面板。

②Link to an existing palette file (.mnu):連接到現存的文件面板。

③Link to an LLB (.llb):連接到一個資料庫。

④Link to a directory:連接到一個目錄。

⑤Link to palette file in a project library (.lvlib):連接到資料庫中的文件面板。

步驟 5：須在下面顯示框的檔案名稱位置，輸入一個新檔名.mnu，該附屬檔案是儲存嵌入 SubVI 程式時所產生的參數資料，輸入完成按下 OK 鍵，如下頁圖所示。

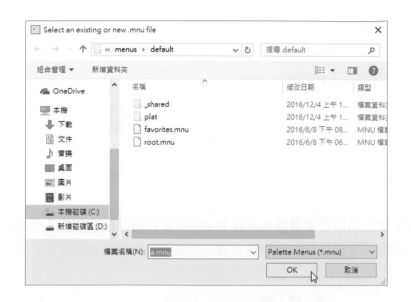

步驟 6：下圖視窗則是建立 SubVI 檔案夾的獨立名稱，未來在點選 SubVI 圖像的時，此檔案名稱會隨同 Icon 一起顯示。

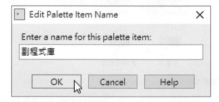

步驟 7：此時將滑鼠移到新建立的檔案夾上，按壓滑鼠左鍵一下，便會彈出一個空白的子面板，如下圖所示。

步驟 8：再把滑鼠移到子面板中，按下滑鼠右鍵，由下面步驟嵌入 SubVI 程式物件。

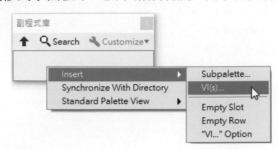

步驟 9：下圖對話框要求選擇 SubVI 程式，只須將滑鼠移到想嵌入的 SubVI 程式上，按壓一下滑鼠左鍵點選程式後，再按下"開啟"鍵即可。

步驟 10：在完成上述步驟時，一個嶄新的 SubVI 檔案夾便建立完成，如欲加入更多新的 SubVI Icon 時，可重複**步驟** 8~9 的步驟加選新 SubVI 即可。

步驟 11：在完成建立且準備離開時，必須選擇 Save Changes，系統才會將 SubVI 的
檔案夾儲存起來。若選擇 Cancel，系統則會放棄 SubVI 的檔案夾存檔，如
下圖所示。

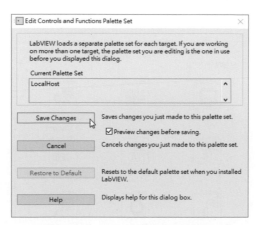

步驟 12：在執行 Save Changes 時，系統會再次以視窗訊息框告知儲存資訊，若要建
立新的 SubVI 的檔案，則必須選擇 Continue；如臨時變卦則可選擇 Cancel，
來放棄先前的設定。

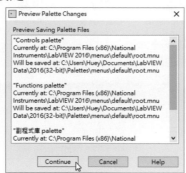

4.3.2　Favorite 檔案夾的說明與步驟

系統允許將 SubVI 程式嵌入在函數面板的 Favorites 檔案夾中，成為 SubVI 程式的新檔案夾，其所扮演的角色如同 Files Library 一樣，如下圖所示。

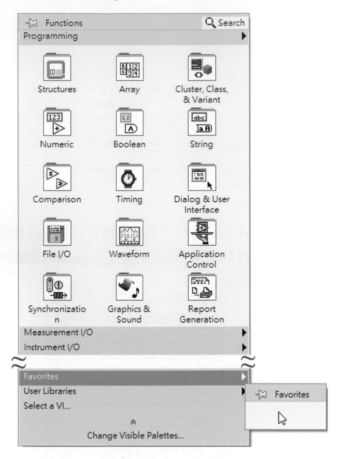

對於曾經將 SubVI 程式，存放於 User Library 檔案夾的使用者而言，又多了一種選擇就是在 LabVIEW 新系統中，提供另一個類似 User Library 檔案夾，可供 SubVI 程式儲存空間，其名稱為 Favorites 檔案夾，如欲新建 SubVI 程式庫時，只須在 Favorites 檔案夾與 User Library 檔案夾當中擇其一即可。

使用 Favorites 檔案夾功能，建立 SubVI 的步驟方法說明如下：

步驟 1：首先要取決於你的 SubVI 程式，是想放在人機介面或是程式區當中，皆可經由人機介面或程式區的下拉式 Tools 功能選單，點選 Advanced 功能之後，再選擇 Edit Palette Set...，便可以進入工具面板的編輯狀態，如下頁圖所示。

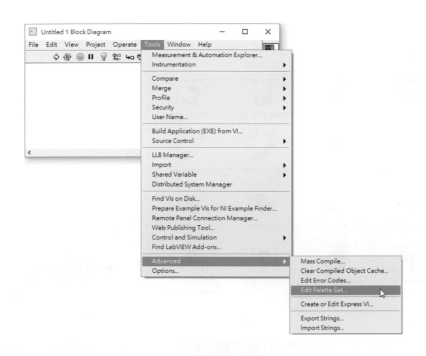

步驟 2：下圖所顯示的 Edit Controls and Functions Palette Set 對話框訊息，暫時可以
　　　　不予理會，但千萬不能將其關閉，否則無法再繼續編輯下去，如下圖所示。

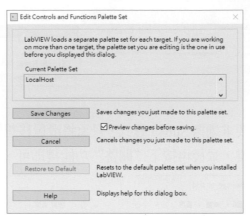

步驟 3：將滑鼠移到 Favorites 的面板，按壓滑鼠右鍵一下，便會立即產生一空白的彈
　　　　出式**子面板**(Sub Palette)，請點選 Insert 之後，在緊接著點選 VI(s)…，如**步驟**
　　　　4 的說明。**切記**！勿選擇 Subpalette…功能，否則會再衍生另一個資料夾，如
　　　　此一來便失去 Favorites 的面板的意義，如下頁圖所示。

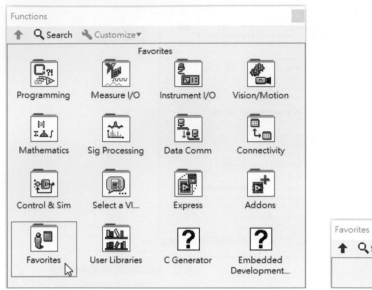

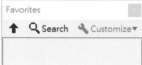

步驟 4：再把滑鼠移到子面板中，按滑鼠右鍵一下，經由下圖步驟來完成程式的嵌入。

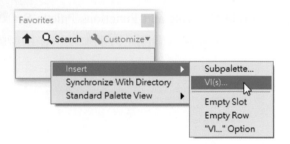

步驟 5：下圖對話框要求選擇 SubVI 程式，只須將滑鼠移想嵌入的 SubVI 程式上，按一下滑鼠左鍵，最後再按下 "開啟" 功能鍵即可。

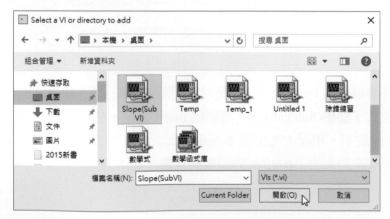

步驟 6：完成上述步驟時，一個嶄新的 SubVI 檔案夾便建立完成，如欲加入更多新的 SubVI Icon 時，可重複**步驟** 4~5 的步驟加選新的 SubVI 即可。

步驟 7：在完成建立且準備離開時，必須選擇 Save Changes，系統才會將 SubVI 的檔案夾儲存起來。若選擇 Cancel，系統則會放棄 SubVI 的檔案夾存檔。

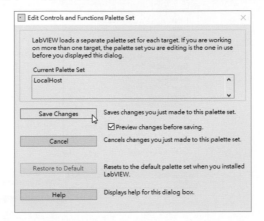

步驟 8：在執行 Save Changes 時，系統會再次用視窗訊息框告知儲存資訊，建立新的 SubVI 的檔案，必須選擇 Continue；如臨時變卦則可選擇 Cancel，來放棄先前的設定。

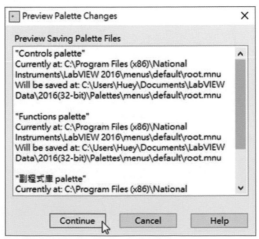

4.3.3 嵌入式的說明與步驟

若只想簡易的嵌入 SubVI 程式，可以直接把 SubVI 程式或物件，嵌入到函數面板中，在步驟上會較前兩個方法來得簡便。

嵌入式建立 SubVI 的步驟方法如下：

步驟 1：由人機介面或程式區的下拉式 Tools 功能選單，點選 Advanced 功能之後，再選擇 Edit Palette Set...，便可以進入工具面板的編輯狀態，如下圖所示。

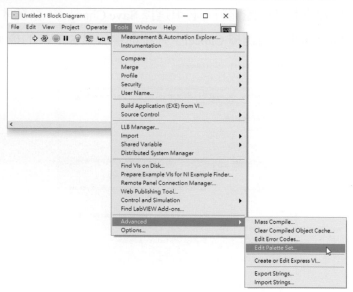

步驟 2：下圖所顯示的 Edit Controls and Functions Palette Set 對話框訊息，暫時可以不予理會，但千萬不能將其關閉，否則無法再繼續編輯下去，如下圖所示。

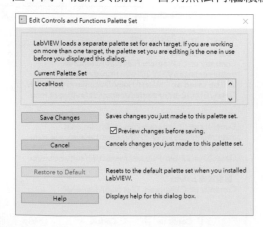

步驟 3：接下來，請在函數面板的空白處，按下滑鼠右鍵如下圖所示，後續的步驟請看說明操作。

步驟 4：下圖對話框要求選擇 SubVI 程式，只須將滑鼠移想嵌入的 SubVI 程式上，按一下滑鼠左鍵，最後再按下 "開啟" 功能鍵即可。

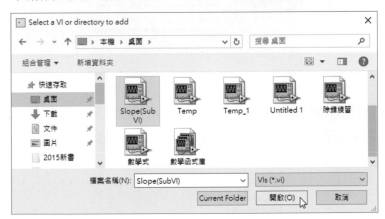

步驟 5：在完成上述步驟時，一個嶄新的 SubVI 檔案夾便建立完成，如欲加入更多新的 SubVI Icon，可重複**步驟** 3 與 4 進行加選新的 SubVI 即可，如下頁圖所示。

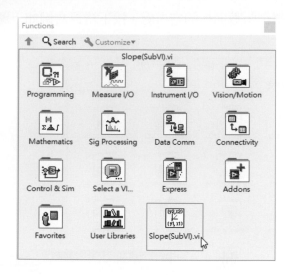

步驟 6：在完成建立且準備離開時，必須選擇 Save Changes，系統才會將 SubVI 的檔
案夾儲存起來。若選擇 Cancel，系統則會放棄 SubVI 的檔案夾存檔。

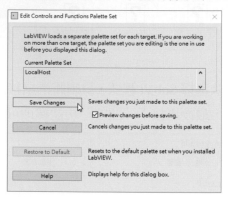

步驟 7：在執行 Save Changes 時，系統會再次用視窗訊息框告知儲存資訊，建立新的
SubVI 的檔案，必須選擇 Continue；如臨時變卦則可選擇 Cancel，來放棄先
前的設定。

問題練習

1. 假設 $\theta = 30°$、h = 4 時,試求下圖的 x 與 y 的長度各為多少?並把主程式建立成為一個 SubVI 圖像,須將此 SubVI 程式植入程式區的**函數面板**(Function Plette)中。

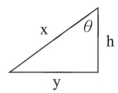

2. 有一個三角形的鄰邊與對邊如下圖所示,求其斜邊值為多少?求 $\cos\theta$ 夾角為多少度?並把主程式建立成為一個 SubVI 圖像,須將此 SubVI 程式植入程式區的**函數面板**(Function Plette)中。

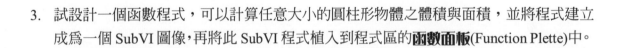

3. 試設計一個函數程式,可以計算任意大小的圓柱形物體之體積與面積,並將程式建立成為一個 SubVI 圖像,再將此 SubVI 程式植入到程式區的**函數面板**(Function Plette)中。

4. 試設計一個函數程式,可以計算任意大小的扇形與圓形之面積,並將程式建立成為一個 SubVI 圖像,再將此 SubVI 程式植入到程式區的**函數面板**(Function Plette)中。

CLAD 模擬試題練習

1. 當要建立一個副程式圖像時，其輸入終端點的數量必須與下面何者數量相同：

    A. output terminals

    B. Controls

    C. Indicators

    D. 以上皆非。

2. 下面所有方法是正確，去檢視程式區的 SubVI，何者除外：

    A. 圖像

    B. 擴展節點

    C. 模組節點

    D. 可擴展節點

3. 一個 SubVI 可以接受多少個終端點？

    A. 12

    B. 20

    C. 28

    D. 36

解答：① B ,② C, ③ C

重複式迴圈

本章介紹的是 LabVIEW 重複式迴圈結構，將以圖形方式來表示迴圈的程式架構，對整個主程式區內的結構而言，是可以不斷地重複執行程式，連續執行程式當中某個部份的程式，或是設定欲執行程式的次數。然而，常與重複迴圈結構搭配的函數，包含有**移位暫存器**(Shift Register)與**回授節點**(Feedback Node)。

 5-1 While Loop 結構 CLAD

While Loop 與本章稍後要介紹的 For Loop，在性質與結構上是完全截然不相同。控制 While Loop 的啟動與停止，可以是布林或是數字輸入做為控制物件，但迴圈是無法接受字串元件，或路徑元件做為輸入的控制物件。因此在選用輸入控制物件的時候，必須特別注意上述的注意說明。在使用 While Loop 函數物件時，可透過函數功能面板，以滑鼠點選 Structures 副工具面板之後，再點選 While Loop 即可，請參閱下一頁圖示說明。

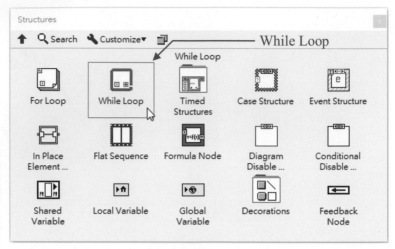

接下來，開始介紹 While Loop 的基本原理，其主要功能是讓迴圈內的程式，可連續且循環的方式被一直執行下去，唯有在**條件終端點**(Conditional Terminal)的布林被判定是否滿足條件時，才會決定迴圈的執行與停止。因此系統會檢查每次迴圈在執行完成時，進行確認條件終端點的設定狀態。而**計次終端點**(Iteration Terminal)的主要功能是顯示迴圈執行的次數，並以 Numeric 的方式做輸出，While Loop 的迴圈結構原理說明，如下圖所示。

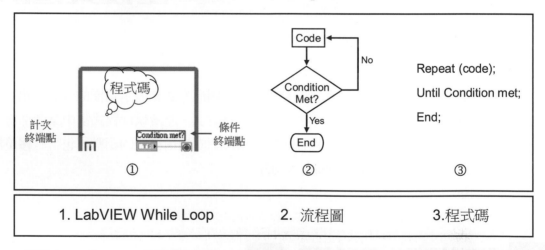

1. LabVIEW While Loop　　　2. 流程圖　　　3.程式碼

在建立 While Loop 有兩種方式；一是在程式區的空白處，先將程式編輯工作完成之後，再以滑鼠點選與拖曳 While Loop 功能，把全部程式框起的方式。另一種方式，則是在程式區適當的空白區，以滑鼠拖曳預先產生 While Loop 的框架大小後，才在 While Loop 框架內進行程式編寫，如下圖所示。

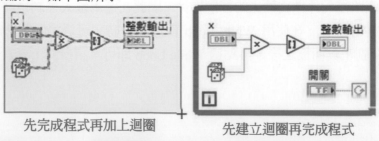

先完成程式再加上迴圈　　　先建立迴圈再完成程式

舉一個 While Loop 的範例做說明，當輸入值小於 10 時，或是布林比較函數輸入狀態為 FALSE 時，迴圈會持續不停的執行程式；反之，當輸入值等於 10 的時候，比較函數之布林狀態便輸出 TURE，此時迴圈便會立刻停止程式的執行。如果迴圈內接上計次終端點時，則顯示出迴圈執行執行的總次數，代表迴圈在經過多少次執行之後，順利找出與設定輸入值相等的比對值，如下圖所示。

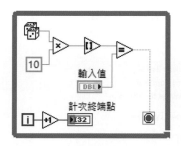

　　While Loop 的迴圈條件終端點有兩種選擇模式，分別為 Stop if True 與 Continue if True。如欲設定條件終端點狀態時，可按下滑鼠左鍵來進行模式的設定，假如設定為 Continue if True 的模式時，只有在程式的輸出結果為 TRUE 時，迴圈才會停止執行。反之，迴圈內的程式會持續不斷地執行下去。若設定為 Stop if True 的模式時，其功能與效果恰好與 Continue if True 模式相反，如下圖所示。

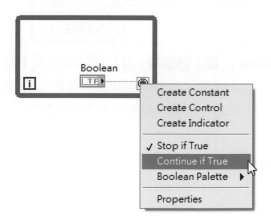

 小技巧： While Loop 的條件終端點除了可以使用布林開關控制外，亦可用數值輸入做為迴圈執行次數控制，此法與 For Loop 功能相同，如下圖所示。

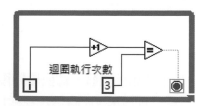

5.1.1　機械開關的布林邏輯狀態

不論選擇何種型式的機械開關，所有的開關布林狀態只有六種型式，其實可透過修改機械開關的布林邏輯控制，來達到改變其機械的動作，這些機械動作的選項包含：Switch When Pressed、Switch When Released，以及 Switch Until Released 等數種不同的模式。舉例說明之，範例開關的預設值是 OFF (FLASE)，如下圖所示。

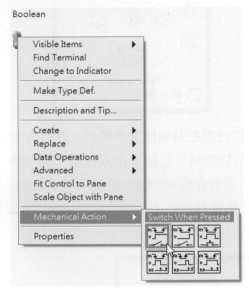

1. Switch When Pressed：（**按下即觸發**）當控制開關被按下時，立即改變開關的控制狀態，系統便會記錄與保持被改變的狀態，維持到下次再發生改變，此動作類似電燈開關。

2. Switch When Released：（**釋放後觸發**）當滑鼠按下控制開關時，當下並不會立即改變開關的狀態，而是在釋放滑鼠鍵之後，才會改變控制值，此動作類似緩啟動。

3. Switch Until Released：（**按下即觸發，釋放後回復**）只有在滑鼠按下開關時，才會改變開關的控制值。反之，在滑鼠釋放開關之後，便會還原到開關的初始設定狀態，此動作類似門鈴。

4. Latch When Pressed：（**按下即鎖住觸發，釋放後回復**）當控制開關被按下當時，狀態立即改變，此時系統程式已完成狀態讀取。在滑鼠釋放開關之後，開關才又回復到初始設定狀態。因此這個動作很類似斷路器，可以用來停止 While Loop 連續執行，或是只讓程式處理只執行一次的工作。

5.  **Latch When Released**：（**按下即鎖住不觸發，釋放後即觸發與回復**）當滑鼠按下控制開關時，當下並不會立即改變開關的狀態。而是在釋放滑鼠鍵之後，系統程式才會立即讀取開關狀態，然而讀取狀態的時間非常短暫，開關隨即回復到初始設定狀態，此動作類似延後啟動。

6. **Switch Until Released**：（**按下即鎖住觸發，釋鎖到釋放後回復**）控制開關狀態的改變時機，當控制開關上按壓滑鼠鍵後，開關的控制狀態立即會被系統程式讀取，直到滑鼠鍵被釋放後，系統程式會延後一段時間，才結束讀取的動作，此動作類似延後關機。

補充：

1. 開關狀態設定為 **Latch When Pressed** 時，此功能可以用來停止 While Loop 的連續執行動作，或者只讓迴圈內的程式只執行一次之後，便立即停止動作。然而迴圈會在執行完畢時，才會把資料轉送到輸出端點。

2. 開關狀態設定為 **Latch When Released** 時，如果你在開關上按壓滑鼠鍵，而是一直壓住滑鼠鍵不釋放時，系統程式則無法進行狀態讀取，因此迴圈內的程式則無法被執行。

通常編寫完成一個執行程式後，難免會有設定開關的狀態與輸入參數的數值，但你可能不知道，Save As 與 Save 程式的方式，是無法記錄下開關狀態與參數的數值。如果要保留程式執行後所有的設定與結果，需先點選 Edit » Make Current Value Default 之後，再進行程式檔案的儲存，請參閱下圖說明。

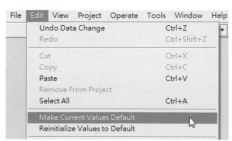

接下來，如何改變開關的預設狀態，通常 LabVIEW 系統中所有開關的預設值是 OFF (FALSE)狀態，若需改變開關的預設狀態時，請先設定開關的狀態之後，將滑鼠移到開關上按壓滑鼠右鍵，點選彈出式對話框的 Data Operations » Make Current Value Default，即可改變系統的預設狀態。最後在完成程式編寫時，也必須點選 Edit » Make Current Value Default，再進行程式檔案的儲存，請參閱下圖說明。

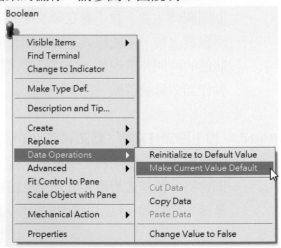

為加強讀者對機械開關的布林狀態有更深入的了解，請在 C 磁碟區的 National Instruments 程式目錄中，請依照範例程式的路徑 National Instruments » LabVIEW 2017 » Examples » Controls and Indicators » Boolean » Mechanical Action.vi，只需在範例程式按壓單步執行，即可任意切換與觀察開關的布林狀態，如下圖所示。

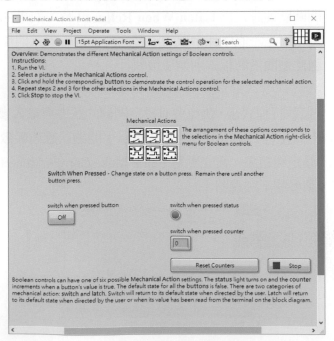

5.1.2 定時設定

當一個迴圈完成一次執行時，便會不斷且連續的立即執行下一次，除非它的條件終端點停止的條件被滿足，否則需經常控制重複執行的時間或是頻率。舉例來說，若想要以一個特定的時間間隔來擷取一次資料，那你就需要放置一個程式，可以在迴圈內執行時間的計算方法，例如設定間隔時間以秒或分鐘為單位，來進行資料擷取的次數。你可以在函數面板工具列的 Time 函數子面板，選擇適當的定時控制物件，確保執行程式在設定的間隔時間內，能完成重覆執行程式，如下圖所示。

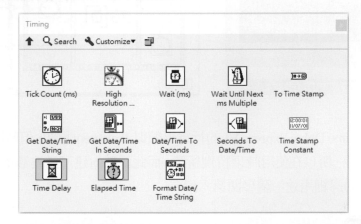

這一小節將介紹一些控制迴圈時間的方法，若在迴圈內放置一個**等候**(Wait)函數，是可以讓 VI 等候一段時間再進行程式執行，而等候函數的預設時間以毫秒或秒為單位。

接下來，先介紹幾個常用的等候函數。

1. **Wait Until Next ms Multiple：等候毫秒計數器**

   此函數物件可以設定欲等候之時間計數功能，可將此函數放置於迴圈當中，藉此控制迴圈的執行速度，下面範例搭配圖示說明，易於瞭解其原理。

   範例：

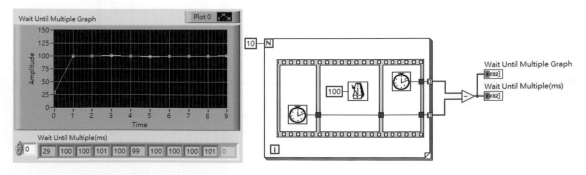

2.　　　　**Wait (ms)：等候函數**

此函數會等候毫秒計數器計算到你指定的輸入設定數值為止，也就是說此函數保證，迴圈執行速率至少等於你所設定的輸入值，下面範例搭配圖示說明，易於瞭解其原理。

範例：

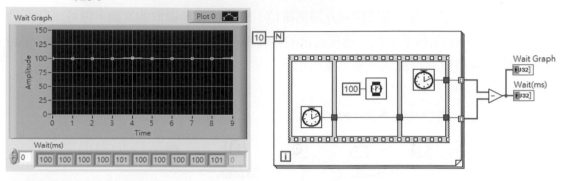

補充：Time Delay Express VI 的行為很類似 Wait(ms)函數，但時間延遲的單位為秒，所以在使用時須特別留意，而此函數內建了錯誤叢集。關於錯誤叢集的詳細用途，請參閱第六章。

3.　　　　**Elapsed Time Express VI：耗用時間計數器**

此函數可以顯示從設定開始的時間之後，經過了多少時間。也就是說在某些情況下，可以判斷出執行到 VI 程式的某一點後，所需花費的時間是多少？而這個 VI 物件亦可允許你在 VI 繼續執行中，同時進行時間的紀錄，範例說明如下。

範例：

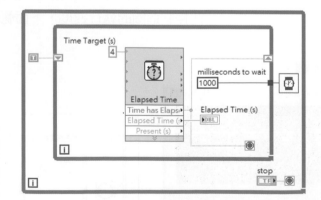

5.1.3　數值範圍的設定

　　數值範圍的設定選項，主要是將輸入數值設定在一定範圍內，避免與內部程式的現存值或增值，所產生的範圍會有不相容情況。首先，在數值的控制物件上按壓滑鼠右鍵，再由彈出式功能選單中，點選 Data Entry 功能，如下圖所示。

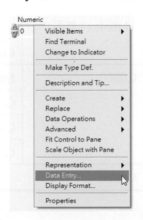

　　接下來，會顯示出下圖的對話框，如需重新修改資料範圍時，可將 Use Default Limits 的選項勾選移除後，便可逐項填入新的設定值，再按下 OK 即完成設定，如下圖顯示資料。

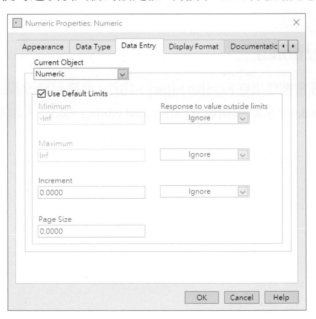

當輸入數值產生錯誤時，可採取一些忽略的方式處理，或是選擇強迫限制數值在設定範圍之內。如果是選擇自訂資料範圍時，請參閱下表設定說明。

	數值範圍		數值超出範圍的選項
1	Minimum(最小範圍)	–Infinite(–無限)	Ignore(忽略)
			Coerce(強制)
2	Maximum(最大範圍)	+Infinite(+無限)	Ignore(忽略)
			Coerce(強制)
3	Increment(增量)	0.0000	Ignore(忽略)
			Coerce to Nearest(強制到近似)
			Coerce Up(強制到上限)
			Coerce Down(強制到下限)
4	Page Size(頁次大小)	0.0000	

⚠️ **注意**：在 Data Entry 的設定功能方面，僅提供數值輸入控制物件的數值輸入設定，但無法對數值輸出顯示物件，進行任何數值設定的功能。

5.1.4　數值的位數設定

　　對數值而言，經常被使用在控制物件和顯示物件，而數值修改模式又可分**預設編輯模式**(Default editing mode)與**進階編輯模式**(Advanced editing mode)，如下圖視窗紅框所示。

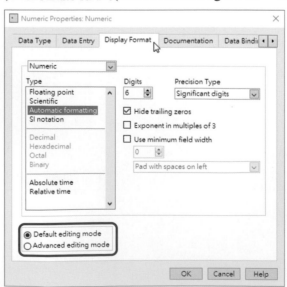

1. 預設編輯模式：請參閱上一頁圖示的紅框，詳細說明如下：

　① 在**類型**有浮點數、科學、自動格式，以及 SI 標記法等選項。若
　　輸入或輸出的數值物件為時間設定時，又可分為絕對時間與相對
　　時間兩種設定，請參閱下表。

　② 在中間的功能為**位數**，主要是針對數值的小數點設定，其功能有
　　隱藏小數點以下的位數顯示、3 的倍數指數設定，以及設定數值
　　最小範圍等功能，請參閱下表。

　③ 在**精確度型式**的設定，有 Digits of precision 與 Significant digits
　　等兩種選項，請參閱下表。

類　型	位　數	精確度型式
Floating point Scientific Automatic formatting SI notation	①Hide trailing zeros ②Exponent in multiples of 3 ③Use minimum fields width	①Digits of precision ②Significant digits
Absolute time Relative time		

2. 進階編輯模式：下圖的進階模式設定，在格式化模式共可分為三種類型，分別為
Numeric format codes (**數值格式碼**)、Relative time format codes (**相
對時間格式碼**)，以及 Absolute time format codes 碼(**絕對時間格式
碼**)等不同的相關設定。

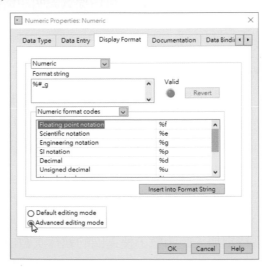

範例 5-1　Auto Match VI

學習目標：如何利用迴圈特性，找到與輸入設定值相同的輸出數值。

　　首先建立一個可產生隨機數值的程式，在程式執行過程中，讓所產生的隨機數值與設定的輸入值不斷進行比對。直到隨機數值與輸入數值相等時，迴圈便會自動顯示出執行的累計次數與比對後的結果。當條件終端點被滿足時，迴圈便會自動停止下來。

Front Panel：　　　　　　　　　　　　　　　　Block Diagram：

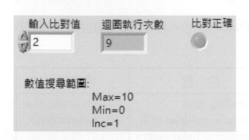　　　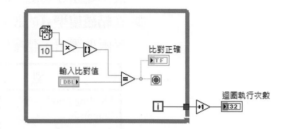

步驟說明：

1. 開啓一個新的面板。
2. 首先在程式區適當的位置，建立一個輸入數值比對控制物件、隨機函數輸出顯示物件，以及顯示迴圈執行累計次數物件。

　①隨機函數物件功能：可顯示目前所產生的隨機數值。

　②迴圈執行累計次數物：則是顯示輸出結果在相符之前，迴圈所執行的次數。

3. 可在人機介面區適當的位置，以文字自由標籤說明隨機函數的資料範圍。

函數物件功能說明：

1. 取整數函數：此函數物件位於 Numeric 子面板中，主要功能可將任何帶小數的有理數，以四捨五入的方式輸出整數值。
2. 相等函數：此函數物件位於 Comparison 子面板中，其功能是比較兩輸入值是否相等，若輸入值不相等時，則會輸出布林邏輯 FALSE；否則便會輸出 TRUE。
3. 增量函數：此函數物件位於 Nemeric 子面板中，其功能式自動累加一，因爲迴圈的預設值是由零開始計數，在本範例中是讓迴圈方便計數，特別加入此函數，使迴圈的執行次數由一開始計數。

5-2　For Loop 的結構 `CLAD`

　　本節所要介紹的 For Loop，在特性上與 While Loop 同屬連續執行的迴圈結構，但在應用方面亦有不相同之處。For Loop 有兩個端點：分別是迴圈執行次數的輸入終端點，主要功能是在設定迴圈所要執行的次數，另一個則是迴圈執行次數累計的終端點，其會顯示出迴圈所執行過的次數，如同 While Loop 的計次終端點。

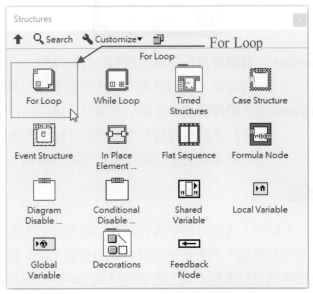

　　如下圖為 For Loop 的圖解說明，先以程式方塊流程圖做說明，再以 C 語言程式內碼解釋 For Loop 的基本原理。

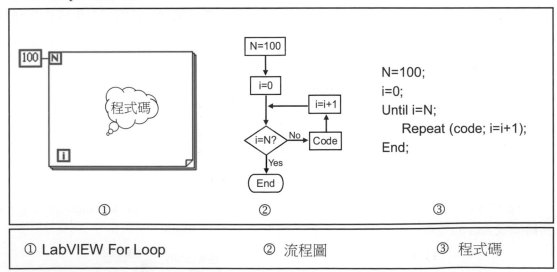

| ① LabVIEW For Loop | ② 流程圖 | ③ 程式碼 |

For Loop 和 While Loop 兩者主要的不同點，是 For Loop 的執行次數可以預先設定，而 While Loop 則是透過布林邏輯控制條件終端點，只有在迴圈的條件終端點被判定為 FALSE 時，才會停止迴圈的執行動作。

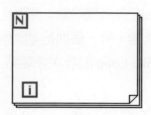

① ◻N◻ Count Terminal：**計數終端**為迴圈的控制執行終端點，可由此輸入端點設定執行次數，達到迴圈內程式所要執行的次數。

② ◻i◻ Iteration Terminal：**重複終端**則是顯示迴圈已完成的執行次數，請注意迴圈執行次數預設值是由零開始。每當迴圈重新執行時，iteration 終端點便會自動恢復為零的預設值。

5.2.1　**數值的變換**

數值在 LabVIEW 系統中，表現可為整數或是浮點數的形式，進一步又可定義為精準浮點數、帶正號或帶負號的整數、不帶正號或帶負號的整數，以及精準浮點數的複數等。如果想在程式中，連接兩個資料型態不同的數值或終端點時，系統必定會強迫改變其中一個終端點的數值或資料，與另外一個終端點的數值或資料形式相同。所以被強迫改變的終端點上會出現一個紅色點，被稱之為**強迫點**(Coercion Dot)。

舉例來說，在 For Loop 的計數終端要求輸入為整數的數值，若將浮點數值連接到計數終端時，在計數終端上會立即產生一個紅色的強迫點，因為 For Loop 的計次終端輸入必須是整數(I32)，所以輸入數值已被改變，如下圖所示。

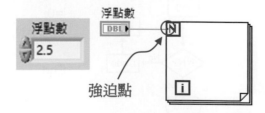

在上面範例的迴圈執行次數入值，若為浮點數值是可透過 Representation 的功能，將其轉換成 8bit 的整數，藉以達到整數輸入的方式，如下圖所示。

不論是輸入或是輸出的數值物件，皆可在人機介面的物件，或是在程式區的物件終端點，藉由按壓滑鼠右鍵，由彈出式功能表點選 Representation 功能，再從子面板中，選出適當的物件型態，便可自行定義其屬性，如下圖所示。

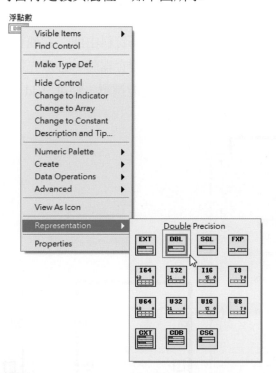

5

5.2.2　通道結構 CLAD

　　通道(Tunnel)功能可應用在 While Loop 與 For Loop，讓資料自由的從迴圈外傳入迴圈內，或由迴圈內傳到迴圈外。然而通道會在 While Loop 或 For Loop 的邊框上產生一個實心點，點的顏色會隨著所連接物件的類型而改變。對資料輸入迴圈而言，通道將資料傳入迴圈內時，迴圈會等到資料到達通道之後才開始執行；反之，資料輸出迴圈只有在迴圈停止後，才會將資料傳送出迴圈，如下圖所示。

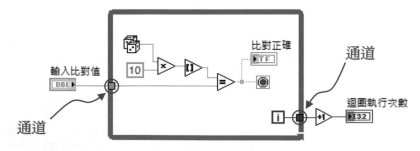

5-3 移位暫存器(Shift Register)的應用　CLAD

移位暫存器限使用於 While Loop 與 For Loop 的迴圈結構中，其功能十分類似程式語言中的**靜態變數**(Static Variable)，它是以循環與連續的方式執行程式，可順勢將數值遞送到下一次執行的迴圈。也就是說，當你想要將資料由前一次執行的迴圈，轉送到下一次執行時，就可以使用移位暫存器。在建立移位暫存器時，必須先選擇迴圈的模式，並在迴圈的左側邊緣上按下滑鼠的右鍵，由彈出式功能選單，點選 Add Shift Register 即可，如下圖所示。

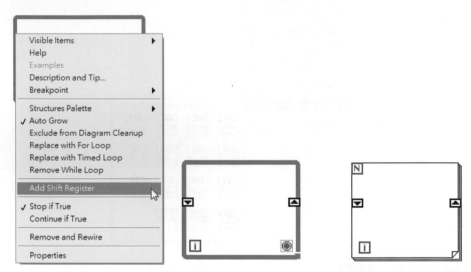

通常迴圈尚未執行之前，迴圈左邊接頭所存放的是**初始值**(Initial Value)，而在迴圈右邊端點則是空著。當迴圈被執行時，右邊接頭便會存入新的值後，再將新值傳回到左邊接頭，做為下一次迴圈執行時的初始值，如下圖所示。

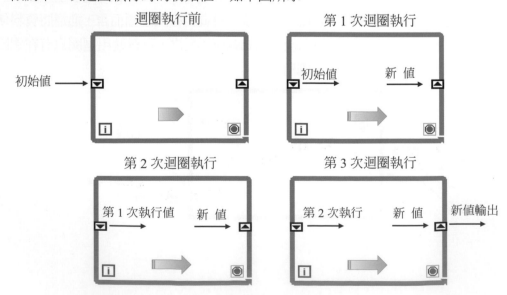

移位暫存器可以傳送任何資料類型，而每個移位暫存器的資料必須屬於同一類型，所以在資料型態方面的移位暫存器是可保有，如數字、布林、字串及陣列等。移位暫存器則是位在迴圈垂直邊框的一對彼此相對應的接頭，右側接頭爲向上箭頭，在迴圈執行完畢時，將資料由右側接頭傳送到左側接頭，繼續下一次的迴圈執行。如需增加迴圈的左側接頭的數目，可在迴圈邊框上按壓滑鼠右鍵，由下拉選單中點選 Add Shift Register，即可增加或移除移位暫存器的數目，如下圖所示。

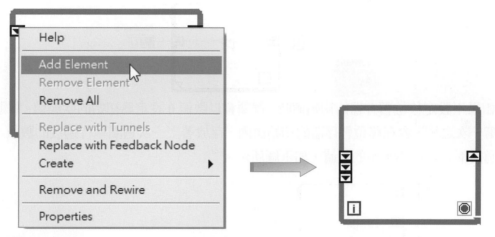

⚠ **注意**：移位暫存器的左側的接頭，可用 Add Shift Register 的方式來增加數量，但右側的接頭則無法使用此法來增加數量。不過在迴圈內，並不限定使用移位暫存器的組數，如下圖示。

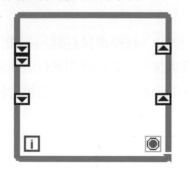
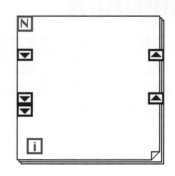

如果在使用迴圈進行程式設計時，通常我們必須取得前一次迴圈執行時所產生的資料或結果。但適當的使用移位暫存器，便可記錄先前所執行過的迴圈數值，也可以依需求將不同的迴圈次數值加以求平均。舉例而言，如果設定迴圈每次執行時擷取一個資料，且必須計算出每五筆資料的平均值，此時可利用移位暫存器，來記錄前一次執行迴圈時所取得的資料，此法不失爲是一個相當有用的方法。

5.3.1 移位暫存器的初始化

移位暫存器的初始化可透過控制物件或常數物件,連接到迴圈左側的移位暫存器接頭處,以數值1設定爲初始的狀態值。下面範例中,設定 For Loop 執行三次,而每一次執行後移位暫存器的值都會被加1。當 For Loop 被執行三次之後,其暫存器內的最終值(4)會被傳送到輸出顯示器,然後 VI 結束,如下圖所示。

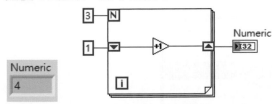

如果不設定移位暫存器的初始值時,迴圈會以數值0設定爲初始的狀態值。當迴圈執行過第一次之後,會在移位暫存器的初始值內,存放著上一次迴圈執行過後的數值,每次執行過後都會累進初始值的數值,如下圖所示。

執行第 1 次　　執行第 2 次　　執行第 3 次

5.3.2 堆疊移位暫存器

如要建立堆疊移位暫存器,請在迴圈左側接頭上,按壓滑鼠右鍵,由彈出式功能選單中點選 Add Element 即可。亦可利用移位暫存器來存取,先前迴圈執行時所產生的資料。然而堆疊移位暫存器會記錄先前執行過後所產生的資料,並透過迴圈右側的接頭,將這些資料傳送到下一次執行的迴圈中。

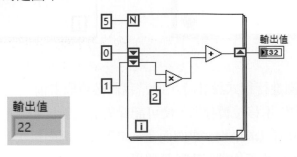

在迴圈中你是可以加入一個以上的移位暫存器。若想在迴圈中有多次操作時，可使用多個不同的移位暫存器來存放資料。在程式執行過程中，在經過不同的運算程序，其所產生的資料亦不相同。下圖範例則是使用兩個設定初始化的移位暫存器，透過混和運算之後，兩個輸出值皆不相同，如下圖所示。

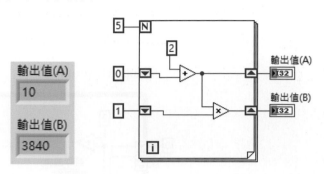

⚠️**注意：** 在 LabVIEW 系統中是不會主動刪除儲存在移位暫存器內的資料，除非是你關閉 VI 或是清除記憶資料。簡言之，在執行一個未設定初始值的移位暫存器時，暫存器的預設初始值為 0。當迴圈在執行第二次時，才會將第一次執行的結果資料，從右側邊移到左側邊，以此做為第二次執行的初始值，無論迴圈的執行次數多少，皆以此方式類推下去。

範例 5-2   Shift Register VI

學習目標：利用移位暫存器特性，進行數值累加運算的練習。

　　使用移位暫存器，在不設定移位暫存器的初始值時，將前一次的循環數值與設定的常數值進行累加運算。**注意！**範例中所使用的迴圈為 While Loop，想讓迴圈自動停止時，請參考範例 5-1 的方式，在執行完成後，顯示輸出值與輸入值的結果。

Front Panel：

Block Diagram：

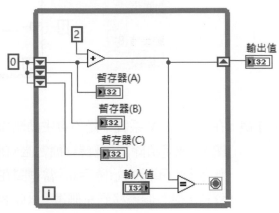

步驟說明：

1. 開啟一個新的面板。
2. 首先在人機介面建立一個輸入顯示物件與四個輸出顯示物件，將輸入顯示物件命名為(輸入值)，接著為暫存器(A)、暫存器(B)，以及暫存器(C)等顯示物件，最後再放置一個輸出顯示物件命名為(輸出值)。
3. 在程式區適當處放置一個 While Loop，利用滑鼠在迴圈左側，按壓滑鼠右鍵，由彈出式功能選單，點選 Add Shift Register，再從迴圈左側接頭按壓滑鼠右鍵，再從彈出式功能選單，點選 Add Element 即可增加輸入接頭。
4. 移位暫存器左側的預設輸入值，選定一個整數的常數值，且設定為 0。
5. 讓移位暫存器的暫存器(A)直接加一個常數值為 2 之後，便將數值由左傳送到右側。迴圈在執行第二次時，會將第一次執行的數值再加上 2，以此類推下去。
6. While Loop 的停止執行條件，是當迴圈條件終端點被滿足時，也就是相等函數物件送出 TRUE 時，程式便會立即停止。
7. 若想以開關來控制 While Loop 的停止，請在迴圈內加入一個時間延遲器，以減緩迴圈的執行速度，時間延遲器的使用請參閱 5.1.2 小節。

5-4　回饋節點(Feedback Node)

　　回饋節點的特性有如移位暫存器一樣，但唯一不同的是移位暫存器必須設定初始化值，而回饋節點則無須刻意設定初始值，**注意！**如果回饋節點的初始值不做任何設定時，當執行過後的程式在沒有完全關閉，或離開 LabVIEW 系統時，回饋節點的初始值會記錄著此程式前一次所執行過的資料。因此，建議可將回饋節點的初始值設定為 0，如有其它或特殊應用時則不在此限。回饋節點可運用在 While Loop 與 For Loop 的迴圈結構中，其使用方法如同移位暫存器，如下圖所示。

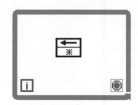 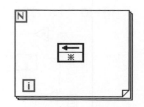

　　對於回饋節點的初始值位置擺放，與移位暫存器有些許差異，那就是回饋節點的初始值接頭，可以分離與不分離使用，兩者功能完全一樣，只是在外觀上看起來有些不同罷了，如下圖範例所示。

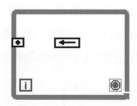 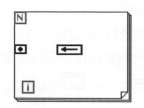

　　如要分離使用回饋節點的初始值接頭，先將滑鼠移到回饋節點函數物件上，按壓滑鼠右鍵，再點選彈出式功能選單即可，請參閱下圖說明。

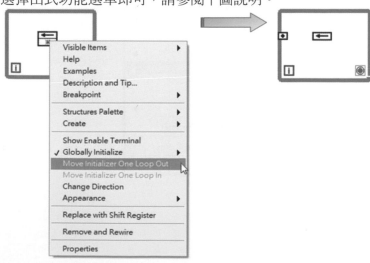

⚠️ **注意**：對回饋節點而言，它初始值接頭無法如同移位暫存器可以不斷增加數目。

如同移位暫存器，每當回饋節點的迴圈完成一次執行動作時，回饋節點會將儲存的資料，傳送到輸出端點成為下一次再執行時的輸入資料，因此回饋節點是可傳送任何的資料類型。在使用回饋節點功能時，盡量避免程式結構的繁瑣連線，回饋節點的箭頭指向代表資料在連線上移動的方向。值得注意，對於回饋節點的初始值接頭，欲分離使用與不分離使用，在最終的輸出結果不會有所不同，如下圖所示。

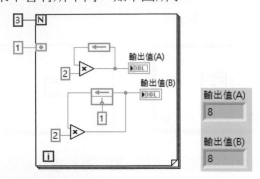

預設的回饋節點箭頭是由右向左的方向，這也就是代表資料的流向，然而回饋節點箭頭是可以改變方向，箭頭方向不同也會造成運算結果有差異，後續將以範例介紹說明。接下來的重點是，如何改變箭頭的方向？只需將滑鼠移到回饋節點函數物件上，按壓滑鼠右鍵的方式，點選彈出式選單即可，可將回饋節點分離或不分離兩種模式，如下圖所示。

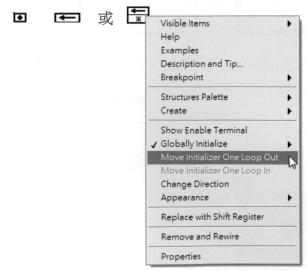

範例 5-3　Feedback Node VI

學習目標：如何利用回饋節點的基本特性，進行數值的移位暫存與累進運算。

　　使用 For Loop 來建立一個可執行連續移位暫存與累進運算的迴圈，讓迴圈內兩組（箭頭相反）的回饋節點進行累進運算，並仔細觀察程式執行後的結果。

Front Panel：

Block Diagram：

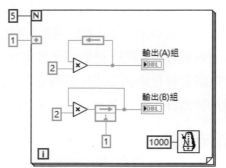

步驟說明：

1. 首先建立一個 For Loop 結構，並設定迴圈執行的次數，以便了解累進運算結果。

2. 在程式區的 For Loop 內建入兩組回饋節點，透過累進運算的方式，了解回饋節點的基本功能，回饋節點的設定說明如下：

   ①輸出(A)組：這組的回饋節點箭頭方向設定【由右向左】。

   ②輸出(B)組：這組的回饋節點箭頭方向設定【由左向右】。

3. 為了方便心算，迴圈的執行次數不要設定太多次，因為使用乘法作為累進運算函數之故，所以回饋節點的初始接頭設定為 1。

4. 便於觀察可在迴圈內設置一個時間延遲器，用來減緩迴圈執行的速度。

函數物件功能說明：

1. 🔲 回饋節點：此函數物件位於 Structure 子面板中，主要功能如同移位暫存器，可將資料以移位的方式傳遞。

   ①使用回饋節點的初始值接頭分離設定，在回饋節點函數物件上按壓滑鼠右鍵，點選 Move Initializer One Loop Out 功能。

   ②並在回饋節點函數物件上按壓滑鼠右鍵，點選 Change Direction 功能，來改變回饋節點的箭頭方向設定。

2. 🔲 等候毫秒計數器：此函數物件位於 Timing 子面板中，其此函數功能可設定欲等候之時間計數功能，藉此控制迴圈的執行速度。

5-5 變數(Variable)

　　在 LabVIEW 程式系統中，變數是一種可以簡化輸入與輸出的函數，僅限使用於程式區的專屬物件，其可允許程式編輯者在不同的地方或位置，進行資料的讀取與儲存，而資料會依變數的類型而有所不同。因此變數可以區分成三種類型，分別為**區域變數**(Local Variable)可將資料儲存在人機介面的控制器和指示器中。**全域變數**(Global Variable)和**單程序共用域變數**(Single Process Shared Variable)乃是將資料存放在特別指定的儲存位置，亦可透過多個 VI 來進行存取。全域變數可把資料儲存在 While 迴圈的移位暫存器當中，所以無論變數將資料儲存在那裡，變數可允許你在兩個不同位置間，即使在不使用接線的情況之下，也可以讓資料在兩個位置中間傳送，藉此迴避正常的資料流。基於這個原因，變數在平行結構中非常好用，但其也存在一定的缺點，例如競賽狀態(Race Condition)的問題。

5.5.1 區域變數

　　區域變數可以在單獨的 VI 內部進行資料的傳送。先在人機介面建立控制或顯示物件，程式區便會產生控制或顯示物件的終端點，再用區域變數來連接讀取或寫入資料。通常人機介面的控制物件，在程式區只會有一個終端點，若你的應用程式可能會從相同的控制終端點的位置，輸入資料到其它的位置。此時，區域變數和全域變數可以在應用程式中，以無連線的方式，在不同的物件位置之間傳送資料，如下圖所示。

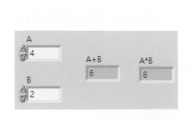
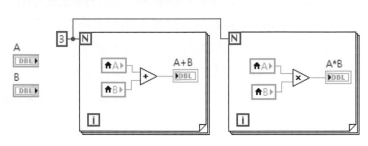

建立區域變數步驟：

　　　　　　步驟 1.首先在人機介面置入控制或顯示物件，亦或是在程式區控制或顯示的終端點接頭上，按壓滑鼠右鍵由彈出的選單中，點選 Create»Local Variable 即可建立區域變數，該區域變數圖示便會出現在程式區中，如下圖所示。

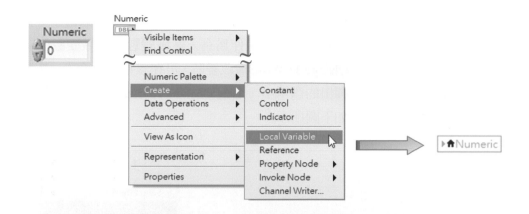

步驟 2.上圖所產生的區域變數為接收資料的顯示(輸出)功能，如同顯示(輸出)物件一般。當有資料寫入區域變數時，在人機介面對應的控制器或指示器，就會自動更新為新的資料。

變數的讀取與寫入：

步驟 1.無論是在人機介面使用控制物件或顯示物件，預設的區域變數或全域變數在轉換時，會是接收資料的顯示器。所以在完成區域變數或全域變數建立之後，即可由變數中讀取資料，如下圖所示。

步驟 2.**Change To Read**：在區域變數或全域變數當中，代表顯示資料的功能，主要是作為讀取區域變數或全域變數的資料。如欲將Change To Read 做改變時，可在該物件指令上，按壓滑鼠右鍵由彈出的選單中，點選 Change To Write 即可改變區域變數屬性，如下圖所示。

步驟 3.**Change To Write**：在區域變數或全域變數當中，代表寫入資料的功能，主要是作爲寫入區域變數或全域變數的資料。如欲將 Change To Write 做改變時，可在該物件指令上，按壓滑鼠右鍵由彈出的選單中，點選 Change To Read 即可改變區域變數屬性，如下圖所示。

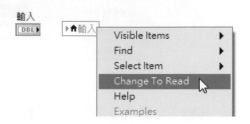

小技巧：在程式區中，要如何運用控制器與指示器的分辨方式，來正確分辨讀取區域變數或全域變數，與寫入區域變數或全域變數呢？有個很簡單的方法，就是讀取區域變數或全域變數會有類似控制器的**粗邊框**；而寫入區域變數或全域變數則是類似指示器的**細邊框**，如下圖所示。

5.5.2 全域變數

全域變數可使用在同時執行多組 VI 程式之間，進行存取與傳送資料。全域變數本身數於內建的 LabVIEW 物件。當你建立全域變數時，LabVIEW 會自動產生一個很特殊的 VI 視窗，它只擁有人機介面視窗，並沒有提供程式區視窗。但控制器和指示器可加入這個特殊的 VI 人機界面當中，並定義它所包含的全域變數資料類型。就效果而言，這個特殊的 VI 人機界面如同是一個資料容器，其它多個不同的 VI 程式，皆可從中存取資料，因此全域變數可視爲當今的雲端功能，全域變數如下圖所示。

▶◉?

建立全域變數步驟：

步驟 1.首先在程式區從 Structures 選單功能中，點選 Global Variable 之後，在全域變數節點上，按兩下滑鼠鍵，就能顯示全域變數的人機界面視窗，便可以開始在這個人機介面中，加入需要的控制器與指示器，其與一般在人機介面的使用方式不同，值得注意是全域變數沒有提供程式區，全域變數視窗如下圖所示。

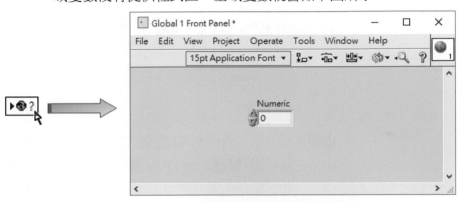

步驟 2.首先開啟一個新的 VI 主程式視窗，建立全域變數之後，在變數上按兩下滑鼠左鍵，在全域變數人機介面視窗，建立數值控制物件，如下圖所示。

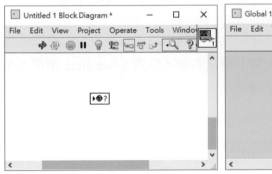
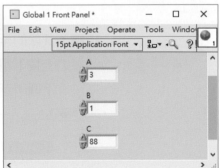

步驟 3.全域變數人機介面視窗必須先進行檔案儲存，如下圖所示。

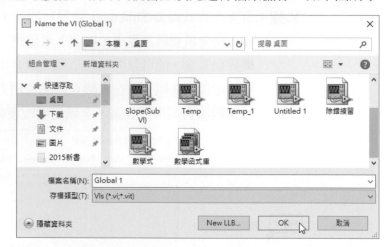

步驟 4.接下來，再回到 VI 主程式的程式區視窗，由全域變數上按下滑鼠右鍵，點選 Select Item 選單，選擇需要植入的控制或顯示物件，如下圖所示。

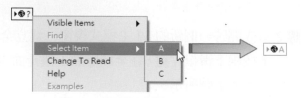

步驟 5.其餘的全域變數可以先透過複製的方式產生，透過在全域變數上按下滑鼠右鍵，點選 Select Item 選單，來重新改變定義，如下圖所示。

步驟 6.由步驟 2 得知，全域變數先前鍵入的數字為 3、1、88，現在你可以透過 VI 主程式，在人機介面建立 3 個新的控制物件，與連線至全域變數上，並立刻分別鍵入-1、2、300 等數字。**切記**！先將全域變數人機界面視窗關閉之後，才執行 VI 主程式。然後再重新開啟全域變數人機界面視窗，此時可以發現先前的數字被改變了，你是否覺得此功能非常類似"雲端"的儲存方式呢？範例如下圖所示。

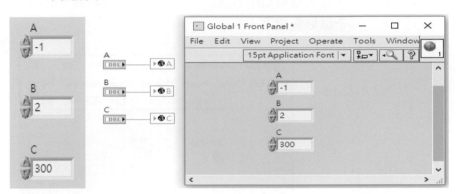

步驟 7.全域變數檔案支援以呼叫副程式的方式，載入到一個新 VI 主程式或是其它的 VI 程式當中使用。只需在程式區按下滑鼠右鍵，點選 Select a VI...之後，再選擇全域變數檔案路徑，即可取得全域變數函數，說明如下圖所示。

範例 5-4 Global Variable VI

學習目標：如何利用全域變數的基本特性，進行兩個獨立檔案的 While Loop 控制。

　　建立兩個獨立的 VI 程式，每個獨立的 VI 程式都有一個 While 迴圈，並透過迴圈的連續運算產生一個 Sin 波形圖的輸出，另外產生一個全域變數利用布林控制器，來中斷兩個獨立運行的 VI 程式，請仔細觀察程式執行的結果。

全域變數視窗：先在全域變數中，建立一個布林控制開關與一個數值輸入器，記得要儲存全域變數檔案。

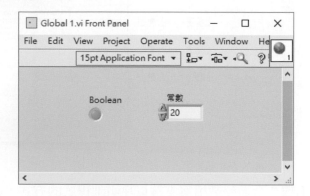

第一個檔案：

Front Panel：　　　　　　　　　　Block Diagram：

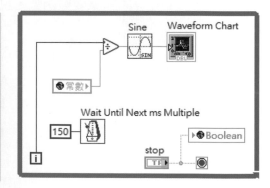

補充：本範例的輸出結果以 Waveform Chart 方式顯示，如圖表的使用方法，請參閱本書的第七章內容。

步驟說明：

1. 首先建立一個 While Loop 結構，迴圈執行的次數除以一常數值，作為 sin 函數的輸入值。

2. 採用波形圖表來顯示輸出結果。

3. 方便程式的觀察可在迴圈內設置一個時間延遲器，用來減緩迴圈執行的速度。

4. 為了能同時中斷兩個獨立程式的執行，在每個獨立的 While Loop 的條件終端點連接到全域變數，唯獨在第一個迴圈當中，需要另設一個獨立的布林開關，傳送狀態給全域變數中的布林開關。

函數物件功能說明：

1. Sin 函數：此函數物件位於函數面板中，其路徑為 Mathematics » Elementary & Special Functions » Trigonometric Functions。

第二個檔案：

Front Panel：

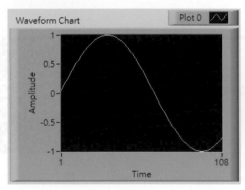

Block Diagram：

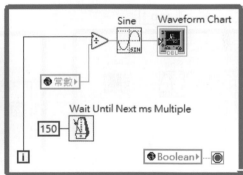

步驟說明：

1. 再另外開啓一個新的 VI 程式，並建立一個 While Loop 結構，迴圈內的程式編輯如同第一個檔案內容。

2. 在第二個程式當中，不需要在 While Loop 的條件終端點，另外建立一個獨立的布林開關，只需連接全域變數的 Boolean 函數即可。

補充： 在使用全域變數時，必須特別注意變數的 Change To Read 或 Change To Write 的使用時機。

5-6 平行運算(Parallel Computing)

通常在 LabVIEW 系統的迴圈技術，可區分為兩大類分別為單一迴圈技術與多重迴圈技術，單一迴圈技術包含有簡單型 VI、通用型 VI，以及**狀態機**(State Machine)等模式來設計程式。而多重迴圈技術則包含有平行迴圈 VI、主從式 VI，以及生產者與消費者等模式。

無論是單一迴圈技術或是多重迴圈技術，若要同時與同步執行多項運算工作時，那就要考慮使用**平行運算** (Parallel Computing)的方法。簡而言之，若想要在程式裡建立與顯示，兩個頻率不同的正弦波為例，你可以利用平行運算方式來完成，首先將其中一個正弦波放在第一個迴圈中，再將第二個正弦波放到另一個迴圈裡。利用平行運算功能的挑戰，是要在多個迴圈之間傳送資料，而不致於造成資料的相依性。也就是說，如果你使用連線來傳送資料時，那麼迴圈就不算是平行的狀態，也許你會想要讓各個迴圈共用一個停止機制。

接下來，讓我們了解在使用這些不同的方法時，如果是以連線在平行迴圈間，共享資料時究竟會發生什麼狀況呢？

範例 1：

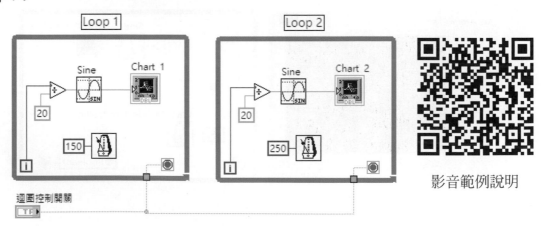

影音範例說明

方法：不正確

將迴圈控制開關放置在兩個迴圈之外，以連線方式將線連到每個迴圈的條件終端點，請參閱 5.2.2 小節的通道結構，迴圈控制開關連接到兩個迴圈的控制資料，只被讀取一次兩個 While Loop 便開始執行。若被傳送到迴圈中的布林值是 False 時，While Loop 便會無止盡執行下去，就算關閉迴圈控制開關也無法停止 VI 程式，因為在迴圈連續執行時，並不會再去讀取迴圈控制開關的狀態，就是開關的狀態無法送達迴圈的條件終端點。

範例 2：

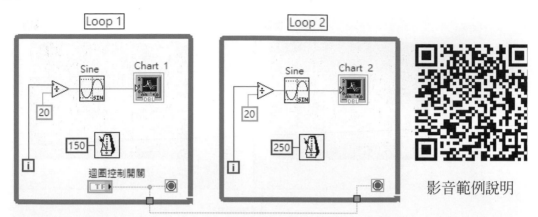

影音範例說明

方法：不正確

　　若將迴圈控制開關移到 Loop 1 裡面，讓控制開關在 Loop 1 每次執行時，都會被迴圈讀取控制開關的狀態。雖然 Loop 1 可以正確判斷控制開關的狀態，來中斷迴圈的執行；反觀，Loop 2 則是要等到接收到所有的資料輸入後才會去執行，也就是說要等到 Loop 1 迴圈停止時，才會將資料傳出該迴圈。

　　因為 Loop 2 必須等到迴圈控制開關的最終狀態值，而這個狀態值要等 Loop 1 迴圈結束之後才會產生。所以，上述的這兩個迴圈並不是平行執行。因此，Loop 2 也只會執行一次而已，因為它的條件終端點資料，是從 Loop 1 的迴圈控制開關送出的狀態，也就是 False 值。

小提醒：在上述的範例 1 與範例 2 都使用到**通道**結構的應用，讀者一定要了解通道的基本特性，請參閱本章的 5.2.2 小節內容。

範例 3：

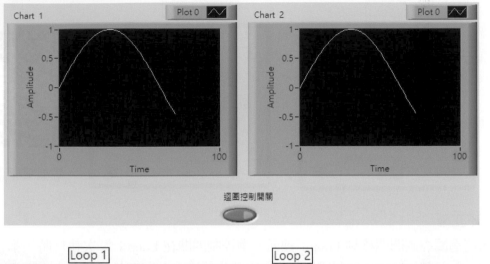

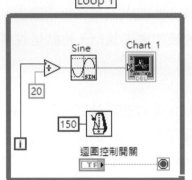 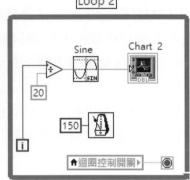 

影音範例說明

方法：正確

在上面範例中，兩個迴圈必須共用開關，才能同時讓兩個迴圈停止執行。在程式區中，輸出的圖表資料是分別由 While 迴圈來產生，若要讓兩個圖表同步顯示資料，While Loop 必須能夠平行執行。若在 While Loop 之間以線連接來傳送開關的狀態資料，會造成兩個 While 迴圈依先後序執行，而非是平行執行。此時我們必須使用區域變數來傳送開關的狀態資料。

請參閱 5.5.1 的區域變數，建立 Loop 2 迴圈控制開關的區域變數。當你在人機界面上將迴圈控制開關設定為 False 時，Loop 1 的條件終端點會收到布林狀態 False 值。而 Loop 2 也會同時收到區域變數，傳送給條件終端點的 False 值。因此，這兩個執行中的迴圈，會在你關閉人機界面的迴圈控制開關，同時停止迴圈的執行。

問題練習

1. 請利用迴圈結構設計下述條件程式：
   ① 當隨機函數輸出為**偶數**時，讓迴圈先執行加法的運算之後，再執行減法的運算。
   ② 當隨機函數輸出為**奇數**時，讓迴圈先執行乘法的運算之後，再執行除法的運算。

2. 請利用任一迴圈結構的 Feedback Node 功能，設計出一個九九乘法表。

3. 試利用迴圈結構設計一程式，可以找出 3 組連續**奇數**的數字組合，而且此 3 組**奇數**的
   數字之和，恰好落在 00000～99999 的範圍內，那將會有多少組解呢？
   (例如 21×23×25 = 12075 的組合之和，剛好落在 00000～99999 的範圍之內。)

4. 請使用任何一種迴圈結構來完成下面數值的排列方式，如下所示。

$$1$$
$$121$$
$$12321$$
$$1234321$$
$$\vdots$$
$$12345678987654321$$

CLAD 模擬試題練習

注意！ 第五章是 CLAD 測驗的重點單元，請熟讀本章節的原理內容。

1. 以下那一個選項是重複迴圈？

   A. Formula Node

   B. Sequence Structure

   C. While Loop

   D. Case Structure

2. 以下那一個終端控制，可以決定 For Loop 執行的次數多少？

   A. ![N]

   B. ![◉]

   C. ![A]

   D. ![i]

3. 執行以下程式之後，那一個選項敘述是正確的？

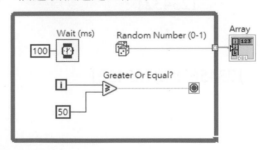

   A. 經過 50 次重複執行後，迴圈停止。

   B. 一個 For Loop 連線一個 50 到計數終端點，將執行相同的動作。

   C. A 和 B 皆是。

   D. 以上皆非。

4. 在下圖中，G 項為何？

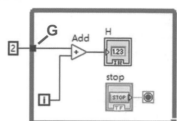

    A. Shift register

    B. Iteration terminal

    C. Selector terminal

    D. Tunnel

5. 以下程式被執行之後，移位暫存器中的數值為多少？

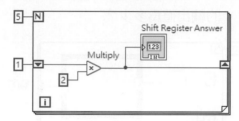

    A. 32

    B. 16

    C. 24

    D. 10

6. 以下程式被執行之後，回饋的輸出數值為多少？

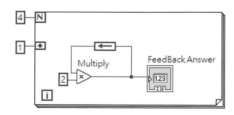

    A. 16

    B. 6

    C. 32

    D. 8

7. 以下關於迴圈程式的敘述，何者是正確的？

A. 迴圈將執行一次，而重複終端點 i 將會輸出一個 2 的值。

B. 迴圈將執行一次，而重複終端點 i 將會回覆一個空值。

C. 迴圈將執行一次，而重複終端點 i 將會輸出一個 1 的值。

D. 迴圈會不斷重複執行下去，程式也將不會停止。

8. 以下程式被執行之後，Y 的輸出值為多少？

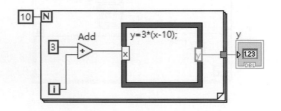

A. 一個{-21, -18, -15, -12, -9, -6, -3, 0, 3, 6}的一維陣列。

B. 6

C. 一個{-21, -18, -15, -12, -9, -6, -3, 0, 3, 6, 9}的一維陣列。

D. 9

解答：① C ,② A, ③ A, ④ D, ⑤A, ⑥A, ⑦D, ⑧B

6 陣列與叢集

陣列乃是將資料型態相同者集合在一起，所以可視為一維或是二維以上的陣列類型，因此每一維陣列的最大輸入為 2^{31} 個**元素**(Elements)，然而陣列的**資料元素**(Data Elements)，可以是圖表或是圖形以外的任何資料類型。每一個單位元素的初始值範圍，皆可由 0 到 n-1，n 可視為陣列中全部元素的個數，在一維陣列的基本架構中，必須注意位於第一個元素的初始值是由 0 開始，第二個元素的位置則為 n-1，其餘位置的元素皆可以此方法類推。

 ## 6-1 陣列(Array)的類型

陣列資料的控制器與顯示器，必須事先產生**陣列外框**(Array Shell)與**資料物件**(Data Object)等重要的物件，然而陣列控制器或顯示器，其資料型態又可區分為數值、布林、路徑或是字串。本小節將就如何產生陣列控制器、陣列顯示器，以及常數陣列的方法詳加說明。請注意陣列具有單一的特性，就是在陣列中只能有一種元素，無法加入其它的元素。

6.1.1　陣列產生方式

基本陣列的產生方式，必須先建立陣列外框，然後再選擇欲加入的元素，其操作步驟說明如下：

步驟 1：首先在人機介面適當的位置，按下滑鼠右鍵，再點選 Array & Cluster 來產生一個空的陣列外框，如下圖所示。

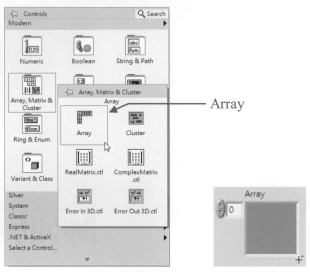

步驟 2：接下來，可從控制面板點選控制物件或是顯示物件，再將物件以滑鼠拖曳的方式，移到陣列外框內，此時便可產生一個新的陣列。請依此方法建立一個數值陣列，如下圖所示。

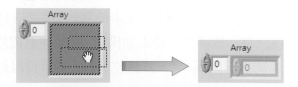

除此之外，另一種方法，則是在陣列外框內按下滑鼠右鍵，由彈出式功能選單，選擇適當的控制物件或是顯示物件，如下圖所示。

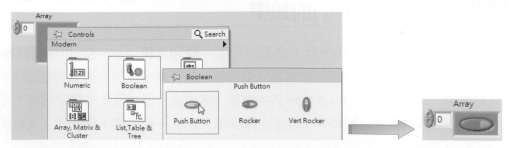

我們已知在產生陣列時，必須先選定物件的資料類型，如果選用的是一個未定義的資料物件，或是未正確移入陣列外框內的任何物件，都會造成程式區出現黑色無效的陣列，如下圖所示。

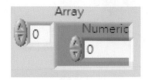

正確陣列　　　　　　　　　　　　　　　**無效陣列**

6.1.2　一維陣列(1D Array)

透過上述方法產生的陣列是一維陣列，可視為是行陣列或列陣列。**注意！**陣列的第一個元素初始值是由 0 開始，第二個元素的位置則為 n-1，依此類推下去，如下圖所示。

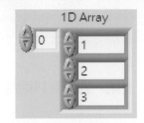

行 陣列　　　　　　　　　　　　　　　**列 陣列**

6.1.3　二維陣列(2D Array)

若想將一維陣列擴展成二維陣列時，可直接將滑鼠游標移到陣列索引的邊框，按住邊框順勢往下拖曳一層，便可以完成二維陣列的產生，如下左圖所示。也可以在陣列索引的位置，按壓滑鼠右鍵，點選 Add Dimension 功能即可，如下右圖所示。

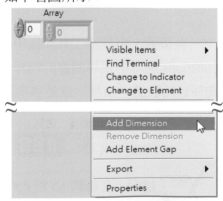

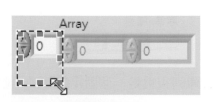

滑鼠拖曳方式　　　　　　　　　　　　**使用** Add Dimension **功能**

通常一個二維陣列，會把元素分成兩個索引，分別是**行索引**(Column Index)與**列索引**(Row Index)，兩者的索引初始值都從 0 開始，下面圖示說明一個 3 行與 4 列的二維陣列。

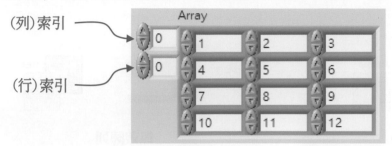

　　透過下面範例說明，那麼我們單獨選取第一行與第二列的資料，看看結果會如何？

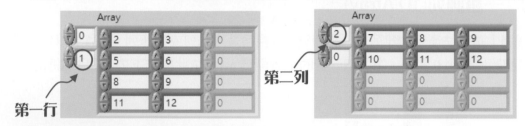

　　由上圖範例得知，**第一行**的資料為 3、6、9、12，而**第一列**的資料則為 7、8、9。

6.1.4　**常數陣列**(Constant Array)

　　常數陣列產生的方式，需先在程式區的 Functions 選單，選擇 Array 選單，再從子面板中點選 Array Constant 功能，以取得常數陣列的外框，如下圖所示。

　　緊接著，再利用工具面板中的定位工具，在常數陣列外框內直接按壓滑鼠右鍵，從 Functions 選單中找尋適當的物件。**注意！**常數陣列無法接受有不同資料的物件，常用的物件包括數值、布林、或是字串等，如下圖所示。

　補充：在編輯 VI 程式時，通常會把常數陣列視為是一個固定的陣列，並將它當成是另一種控制輸入的選擇。

6-2　建立迴圈陣列

　　我們可以透過 For Loop 和 While Loop 等迴圈，以選用索引的方式來產生陣列，因此迴圈所產生的資料會被以陣列的方式被儲存，這種功能稱為**索引**(Indexing)。

6.2.1　**一維陣列**(1D Array)

　　我們可以經由下面的 For Loop 範例了解索引的功能，當迴圈每執行一次時，便會暫存在迴圈側邊的索引端，直到迴圈執行完畢之後，才會將結果透過輸出陣列顯示出來，如下圖所示。

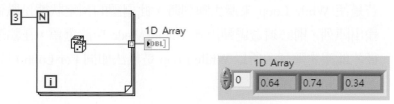

　　在使用 For Loop 時，想在迴圈外面顯示迴圈的最終輸出值，可利用滑鼠在迴圈邊框的索引端點上，按壓滑鼠右鍵由彈出式 Tunnel Mode 功能選單，點選 Last Value 功能即可，只有在迴圈必須執行到終了才會送出最終的數值，如下圖所示。

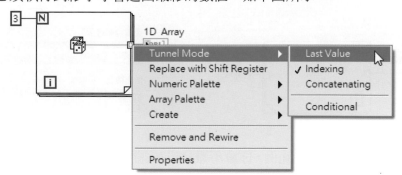

6.2.2　**二維陣列**(2D Array)

　　若要產生二維陣列時，最簡單的方法是使用兩個 For Loop 來產生，將其中一個 For Loop 放到另一個 For Loop 當中。在最外層的 For Loop 會產生**列**(Row)的功能，而內層的 For Loop 則是產生**行**(Column)的功能。由下面的圖示範例中，我們可以利用隨機函數物件來產生數值，再經由兩個 For Loop 與設定索引功能，便可以很輕鬆的產生二維陣列。不要忘記！最內層的 For Loop 是一維陣列。

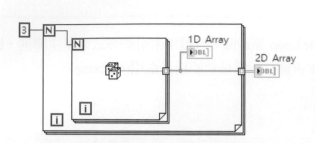
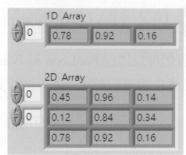

補充：只有使用 For Loop 建立陣列時，無須進行任何設定即可產生陣列的輸出。若是使 While Loop 來產生陣列時，此迴圈的預定狀態是數值輸出，如欲輸出陣列，則必須透過彈出式 Tunnel Mode 功能選單，在點選 Indexing 之後才能產生陣列。所以 While Loop 是無法如同 For Loop 可以透過連線的方式自動產生陣列。

6.2.3　For Loop 控制陣列執行次數

眾所皆知 For Loop 在執行時，必須預先設定迴圈的執行次數，否則迴圈是無法被執行。如果我們將一個一維陣列連接到迴圈的側邊框時，那又會產生什麼樣的作用呢？如下圖所示。

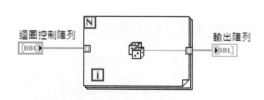

請先實際練習一下上面的範例，你會不難發現在迴圈邊框接上一個一維陣列之後，迴圈的計數終端點(N)值，便會與陣列的大小做比較，迴圈會以最小值為執行的基準。

範例 1：若迴圈控制陣列元數 ＜ 迴圈(N)值，其執行結果如下。

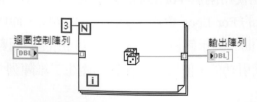

範例 2：若輸入迴圈控制陣列元數 > 迴圈(N)值，其執行結果如下。

範例 3：如果迴圈連接超過一個以上的陣列，或是使用在兩個大小不同的陣列時，
　　　　　迴圈再經過比較之後，仍會選擇最小值爲迴圈的執行次數，如下圖所示。

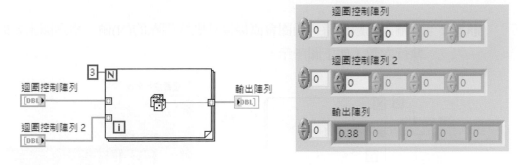

範例 4：如果輸入的是 2D 陣列時，迴圈會將陣列的 Row 數目與迴圈(N)值做比較，
　　　　　當迴圈控制陣列元數 < 迴圈(N)值時，則迴圈會以最小的值爲基準，如下
　　　　　圖所示。

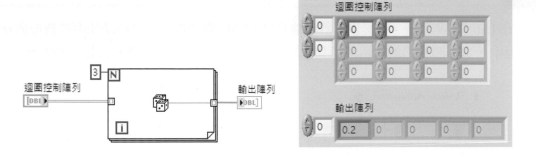

 小叮嚀：當輸入爲 2D 陣列時，迴圈會將控制陣列的元數與迴圈(N)值做比較，而不
　　　　　是以**行**(Column)的數目與迴圈(N)值比較，請讀者要特別留意。

如有下列情況發生時，則無法有效控制迴圈的執行次數功能：

狀況 1：當輸入 1D 陣列的索引未被啓動時，迴圈會以執行計數的(N)值爲迴圈主要的執行次數，如下圖所示。

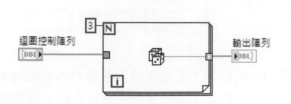

狀況 2：若輸入爲數值時，迴圈會直接以計數終端點的(N)值，爲迴圈主要的執行次數，如下圖所示。

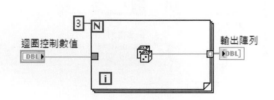

 6-3 陣列的函數功能 CLAD

在 LabVIEW 系統，它提供了許多處理陣列的函數功能，而這些功能函數皆放置在函數面板中，本小節我們就常用的陣列函數功能詳加介紹，提供讀者日後使用時的參考。

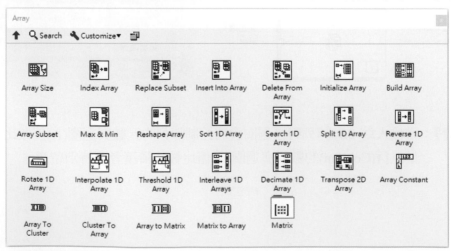

1. Array Size：此函數功能，可以計算出一維或二維輸入陣列元素的數目，欲知詳細進階功能說明，請至 Help » Show Context Help 查閱資料。

　　範例：

　　　①一維輸入陣列大小計算。

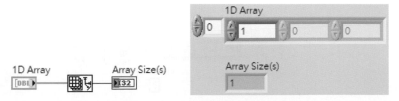

　　　②二維輸入陣列大小計算，其輸出顯示會在一維輸出陣列中，分別顯示列與行的數目。

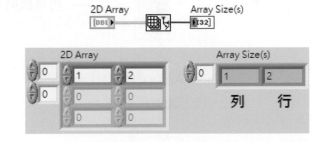

2. Initialize Array：此函數可建立一個新的陣列，並可自行設定此陣列的數值，欲知詳細進階功能說明，請至 Help » Show Context Help 查閱資料。

　　範例：

　　　①輸出一維新陣列。

　　　②輸出二維新陣列。

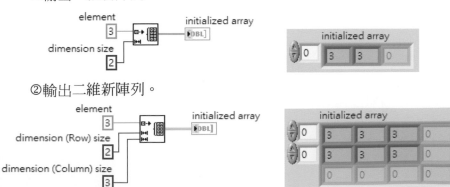

3. Index Array：此函數功能可用索引功能，搜尋陣列當中的某一個元素或數值，欲知詳細進階功能說明，請至 Help » Show Context Help 查閱資料與範例。

範例：

①索引在一維輸入陣列中，位置 3 的元素或數值，如下圖所示。

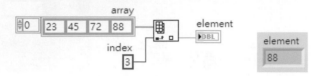

②如果輸入的陣列為二維時，則必須使用滑鼠向下展延 Index Array 函數物件，此時便會產生列的索引與行的索引，如下圖所示。

用滑鼠向下拖曳

③當 Index Array 函數物件向下展延時，可選擇列的索引或行的索引，如下圖所示。

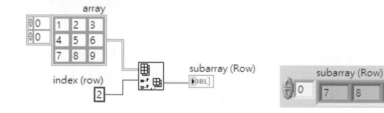

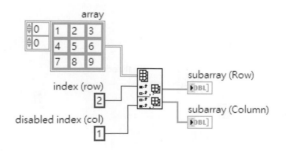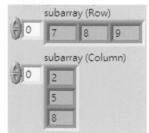

④當 Index Array 函數物件繼續向下展延時，則可分別顯示列的索引與行的索引，如下圖所示。

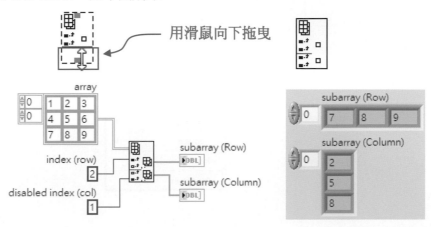

4. Build Array：此為擴充陣列函數，可連結兩個以上的陣列成為一個陣列，或是在一個陣列當中加入一個新元素，欲知詳細進階功能說明，請至 Help » Show Context Help 查閱資料。

6

①如欲在一維陣列當中加入一個新元素時，請先在函數物件底部向下展延，如下圖所示。

②若想把兩個輸入的二維陣列，藉由**擴充陣列**(Build Array)函數，來改變其輸出成為多維陣列，必須先變更擴充陣列函數輸入的屬性為陣列，並利用定位工具在下圖標示區，按滑鼠右鍵由彈出式功能選單，點選 Concatenate Inputs，如下一頁圖示說明。

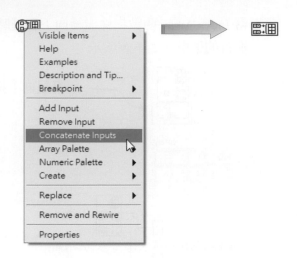

③如欲將兩個一維陣列分別連接到擴充陣列函數的輸入時，可選擇設定輸出端是產生一維陣列，或是設定輸出端產生二維陣列，範例說明如下。

範例 1：輸入兩個一維陣列，設定輸出端產生一維陣列。

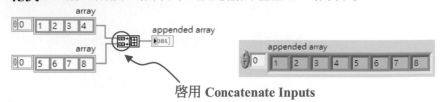

啟用 **Concatenate Inputs**

 小叮嚀：如果想將兩個獨立的一維陣列，在經由擴充陣列函數之後，希望輸出仍維持一維陣列時，可利用定位工具在擴充陣列函數上，按壓滑鼠右鍵再由彈出式功能選單，點選 Concatenate Inputs，如上圖示說明。

範例 2：輸入兩個一維陣列，設定輸出端產生二維陣列。

④然而擴充陣列函數的功能，可提供連結一維陣列與二維陣列，成為多維陣列的輸出，亦可將兩個二維陣列的輸入，透過擴充陣列函數產生多維陣列的輸出，如下頁圖所示範例說明。

範例 1.連接一維陣列與二維陣列，透過擴充陣列函數產生多維陣列輸出。

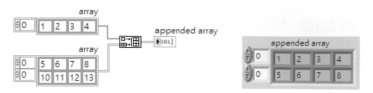

範例 2.兩個二維陣列的輸入，透過擴充陣列函數產生多維陣列輸出。

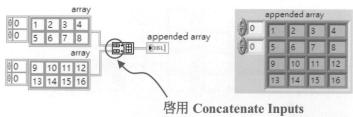

啟用 Concatenate Inputs

小叮嚀：將兩個二維陣列合併時，必需使用定位工具在擴充陣列函數上，按壓滑鼠右鍵，並勾選 Concatenate Inputs，如上圖示說明。

6

範例 6-1 Array Exercise I

學習目標：建立二維陣列，以索引方式產生行與列的子陣列。

本範例練習，首先建立一個任意數值的二維輸入陣列，並從此陣列中分別索引出行與列的關係，並將行與列的子陣列分開來顯示。

Front Panel：

Block Diagram：

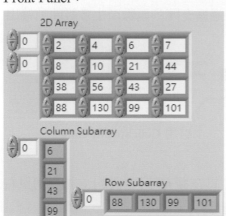

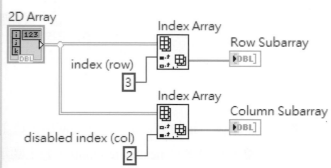

步驟說明：

1. 開啟一個新的面板。
2. 首先在人機介面建立一個二維輸入陣列，並在陣列中輸入任意數值。
3. 如欲產生行與列的子陣列，可利用兩個 Index Array 指令來產生輸出子陣列。
4. 請留意若是使用 Index Array 指令來產生的子陣列，是無法利用 Build Array 指令來合併成為正確的二維輸出陣列。
5. 最後將兩個子陣列以行與列的方式展開即完成。

 小叮嚀：如果輸入的陣列為二維時，則必須使用滑鼠向下展延 Index Array 函數物件，此時便會產生列的索引與行的索引，如下圖所示說明。

注意！**Row** 與 **Column** 的選擇

5. Replace Array Subset：**更換陣列集**，此函數可更換或修正一維陣列與二維陣列

當中，任何一個元素或數值，欲知詳細進階功能說明，

請至 Help » Show Context Help 查閱資料。想在二維陣列

中進行更換或修正陣列元素或數值時，請用滑鼠在函數

物件底部向下展延，如下圖所示。

用滑鼠向下拖曳

範例 1.變更一維陣列中的數值，如下圖所示範例說明。

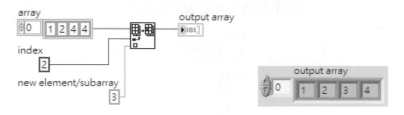

6

範例 2.變更二維陣列中的數值，如下圖所示範例說明。

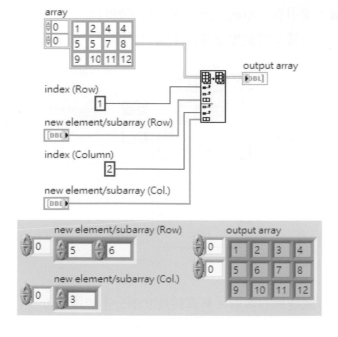

6. Array Subset：**陣列集**，此函數功能是以設定陣列之**索引**(Index)和**長度**(Length)
的方式，來產生子陣列，欲知詳細進階功能說明，請至 Help »
Show Context Help 查閱資料。在二維陣列當中，欲進行位置索
引與擷取元素長度，可直接輸入二維陣列，陣列集函數物件底部
會自動向下延伸，如下圖所示。

範例 1.索引在一維輸入陣列中，索引位置 2 與長度 2 的元素或數值，來產生輸
出子陣列，如下圖所示範例說明。

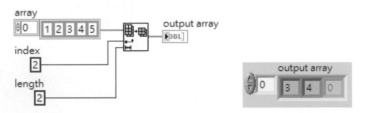

範例 2.索引在二維輸入陣列中，設定列的索引位置 1 與長度 2，以及行的索引
位置 1 與長度 2 來產生輸出子陣列，如下圖所示範例說明。

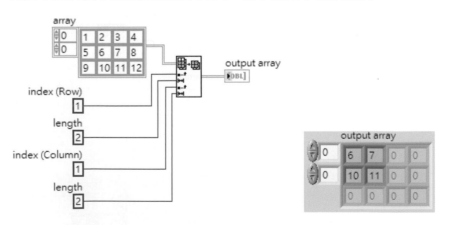

⚠ **注意**：無論是行或是列的索引，其資料長度部分不能設成 0。

範例6-2 Array Exercise II

學習目標：建立一維陣列，並在該陣列中插入一個指定的數值。

　　本範例練習，如何在一維陣列中插入一個數值？請參閱 6-3 節的陣列指令函數，程式編輯完成後立即執行，檢視輸出值與輸入值的結果是否正確？

Front Panel：

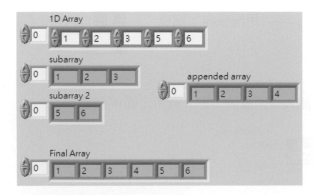

Block Diagram：

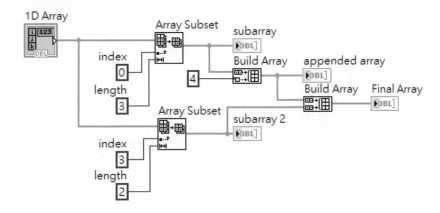

步驟說明：
1. 開啟一個新的面板。
2. 首先在人機介面建立一個一維輸入陣列，接著輸入 1、2、3、5，6 等數值。
3. 如欲在 3 與 5 之間插入一個 4 的數值，此時須利用兩個 Array Subset 指令，來產生出兩個子陣列。
4. 可以將 4 的數值以 Build Array 指令，加入到兩個子陣列的其中一個。
5. 最後再將兩個子陣列以 Build Array 指令合併即可完成。

7. Insert Into Array：**陣列集**，此函數可在一維陣列當中，任意插入一個元素與數
　值，或是以滑鼠擴延伸函數物件，來增加欲插入的元素與數
　值的數量，而最大的插入量為 n-1 個，欲知詳細進階功能說
　明，請至 Help » Show Context Help 查閱資料。在一維陣列當
　中，欲插入一個元素與數值，可以用滑鼠向下拖曳方式，來
　增加欲插入的元素與數值的數量，如下圖所示。

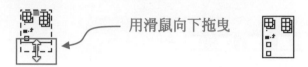

範例 1.在一維輸入陣列中，插入一個數值，如下圖所示範例說明。

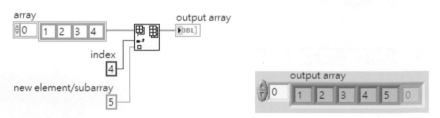

範例 2.在二維陣列使用此函數時須留意，行列與行的插入設定無法同時執行，
　如下圖所示範例說明。

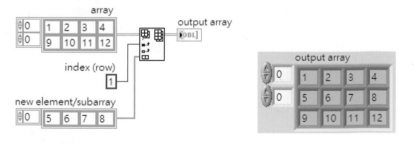

8. Array Max & Min：**陣列極大&極小**，此函數可在一維陣列與二維陣列，找出
　陣列中的極大值元素或數值，與極小值元素或數值，欲知
　詳細進階功能說明，請至 Help » Show Context Help 查閱
　資料。

範例 1：在一維輸入陣列當中，找出極大值與極小值，如下圖所示。

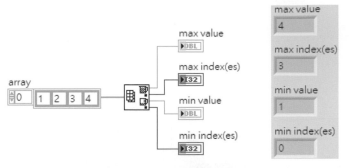

範例 2：在二維輸入陣列當中，會以一維陣列的方式，顯示出行與列極大
　　　　值與極小值的位置所在，如下圖所示。

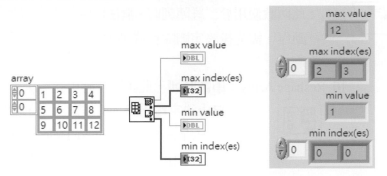

9. Delete From Array：**刪除陣列元素**，此函數可以設定刪除一維陣列當中，某一
　　　　　　　　　　個元素或數值，若是為二維陣列時，只能刪除一整列或行
　　　　　　　　　　的方式，而無法指定刪除列或行中的任何元素與數值，欲
　　　　　　　　　　知詳細進階功能說明，請至 Help » Show Context Help 查閱
　　　　　　　　　　資料。

範例 1：在一維輸入陣列當中，刪除某一個元素或數值，如下圖所示。

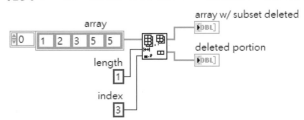
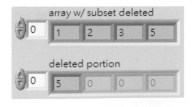

範例 2：在二維輸入陣列當中，只能刪除一整列或行，但無法同時刪除指定列
與行當中的元素或數值，如下圖所示。

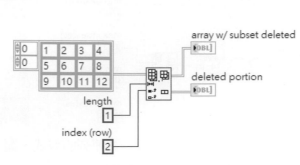
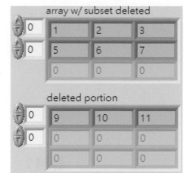

 補充： 此函數使用於二維陣列時，無法同時設定行與列的位置，來進行陣列刪除
動作。需先後設定刪除行或列的資料，下次再設定刪除列或行的資料。

10. Reshape Array：**重置陣列**，此函數可應用在一維與二維陣列中，可讓使用者
自由決定輸出陣列的維數大小，欲知詳細進階功能說明，請
至 Help » Show Context Help 查閱資料。如欲使用在二維陣
列，需用滑鼠拖曳的方式延展函數，來增加行或列的輸入設
定，如下圖所示。

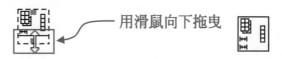

用滑鼠向下拖曳

範例 1：在一維輸入陣列中，設定輸出陣列的大小，如下圖所示。

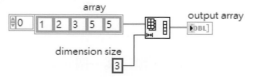

範例 2：在二維輸入陣列中，須同時設定行與列的維數，如下圖所示。

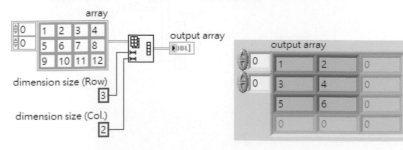

11. Sorted Array：**排序陣列**，此函數功能，可將一維輸入陣列中的數值，依照輸入值的大小關係，排列成由小排至大的輸出陣列，如需知其進階功能說明，請至 Help » Show Context Help 查閱資料。

　範例：此函數僅適用於一維輸入陣列，如下圖所示。**注意！**此函數不支援二維陣列的輸入。

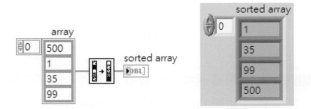

12. Search 1D Array：**搜尋一維陣列**，此函數功能，可在一維輸入陣列中，尋找出任何的元素或數值，並顯示出該元素或數值的所在位置，如需知其進階功能說明，請至 Help » Show Context Help 查閱資料。

　範例：此函數僅適用於一維輸入陣列，如下圖所示。**注意！**此函數並不提供二維陣列的大小排列組合輸出。

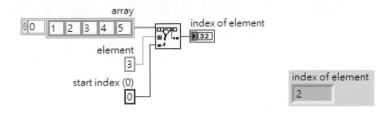

13. Split 1D Array：**分割一維陣列**，此函數功能，可依設定索引的位置，將輸入的一維陣列分切成兩個子陣列，分別為第一子陣列與第二子陣列，如需知其進階功能說明，請至 Help » Show Context Help 查閱資料。

　範例：此函數僅適用於一維輸入陣列，如下圖所示。**注意！**此函數並不提供二維陣列的大小排列組合輸出，如下圖所示範例。

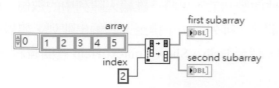 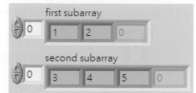

14. Reverse 1D Array：**反向一維陣列**，此函數功能，可將輸入的陣列經由轉置之後再輸出，如需知其進階功能說明，請至 Help » Show Context Help 查閱資料。

範例：此函數僅適用於一維輸入陣列，如下圖所示。**注意！**此函數並不提供二維陣列的大小排列組合輸出。

15. Rotate 1D Array：**旋轉一維陣列**，此函數功能，可將輸入的陣列透過 n 的設定，讓輸入陣列中的元素或數值進行旋轉移位置，通常會從輸入的最後一位元素或數值開始旋轉換位，如需知其進階功能說明，請至 Help » Show Context Help 查閱資料。

範例：此函數僅適用於一維輸入陣列，透過設定函數的 n 值，來決定多少個輸入陣列元素或數值，將透過旋轉換位的方式輸出。下面範例的輸入陣列數值為 1、2、3、4，與 5，而 n 值的設定為 3，這表示說輸入陣列有 3 個數值最後會被旋轉換位，那會從最後一位輸入數值，開始執行換位的動作，如下圖所示。**注意！**此函數並不提供二維陣列的大小排列組合輸出。

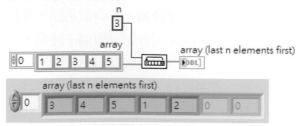

16. Interleave 1D Array：**交錯一維陣列**，此函數功能，可將任意兩一維輸入陣列的元素或數值，以位置穿插方式重新合併陣列，形成新的一維輸出陣列，如需知其進階功能說明，請利用 Help » Show Context Help 查閱資料。

　　如欲增加輸入陣列，可用滑鼠拖曳的方式延展函數，來增加輸入的數量，如下圖所示。

範例：此函數僅能適用於一維輸入陣列，下面範例由兩個一維陣列所組成，第一個陣列數值為 1、2、3、4，與 5，第二個陣列數值為 6、7、8、9 與 10，經過函數的交錯組合之後的結果，如下圖所示。**注意！**此函數並不提供二維陣列的大小排列組合輸出。

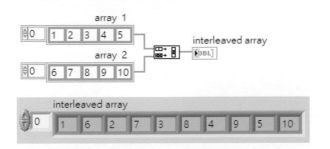

6

17. Decimate 1D Array：**抽取一維陣列**，此函數功能，可將任意兩一維輸入陣列的元素或數值，以位置穿插方式重新合併陣列，形成新的一維輸出陣列，如需知其進階功能說明，請利用 Help » Show Context Help 查閱資料。

　　如欲增加輸入陣列，可用滑鼠拖曳的方式延展函數，來增加輸入的數量，如下圖所示。

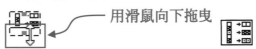

範例：此函數僅能適用於一維輸入陣列，下面範例由兩個一維陣列所組成，第一個陣列數值為 1、2、3、4，與 5，第二個陣列數值為 6、7、8、9 與 10，經過函數的交錯組合之後的結果，如下頁圖所示。

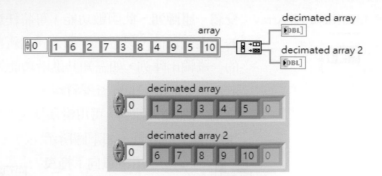

⚠ **注意**：此函數並不提供二維陣列的大小排列組合輸出。

範例 6-3 Array Exercise III

學習目標：利用隨機函數與 For Loop 產生一維陣列。

　　本範例練習，如何利用隨機函數以 For Loop 產生一維輸出陣列，經由乘法器將陣列中的所有數值，乘上一個固定的倍率因素，再由 Array Subset 指令來決定輸出子陣列。

Front Panel：　　　　　　　　　　Block Diagram：

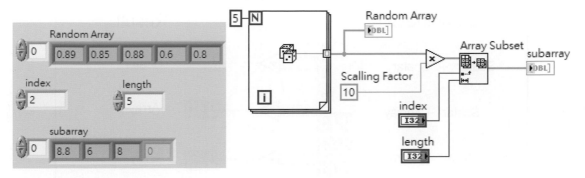

步驟說明：

1. 開啓一個新的面板。
2. 首先在人機介面建立一個 For Loop，接著在迴圈內建入一個隨機函數，迴圈的執行次數設定為 5 次。
3. 接下來，隨機函數連線到迴圈邊框，透過**通道**(Tunnel)的方式產生一個 Random Array。
4. 透過乘法器將輸出的 Random Array，乘上一個固定的**比例因子**(Scale Factor)。
5. 再經由 Array Subset 指令來產生輸出子陣列。

6

6-4 何謂 Polymorphism　CLAD

　　LabVIEW 的運算包括有加、減、乘…等，皆屬於物件導向功能。這說明了所有輸入函數，可以是不同的資料型態，例如純量和陣列。舉例來說，可以是純量與陣列相加，或是將兩個陣列相加起來，下面圖例是以加法函數，說明物件導向的基本型態。請讀者留意此小節是 CLAD 出題的重點之一。

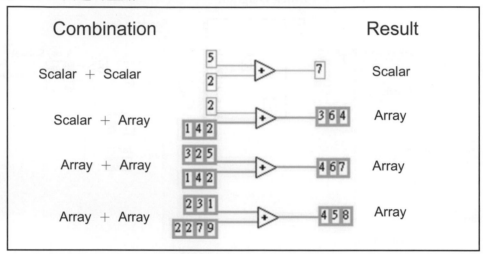

　　由上述的圖例中得知，第 1 組搭配組合中，是以兩個純數值相加後之結果為一純量數值。第 2 組搭配組合中，則是將純量數值加到陣列中的每一個元素裡，所得到的輸出結果為一維的陣列。第 3 組搭配組合中，把陣列中的每一個元素，加到另一個心同大小的陣列元素中，可得到輸出結果為一維的陣列。第 4 組搭配組合中，在計算方法上如同第 3 組搭配組合，當其中有一個陣列索引比另一陣列索引小時，其輸出陣列的結果，將以較小陣列的大小為準。

　　在下面的範例中，利用 For Loop 產生隨機數值，並將這些隨機數值乘上 Scaling Factor 之後，並將輸出元素值以一維陣列方式顯示。

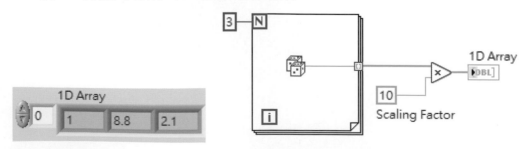

同上頁的範例，若我們將 Scaling Factor 輸入常數，修改成常數陣列的 Scaling Factor，那輸出的結果是否會不一樣呢？在此請讀者在回到上一頁的圖例中，思索看看下面範例是屬於那一個類型的運算？正確的解答是一個數值的一維陣列。

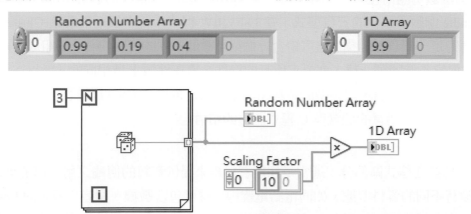

　　那麼我們調整上述範例的 Scaling Factor 常數陣列中的元素為兩個常數值時，其輸出陣列的結果會是如何呢？接下來，請看下面的範例說明。

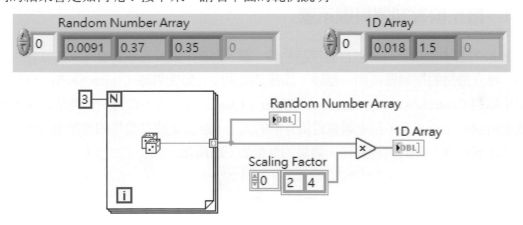

　　看完上述兩個範例的解說，讀者們是否瞭解箇中的含意，在 LabVIEW 的 CLAD 認證考試題庫中，皆有類似的題型，此類題目並不難請多加練習。

6-5　叢集(Cluster) `CLAD`

　　叢集函數可應用在 Charts 和 Graphs 等圖示，它的功能可將資料訊息顯示在圖表中，不過 Bundle 函數所建立的資料型式，在 LabVIEW 程式系統中被稱為**叢集**(Cluster)。然而叢集本身乃是一個資料結構，它可結合一個或是數個不同的資料物件，另組成一個新的資料物件，但它不像陣列一樣，會要求所有的物件必須在性質上是相同的。所以在叢集功能當中，是可以被允許由不同類型的資料所組成，例如布林、字串以及數值等，因此叢集十分類似 Pascal 程式語言的記錄與 C 程式語言的結構。

　　叢集功能在程式區部分，通常是利用資料線來提供資料的傳輸之用，而叢集的組成可與傳輸有不同的資料型態，如同電話電纜線一樣可包含數據、語音、及視訊的傳遞功能。而一個叢集的組成只需有一條連線即可，因此可以降低資料線與連結終端點的數目，進而節省在建立 SubVI 時，所佔據主程式的位元數。

6.5.1　叢集的控制器與顯示器

　　叢集的基本使用物件，包含有控制物件、顯示物件，以及常數物件等。如欲在人機介面中，建立叢集的控制器或顯示器時，那就必須先建立**叢集外框**(Cluster Shell)，可以利用滑鼠來點選 Controls » Array, Matrix & Cluster » Cluster 的方式，取得一個空的叢集外框，並透過滑鼠的定位工具，預先調整叢集外框的大小。無論是建立叢集的控制器或顯示器，一定要注意彼此之間的對應關係，叢集的外框如下圖所示。

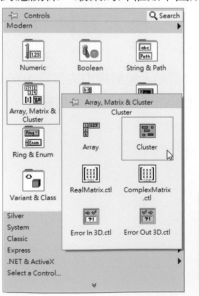
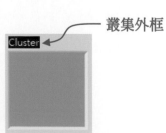

叢集外框

接下來，再選取適當的叢集所需的物件，並以滑鼠拖曳的方式，將物件放置到叢集的外框中。然而物件在同一叢集內，必須全部都為控制器或是顯示器，絕對不能將控制器與顯示器，以混合方式放入叢集的外框中。而叢集的**資料管理**(Data Direction)方式，不論在控制器或是顯示器方面，其主要是根據第一個放入叢集內的物件來決定，如果先放入的是控制器物件；其次再放入顯示器物件時，此時叢集外框內的顯示器，會被強迫調整成控制器物件，如下圖所示。

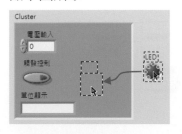 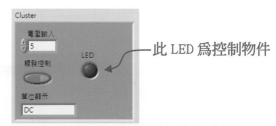

6.5.2　叢集的常數

在程式區建立**叢集常數**(Cluster Constants)的方法與在人機介面相似。按壓滑鼠右鍵與點選 Functions » Cluster » Cluster Constant 來產生叢集外框，緊接著便是選擇適當的常數物件，以滑鼠拖曳方式放入叢集外框內，如下圖所示。

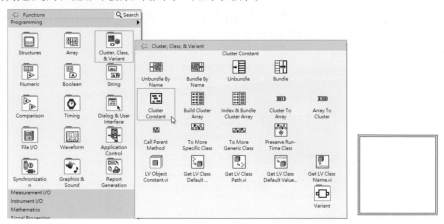

在人機介面已先建立了叢集控制器與顯示器，如下圖所示。

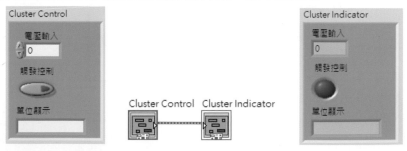

但事後想把人機介面的叢集控制器，轉變成一個叢集常數時，可直接在叢集控制器物件上，按壓滑鼠右鍵點選 Change to Constant，便可將原先的叢集控制器改變成為叢集顯示器，此時會自動將叢集控制器的內物件，轉變成為叢集常數，如下圖所示。

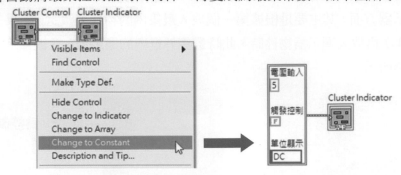

6.5.3　叢集的順序設定

　　在叢集內所有的物件皆屬於獨立的資料型態，因此物件與物件之間的位置順序非常重要，但實際上叢集物件的邏輯順序，與在框內的位置並無直接的關係。在鍵入第一個物件時，它在叢集框內的順序會被定為 0，第二個物件的順序會被定為 1，依此類推下去。當你刪除其中的一個物件時，其餘的物件順序便會自動重新調整，如欲改變在叢集內物件的順序，可將滑鼠移到叢集的外框邊上，按壓滑鼠右鍵，再點選 Recorder Controls in Cluster 即可，如下圖所示。

此時，人機介面的視窗狀態便會改變，一個新的叢集按鈕會代替原來之工具列，改變後的叢集狀態會直接顯示出來，因此在白色數字視窗會顯示出每個物件舊的位置順序；而黑色數字視窗會顯示每個物件新的位置順序，如下圖所示。

　　不論是在人機介面與程式區，如欲還原修改後的順序設定，只要按下 ⊠ 鍵即可立刻取消原先設定。在設定叢集物件的索引順序時，第一步先選取欲設定的號碼順序，亦可透過Click to set to ▢▢的區域內鍵入，先將滑鼠移到欲改變設定的序號上，按壓滑鼠左鍵即完成順序設定修改，此時你會發現物件的右邊序號被改變了。但在此同時其它的物件序號也會跟著被自動重新調整，最後已完成叢集物件的索引順序設定時，便可直接透過滑鼠，按壓左上角的 ☑ 鍵，即可將改變後的順序號碼儲存，如下圖所示。

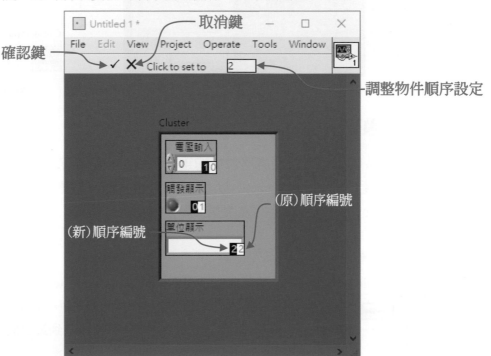

範例說明：接下來，將說明叢集順序的重要性，分別人機介面建立叢集控制器與叢集顯示器。叢集控制器內的第一個物件為數值控制物件順序編號為 0，另一個字串控制物件順序編號為 1。在叢集控制器上，使用連線工具並按壓滑鼠右鍵，建立輸出叢集顯示器，並立刻檢視叢集顯示器內的顯示物件(0)，與字串顯示物件(1)的順序編號，是否與叢集控制器相同？如下圖所示。

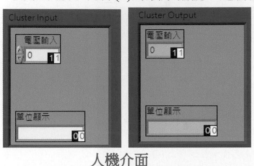
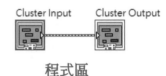

人機介面　　　　　　　　　　　　　程式區

操作練習：請自行練習把下面範例的叢集顯示器的順序做些改變，首先將字串顯示器物件順序改成為 1，再把數值顯示器物件改變成 0 時，看一看會發生什麼問題？如下圖所示。

人機介面　　　　　　　　　　　　　程式區

6.5.4　叢集函數

LabVIEW 系統中，有幾個處理叢集的重要函數，分別是叢集的組合函數如**集合**(Bundle)與**名稱集合**(Bundle by Name)函數，叢集的解除函數有**解集合**(Unbundle)與**解除名稱集合**(Unbundle by Name)函數，以及叢集與陣列轉換函數等。

叢集組合函數：

1. Bundle：**集合**函數功能，此函數可從 Functions » Cluster, Class & Variant 中選取，可將單一的物件組合成一個獨立的叢集，或是變更目前叢集內的物件。若有任何物件欲透過集合函數連線到叢集時，此函數的輸入數量可由 0 增加到 n-1 個物件，亦可利用定位工具在集合函數邊框，以滑鼠拖曳的方式，來增加輸入的數目。如果在集合函數物件的 Cluster of n Components 連結端若被連上線時，集合函數的輸入端點之數目，必須要與叢集輸入的項目相符合，如需知其進階功能說明，請至 Help » Show Context Help 查閱資料，終端點說明如下圖。

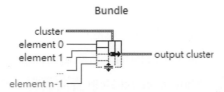

在使用叢集時，可以利用**集合**(Bundle)函數功能，來達到簡化輸出終端點的數目，如下圖所示。

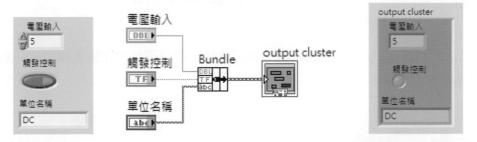

在使用 Cluster of n Components 的連結端時，不需要將資料連線至每一個函數的輸入端，除非想改變連線的資料。如下面的範例顯示在叢集當中，包含有 3 個分別為：字串標示為 Command、數值標示為 Functions，以及布林標示為 Trigger 等控制物件。現在你可以利用集合函數來改變輸出字串物件的顯示，首先你必須確認叢集的順序是否正確無誤，否則在執行時便會發生錯誤，如下圖所示。

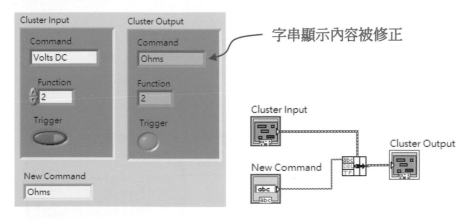

2. Bundle By Name：**名稱集合**函數功能，此函數可從 Functions » Cluster, Class & Variant 中選取，名稱集合的功能如同集合函數一般。但唯一不同的是會顯示物件標示名稱，用來取代叢集的物件屬性名稱，當叢集控制器連接到名稱集合函數時，該函數便會依叢集中物件的位置，按照位置順序排列顯示。因此如要輸入叢集連接至名稱集合的 Cluster of N named components 輸入端時，若沒有專屬的名稱標示時，其內部的所有的函數物件則無法被使用，名稱集合函數的進階功能說明，請至 Help » Show Context Help 查閱資料，終端點說明如下圖所示。

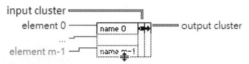

叢集功能的**解集合**(Unbundle)函數，來接收輸入叢集資料，並將其轉換成一般物件的輸出型態，如下圖所示。

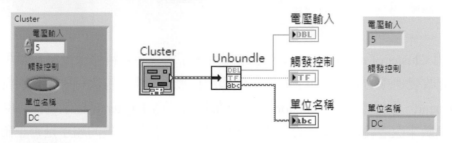

由前一個範例得知，可以利用滑鼠在 Bundle By Name 函數功能上，按下滑鼠的右鍵，來選擇不同的輸入項目，如下圖所示。

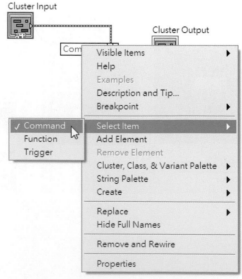

如果要針對 Command 與 Function 的內容修改時，只需用定位工具把 Bundle By Name 物件的輸入終端點，以滑鼠拖曳下拉的方式展開即可，如下圖所示。

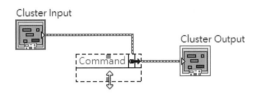

⚠️ 注意：名稱集合函數與集合函數系在使用上有些差異，集合函數允許輸入終端點，可以不用連接輸入控制物件。但名稱集合函數的輸入終端點，則必須要連接輸入控制物件，否則是不可任意展開名稱集合函數的輸入端。

叢集組合函數：

1. Unbundle：**解除集合**函數功能，此函數可從 Functions » Cluster, Class & Variant 中選取，其主要功能是將叢集分解成單一的元素，並且依照輸入叢集的排列順序，由上而下排序。亦可用定位工具拖曳下拉的方式展開，或是利用彈出式功能選單，來增加輸出的數目，但此函數的輸出端點必須相等於輸入叢集的元素如需知其進階功能說明，請至 Help » Show Context Help 查閱資料，終端點說明如下圖所示。

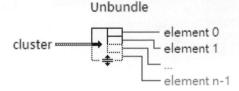

如下面的範例得知輸入叢集的集合函數，包含有 3 個分別為：字串標示為 Command、數值標示為 Functions，以及布林標示為 Trigger 等控制物件。現在你可以利用解除集合函數將集合式輸入改變成為單一輸出物件的顯示，如下圖所示。

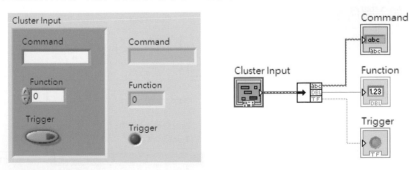

2. Unbundle by Name：**解除名稱集合**函數功能，此函數可從 Functions » Cluster, Class & Variant 中選取，其主要功能是將叢集以名稱方式分解成單一的元素，可使用操作工具移至此物件函數的輸出終端點，按下滑鼠右鍵，再點選叢集元素的名稱，或是將滑鼠移到此函數物件的輸出端，按下右鍵點選 Select Item，找出欲連線的元素。

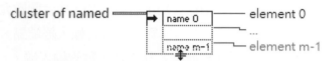

　　當你在使用解除名稱函數與輸入叢集時，如下圖所示。在程式中共有 3 個輸出終端點，而這 3 個終端點對應於輸入叢集中的 3 個控制器。但要注意的是必須知道叢集內元素的順序，如此才能正確與叢集中所對應的控制開關連結起來。

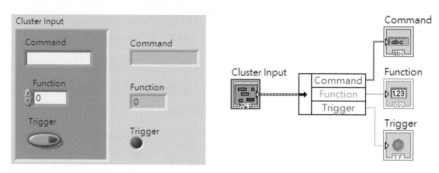

　　叢集輸入元素皆是由上而下的排序如 Command(0)、Function(1)，以及 Trigger(2)。不過在使用解除名稱函數時，是可以依照名稱的排序，而不去考慮順序編號與終端點的位置排列，可透過滑鼠在解除名稱函數物件上，按壓滑鼠右鍵再點選 Select Item，找出欲連線的元素即可，如下圖所示。

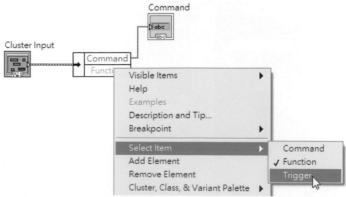

下面範例中顯示，解除名稱函數是可以利用點選 Select Item，直接找出欲連線的元素，而不去考慮輸入叢集的物件排列順序編號，亦不產生輸入與輸出物件順序編號，無法對應的錯誤，如下圖所示。

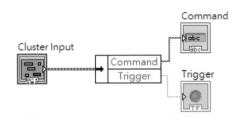

無論是選擇使用 Bundle 與 Unbundle，或是 Bundle By Name 與 Unbundle By Name 函數物件時，在顯示方面會有些不同。若是選擇 Bundle 與 Unbundle 函數物件，其輸出終端點會自動顯示出全部的對應端點數目，下圖以 Unbundle 為例示範。

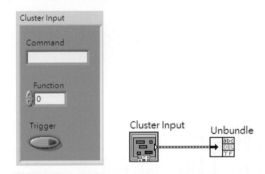

反之，選用 Bundle By Name 與 Unbundle By Name 函數物件時，在輸出終端點只會顯示，輸出叢集的第一個元素對應端點，如欲顯示全部的輸出終端點時，可用滑鼠在函數物件端下拉即可展開，下圖以 Unbundle By Name 為例示範。

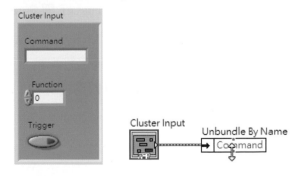

6.5.5　利用叢集傳送資料到 SubVI

　　通常一個 SubVI 最多只能有 28 個連接端點【請參閱 4.1.4 節】，若想從傳送 28 筆資料給 SubVI，會因為每一個連結端點變的非常地小，而增加在連線過程的困難度。此時可以善用 Cluster 來減少資料接點的需求。本章所介紹的叢集功能，可把相關的控制物件集合在一起，讓每一個叢集控制物件所連結端點只對應一個終端點方格，因此叢集的本身內也能包含好幾個控制器。相同的道理，每一個叢集顯示器也會有一個對應端點方格，所以叢集顯示器可經由 Sub VI 產生多組的輸出，如此便可以簡化複雜的連線，下圖以 Basic Function Generator 函數做說明。

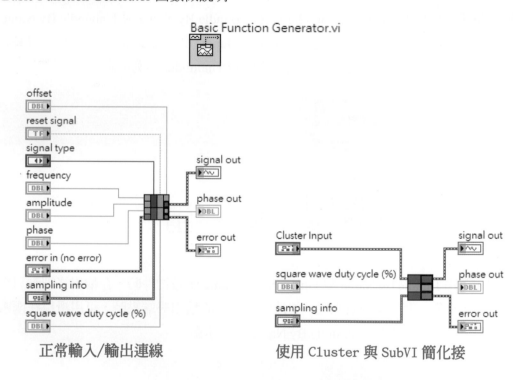

正常輸入/輸出連線　　　　　　使用 Cluster 與 SubVI 簡化接

⚠ **注意**：避免在一個 VI 當中，設定 16 個以上的連接終端點，最佳的連結終端點數目最好在 14 個端點以下，如此在連線時會較為容易。

6-6　錯誤叢集(Error Cluster)

在 VI 程式編輯時，有時會產生無法預測的問題。如果沒有設置自動偵錯的功能，來及時發出錯誤的訊息，立即進行 VI 程式修正，則系統是無法正常運作。系統偵錯過程所顯示的錯誤的訊息，可以告知程式編輯者錯誤發生的原因，與發生位置。通常偵錯在系統中，它會主動偵測與處理 VI 程式，若在執行中發生任何的錯誤時，系統便會暫停程式執行，並立刻輸出錯誤函數顯示錯誤的對話方塊。

而 VI 或函數進行偵錯的方法有兩種，其一使用數字錯誤代碼，將錯誤訊息傳回，另一種是錯誤叢集，在 VI 程式中加入錯誤輸入埠與輸出埠。在系統中，資料處理會依照資料流的模式，如果程式一開始就發生錯誤時，此錯誤訊息會從 VI 程式的開始端傳遞到錯誤的輸出埠，只需在 VI 程式結束的位置，加入錯誤輸出顯示器顯示 VI 程式執行是否正確即可。當 VI 程式在執行時，系統會在每個執行節點上偵測是否有錯誤發生。如果系統沒有發現任何錯誤，節點就會正常執行下去。反之，若發生錯誤時，該節點會將錯誤訊息傳給下一個節點，程式也會被立即停止執行，因此下一個節點也會有同樣的停止動作。

在系統中，預設的自動偵錯處理的功能是被開啓，當程式中有 Error 產生，沒有資料的導向時，系統便會自動偵錯與跳出視窗，告知那裡發生了錯誤。如果自動偵錯設定被取消，或是偵錯功能未被啓動，可透過下面步驟加以修正，啓動自動偵錯處理說明步驟如下：

步驟 1：點選 File » VI Properties，如下圖所示。

步驟 2：再透過 Category 下拉式選單中，點選 Execution，如下圖所示。

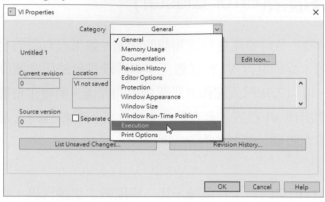

步驟 3：此時檢查 Enable automatic error handling 的設定狀態，再決定是要開啟或關閉，如下圖所示。

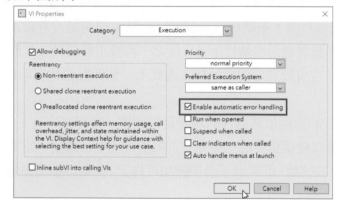

6.6.1　錯誤叢集

錯誤叢集函數物件，位於 Controls » Array, Matrix & Cluster 面板中，下面範例建立一個 Error input 並連結到 Error output，再利用 Unbundle By Name 顯示出錯誤函數詳細說明。

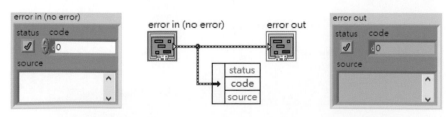

上面範例在 Unbundle By Name 函數物件，其所顯示的錯誤叢集函數物件，參數定義說明如下所示。

1. Status：為布林值輸出顯示器。當錯誤發生立即回報 TRUE 的訊息。對大多數可接受布林值資料的 VI、函數以及結構會接受此參數。例如，你可以直接把錯誤叢集連接至 Stop、Quit LabVIEW，或是 Select 函數物件的布林輸入端，當錯誤發生錯誤叢集便會傳送 TRUE 值給該函數。

2. Code：是一個有正負記號 32 位元整數的輸出顯示器。它是用數字的方式來偵查錯誤。並以非零代碼加入 status 的值，若為 FALSE 時，則代表警示訊息。

3. Source：是一個字串輸出顯示器，用來偵測錯誤發生的位置。

6.6.2　錯誤叢集的應用

在偵錯應用方面，可將錯誤叢集函數物件連接至 While Loop 的條件終端點，當錯誤發生時，可以用來停止迴圈的執行。一旦迴圈內部程式產生錯誤，其 status 參數會送出 False 到迴圈的條件終端點，迴圈便會立即停止執行。不過，While Loop 如欲使用錯誤叢集來停止迴圈的執行，必須先將迴圈的條件終端點改設為 Stop if True 狀態，如下圖所示。

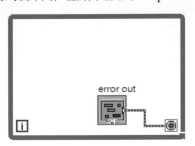

範例 6-4　Cluster Scaling

學習目標：建立一個叢集比例的程式。

　　本範例練習，請嘗試設計一個**多型態化**(Polymorphism)資料的叢集程式。此程式的各項輸入皆乘上一個常數比例因子，因此叢集各個輸入元素均有自己的比例刻度。在比範例中，模擬其電壓分別是由壓力感測器、流量率感測器及溫度感測器量取的。

Front Panel：

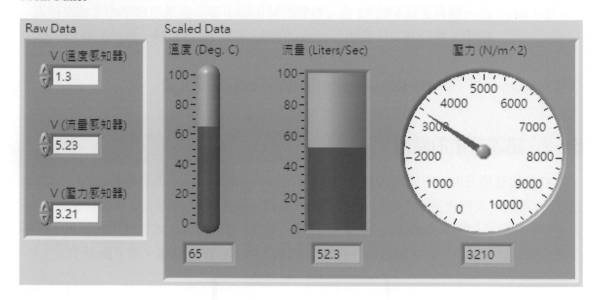

Block Diagram：

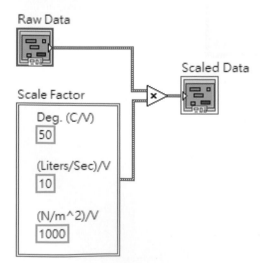

步驟說明：

1. 開啓一個新的面板。

2. 在人機介面建立一個 Raw Data 叢集，如下圖所示。

3. 接下來，將 Raw Data 乘上一個固定的**比例因子**(Scale Facto)，如下圖所示。

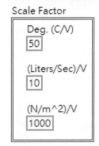

4. 而 Scaled Data 的輸出顯示預設爲數值，但可以透過修改的方式，將數值顯示改換成圖形顯示，方法如下所示。

　　　Front Panel　　　　　　Block Diagram

步驟 1：先將人機介面的 Scaled Data 圖像物件展開，如下圖所示。

步驟 2：依序點選 Scaled Data 中的圖像物件，並按下滑鼠點選 Replace，再選擇 Thermometer 物件，如下圖所示。

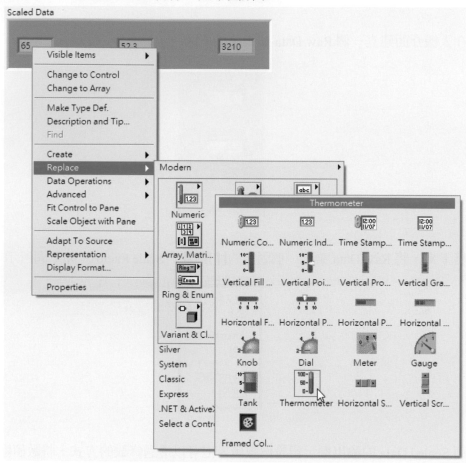

步驟 3：如欲在圖像物件同時顯示數位資料，可在該物件上按下滑鼠右鍵點選 Visible Items，再選擇 Digital Display 即可，如下圖所示。

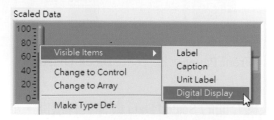

問題練習

1. 試設計一程式，找出在 1~100 的數字範圍中，可整除 360 的任意數字，並以一維陣列顯示出結果。如果不為 360 所整除的數字，則不輸出顯示。

2. 試設計一程式，找出 1~30 的數字範圍中，那些數字是偶數值，與那些數字是奇數值，並將結果顯示分列於兩個一維陣列中。

3. 請利用迴圈結構設計一個程式，利用隨機函數做為輸入值，並與程式中的常數 3 做比較，但需滿足下面條件：
    a.當輸入值 ＞3 時，則迴圈輸出一維陣列。
    b.當輸入值 ＜3 時，則迴圈輸出二維陣列。
    c.當輸入值 ＝3 時，則迴圈同時輸出一維和二維陣列。

4. 試利用迴圈方式產生一個二維陣列，其陣列大小恰好為 3 × 3 的方陣，再由方陣中選取 a_{22} 的值與固定常數值的 4 做比較，但需滿足下面條件：
    a.當 a_{22} 值 ＞4 時，送出 True 使迴圈繼續執行程式。
    b.當 a_{22} 值 ＜4 時，送出 False 使迴圈停止執行程式。
    c.當 a_{22} 值 ＝4 時，由程式自動清除(Reset)先前的資料。

5. 試設計一個程式以陣列方式，產生 AND 閘、OR 閘，以及 XOR 閘的真值表。

CLAD 模擬試題練習

　　＊注意！第六章是 CLAD 測驗的重點單元，請熟讀 Array 與 Cluster 的原理。

1.　下面程式被執行之後，Array(陣列)的結果是什麼？

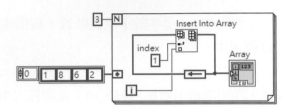

　　A.　一個　{1, 2, 1, 0, 8, 6, 2}的一維陣列

　　B.　一個　{1, 4, 3, 2, 1, 0, 8, 6, 2}的一維陣列

　　C.　一個　{1, 3, 2, 1, 8, 6, 2}的一維陣列

　　D.　一個　{1, 8, 6, 2}的一維陣列

2.　在下圖中，Array Size(陣列大小)的輸出是：

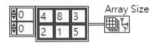

　　A.　一個　{2, 3}的一維陣列

　　B.　一個　{3, 2}的一維陣列

　　C.　　2

　　D.　以上皆非。

3.　下面程式被執行之後，Array(陣列)的結果為何？

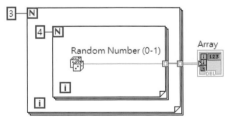

　　A.　一個 3 行與 4 列的二維隨機數值陣列。

　　B.　一個 12 個隨機數值的 1D 陣列。

　　C.　一個 7 個隨機數值的 1D 陣列。

　　D.　一個 4 行與 3 列的二維隨機數值陣列。

4. 下面程式被執行之後，Result 的值會是多少？

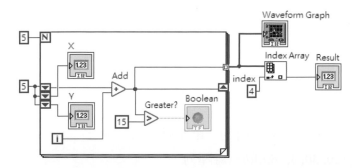

    A. 13

    B. 6

    C. 5

    D. 15

5. 下面程式被執行之後，在 Subarray(子陣列)的值會是多少？

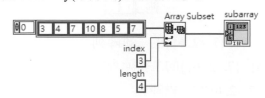

    A. 一個 {7, 10, 8, 5}的一維陣列

    B. 一個 {10, 8, 5, 7}的一維陣列

    C. 一個 {10, 8, 5}的一維陣列

    D. 一個 {8, 5, 7}的一維陣列

6. 下面程式被執行之後，在 New Array (新陣列)的值會是多少？

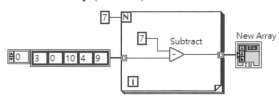

    A. 一個 {4, 7, -3, 3, -2, 0, 0}的一維陣列

    B. 一個 {4, 7, -3, 3, -2}的一維陣列

    C. 一個 {4, 7, -3, 3, -2, 4, 7}的一維陣列

    D. 以上皆非

7. 下面陣列加法運算的結果爲何？

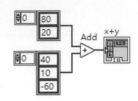

    A. 一個 {120, 30}的一維陣列

    B. 一個 {80, 20, 40, 10, -60}的一維陣列

    C. 一個 {120, 30, 3, -60}的一維陣列

    D. 一個 {120, 90, 20}, {60, 30, -40}的二維陣列

8. 當 Concatenate Input(連接輸入)被選取時，下圖中的 Build Array(建立陣列)函數的輸出是什麼？

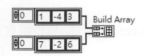

    A. 一個 {{1, -4, 3, 0}, {7, -2, 6}}的二維陣列

    B. 一個 {{1, -4, 3}, {7, -2, 6}}的二維陣列

    C. 一個 {1, -4, 3, 7, -2, 6}的一維陣列

    D. 一個 {1, 7, -4, -2, 3, 6}的一維陣列

9. 下面程式被執行之後，會發生什麼情況？

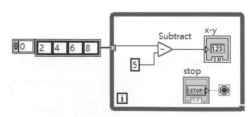

    A. 迴圈將會繼續執行下去，直到按下停止鍵。

    B. 如果未按下停止鍵，迴圈將在執行四次之後，停止程式執行。

    C. 迴圈將會在執行一次之後停止。

    D. 以上皆非。

10. 下面程式被執行之後，Array(陣列)的結果為何？

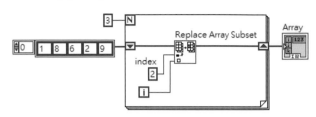

A. 一個　{1, 2, 6, 2, 9}的一維陣列

B. 一個　{1, 8, 2, 2, 9}的一維陣列

C. 一個　{1, 8, 6, 2, 9}的一維陣列

D. 一個　{1, 8, 0, 1, 2, 2, 9}的一維陣列

6

7

圖表與圖形

在本章節介紹如何將數值與陣列的資料，以圖表或圖形的方式輸出顯示。在對 Chart 與 Graph 定義時，**圖表**(Chart)的功能是顯示每筆數值在座標圖上的位置，而**圖形**(Graph)又稱為曲線圖，是以曲線圖來表示方程式或函數。

 ## 7-1 波形圖表 (Waveform Chart) `CLAD`

圖表的功能可顯示單筆或多筆數值在座標圖上的位置，所以波形圖表可顯示單筆數值資料，或利用 Bundle 函數物件，同時顯示多筆的數值資料。圖表的 Y 軸代表數值量的變化，而 X 軸代表時間或次數的變化量，如欲產生連續的波形資料，可以透過迴圈的方式，將數值陣列的資料顯示在圖表中。在下圖面板中，所包含的圖表與圖形物件，後續將逐一介紹圖表與圖形的基本功能與其差異特性。

　　波形圖表有三種不同的顯示模式，可區分爲 Strip Chart、Scope Chart、以及 Sweep Chart 等。但值得注意的是圖表的模式選項，必須是在**執行模式**(Run Mode)時，將滑鼠指標移到圖表的邊框上，再按壓滑鼠的右鍵，透過彈出式功能選單，點選所需的波形圖表模式，操作步驟爲 Advanced » Update Mode，如下圖所示。

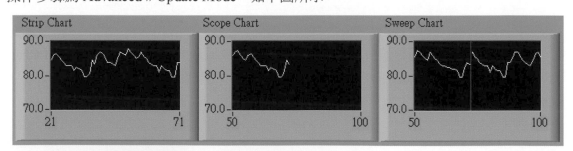

　　波形圖表模式的狀態圖，分別敘述如下：

1. **長條式圖表**(Strip Chart)：

圖表則是由左向右連續的顯示方式，以不斷捲動畫面達到連續的效果，顯示其所執行後的結果，圖表中的波形也會隨著 X 軸變動連續變化。

2. **示波式圖表**(Scope Chart)：

此圖表的產生方式如同長條式圖表，從左到右的方式顯示。當圖表顯示資料抵達最右側邊時，若其顯示值若超出 X 軸設定範圍值，則會折返到畫面的左邊，重新與連續顯示波形圖表。在此同時 X 軸的座標也會隨之改變，如同示波器的顯示方式一般，以不間斷且連續從左而右。

3. **掃描式圖表**(Sweep Chart)：

圖表運作方式是以一條紅色垂直掃描分隔線，來分隔新舊資料範圍的圖表。因此新的資料會被顯示在圖表的左邊，舊的資料則會被顯示在畫面的右邊。所以顯示畫面不會在掃瞄線消失後，才顯示新值，而是舊的輸出值會被新的輸出值所取代。

除了圖表名稱標籤與圖示說明外，若在圖表上按下滑鼠右鍵，由彈出式功能選單中，可點選其它輔助的功能設定，這些進階功能包含有**圖示說明**(Plot Legend)、**刻度尺**(Scale Legend)、**圖形面板**(Graph Palette)、**數位顯示**(Digital Display)、X **捲軸**(X Scroll Bar)等功能，如下圖範例說明介紹。

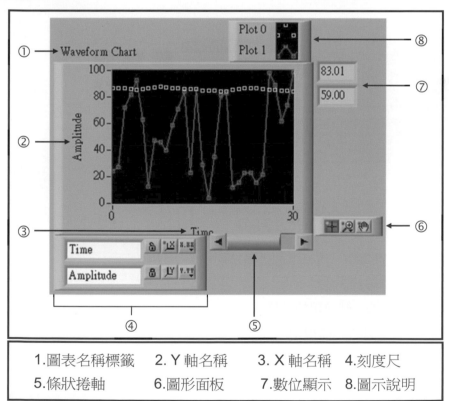

1.圖表名稱標籤	2. Y 軸名稱	3. X 軸名稱	4.刻度尺
5.條狀捲軸	6.圖形面板	7.數位顯示	8.圖示說明

無論圖表或是圖形，都會隨時間週期變化而不斷更新資料，圖表的 Y 軸座標是表示數值資料，其會隨輸入數值量的大小而變化，X 軸座標則代表時間週期的變化。被顯示過

的舊資料，都會被保留在特定的暫存區內，系統預設的暫存資料長度為 1024 點，所以暫存區的容量可依照不同的需求做調整，可在圖表上按壓滑鼠右鍵，點選 Chart History Length 來設定暫存資料的長度。

7.1.1　圖表說明(Plot Legend)

　　如要在圖示說明顯示兩個波形以上時，只須將定位工具在圖示說明外框上下拖曳移動，便可展開視窗以達到多組波形圖示說明，圖表的線條圖形預設顏色共有 10 種，其編碼順序由 0 開始。

　　也可以利用滑鼠在圖示說明的波形上，按下右鍵由彈出式功能選單，點選其它進階的功能，例如**常用波形**(Common Plot)共有六種不同的模式可供選擇，可用來區隔圖形與圖形之間的差異，如下圖所示。

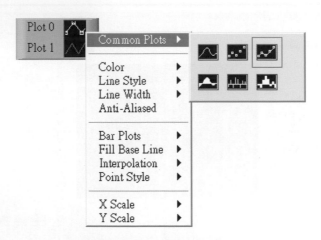

　　在彈出式功能選單中，尚有下面進階功能的設定說明如下：
　　① Color：線條調色盤。
　　② Line Style：線條類型選擇。
　　③ Line Width：線條粗細選擇。
　　④ Anti-Aliased：線條平滑調整。
　　⑤ Bar Plots：柱狀線條之水平與垂直顯示選擇。
　　⑥ Fill Base Line：柱狀圖之時基線位置選擇。
　　⑦ Interpolation：點與點之間的連線選擇。
　　⑧ Point Style：點的類型選擇。

7.1.2　刻度說明(Scale Legend)

在波形圖表上按滑鼠右鍵，透過彈出式功能選單，點選 Visible Items » Scale Legend 時，便會產生如下圖所示的小功能視窗。

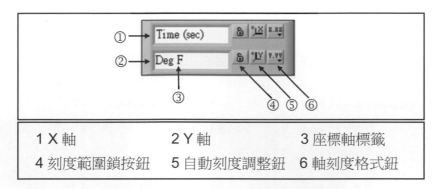

1 X 軸	2 Y 軸	3 座標軸標籤
4 刻度範圍鎖按鈕	5 自動刻度調整鈕	6 軸刻度格式鈕

①座標軸標籤：如欲修改標籤內容，可使用標示工具加已修正。
②刻度範圍鎖按鈕：此功能是鎖住自動刻度範圍，使其能連續調整的動作。
③自動刻度調整鈕：輸入資料量的變化，會自動調整 X 軸與 Y 軸的刻度。
④軸刻度格式鈕：主要功能在設定 X 軸與 Y 軸的顯示格式、精確度、對映方式、刻度格線顏色選擇等。

7.1.3　圖形面板(Graph Palette)

如果要對圖形的某一部份做放大或縮小時，只要將滑鼠指標移到波形圖表的顯示範圍內，按下滑鼠的右鍵，透過彈出功選單，點選 Visible Items » Graph Palette，此時便可產生圖表工具面板，如下圖顯示的功能板。

想要對**放大縮小**(Zoom Button)有更進一步的認識，請參閱下圖說明。不過，有一點必須要注意的事，也就是 Zoom Button 中 Zoom Sub-Palette 面板中所有的功能鍵，是無法在**連續執行**(Run Mode)或執行狀態之下執行其功能。因此，在點選 Zoom Sub-palette 面板中的功能鍵時，只能使用工具功能板中的操作工具 　，其它的功能工具是無法代替執行，如下圖所示。

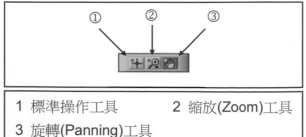

1 標準操作工具	2 縮放(Zoom)工具
3 旋轉(Panning)工具	

1. <span></span> 標準操作工具：此鍵功能是選擇標準模式操作。
2. <span></span> 縮放工具面板：此面板中的每一個功能鍵，將會被仔細的介紹。

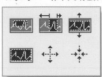

① <span></span> 長形縮放：此功能鍵可利用滑鼠來選擇局部圖形，做局部放大。

選擇放大範圍

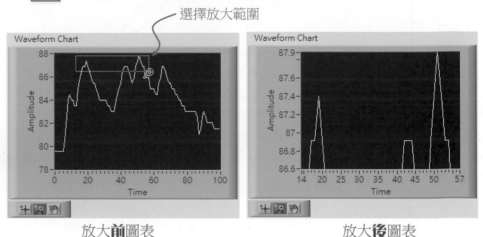

放大**前**圖表　　　　　　　　放大**後**圖表

② <span></span> X 軸縮放：此功能鍵為 X 軸水平方向放大，但 Y 軸垂直方向的刻度則不受影響，如下圖所示說明。

選擇 X 軸放大範圍

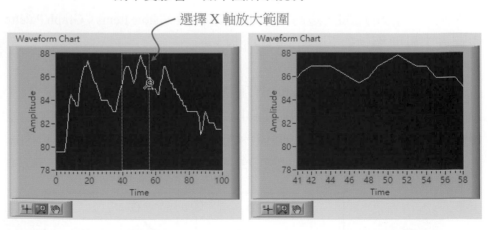

X 軸放大**前**圖表　　　　　　　X 軸放大**後**圖表

③ 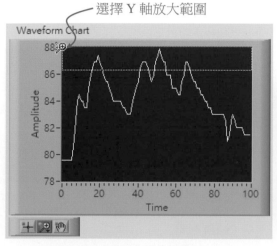 Y 軸縮放：此功能鍵爲 Y 軸垂直方向放大，而改變 Y 軸方向的刻度，但 X 軸水平方向的刻度則不受影響，如下圖所示說明。

選擇 Y 軸放大範圍

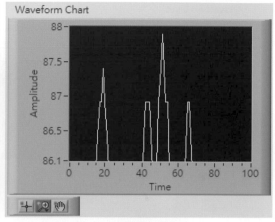

Y 軸放大**前**圖表　　　　　　　Y 軸放大**後**圖表

④ 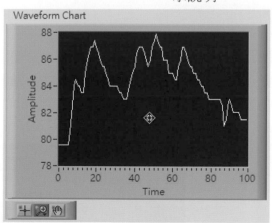 復原：此功能鍵爲復原回前一次的狀態。

⑤ 中心點放大：可利用此功能鍵在圖形中，以任何一點或位置爲中心，只要每按一下滑鼠左鍵，圖形便會由內向外放大，此時 X 軸與 Y 軸的座標刻度，也會隨著放大率之不同而被改變，如下圖所示說明。

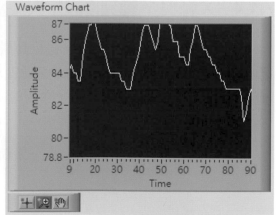

放大**前**圖表　　　　　　　　放大**後**圖表

7

⑥ 中心點縮小：可利用此功能鍵在圖形中，任何一點或位置爲中心，只要每按一下滑鼠左鍵，圖形便會由外向內縮小，此時 X 軸與 Y 軸的座標刻度，也隨著放大率之不同而被改變，如下圖所示說明。

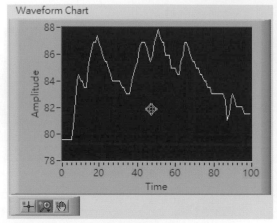

縮小**前**圖表

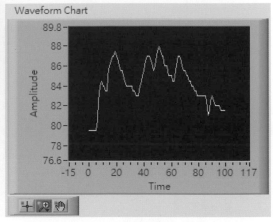

縮小**後**圖表

⚠ **注意**：X 軸的水平方向放大與 Y 軸的垂直方向放大，如果同時使用這兩項功能時，會造成 X 軸和 Y 軸的圖形嚴重失眞，所以對圖形的觀察也只限於參考之用。

⑦ 旋轉工具：以滑鼠點選此工具後，可在圖表中的任何位置，按住滑鼠左鍵方式拖曳圖形，以捲動圖表中資料達到觀察目的。

7.1.4　X 軸與 Y 軸刻度設定與調整

圖表的預設模式是 X 軸與 Y 軸自動刻度調整，設定爲自動刻度調整模式，當輸出結果增減時，在 X 軸與 Y 軸的刻度會隨之改變。反之使用固定刻度調整模式，當 X 軸與 Y 軸顯示資料超過預設刻度範圍時，在超出刻度範圍的部分則無法顯示，如下圖所示。

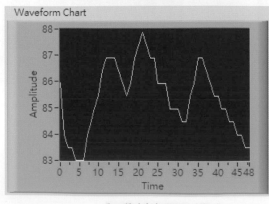

自動刻度調整模式

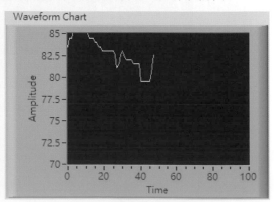

固定刻度調整模式

執行中的程式，可用標示工具在 X 軸或 Y 軸上按滑鼠右鍵，點選取消 Auto Scale X 或 Auto Scale Y 自動刻度調整功能，使用手動調整 X 軸與 Y 軸的刻度設定。在 X 軸與 Y 軸方面，都提供各別刻度的調整功能。當開啓自動調整刻度功能之後，便可以在最大的刻度容許範圍內，正確地顯示出圖形的資料。

　　當有兩個輸出圖形顯示在圖表中，而兩圖形的 Y 軸資料並非均勻分配時，其 Y 軸的刻度範圍就有必要加以調整。可在 Y 軸刻度上按滑鼠右鍵，可從彈出式功能選單，透過點選**複製**(Duplicate Scale)功能，便可以在對應 Y 軸處，新增一個刻度顯示，如下圖所示。

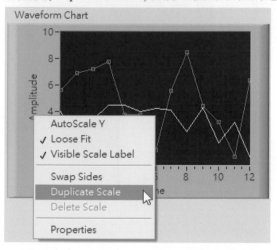
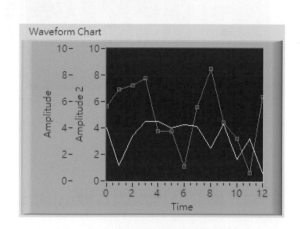

　　如欲將新增的 Y 軸刻度移至對邊時，透過彈出式功能選單，點選**交換**(Swap Sides)功能即可，如下圖所示。如要刪除增加的刻度尺時，只須選擇 Delete Scale 功能。

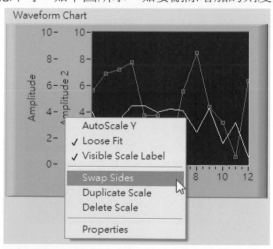
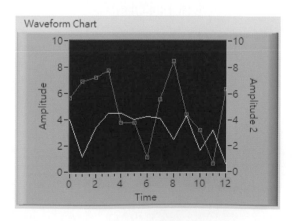

⚠️ **注意**：Duplicate Scale 功能只能對 Y 軸使用，對 X 軸而言是無效的，不過 Swap Sides
功能是可以使用在 Y 軸與 X 軸。

當圖表選用 Auto Scale Y 時，在 Y 軸的刻度會產生小數的現象，如欲修改小數可以
在圖表的 Y 軸上按滑鼠右鍵，透過彈出式功能選單，將 Loose Fit 的功能打勾即可，可將
帶有小數點的刻度，以四捨五入的方式進位成整數值，如下圖所示。

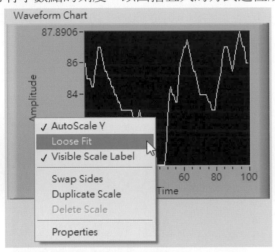
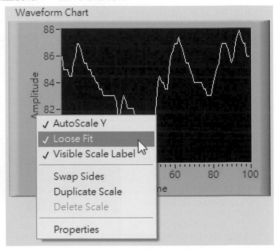

7.1.5　覆蓋式與堆疊式顯示的方式

如欲在波形圖表中顯示多重圖形時，有兩種方法可以辦到，一是將所有的圖形以
Bundle 的方式顯示在圖表中，是所謂的**覆蓋式**圖表(Overlay Plots)功能；另外一種方式，則
是將所有的圖形分開顯示在圖表當中，便是**堆疊式**圖表(Stack Plots)功能。選用上述兩種功
能須先在圖表上按壓滑鼠右鍵，由彈出式功能選單，點選 Overlay Plots 或是 Stack Plots，
便可以呈現兩種不同的圖形表示方式，如下圖所示。

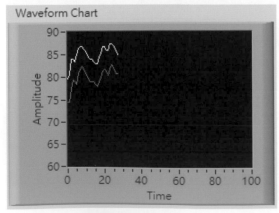
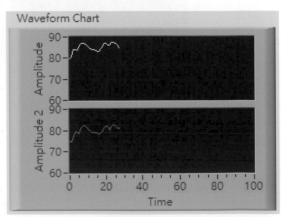

覆蓋式圖表(Overlay Plots)　　　　　　　　**堆疊式**圖表(Stack Plots)

7.1.6 全螢幕顯示與均分式顯示

波形圖表在人機介面顯示方式，可選擇為全螢幕式與均分式的顯示，但必須透過 Fit Control to Pane 與 Scale Object with Pane 的功能設定來實現，其功能說明如下。

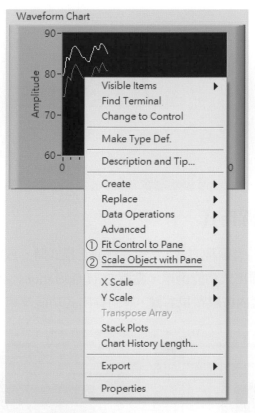

①Fit Control to Pane：點選此項功能，可將圖表放大至整個人機介面，如下圖所示。

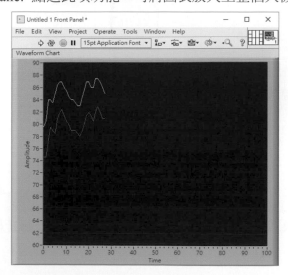

②Scale Object with Pane：此選項功能，將會在人機介面以九宮格方式顯示圖表。

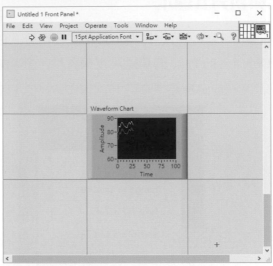

7.1.7　圖表資料清除方式

　　清除圖表的圖形資料有兩種方式，當程式在靜止模式時，必須先將滑鼠移到波形圖表上，按壓滑鼠右鍵透過彈出式功能選單，點選 Data Operations » Clear Chart。反之如果程式為執行模式時，在圖表內按壓滑鼠右鍵，經由彈出式功能選單，點選 Clear Chart 即可。

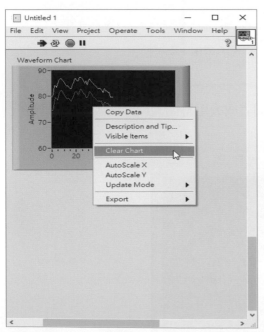

執行模式

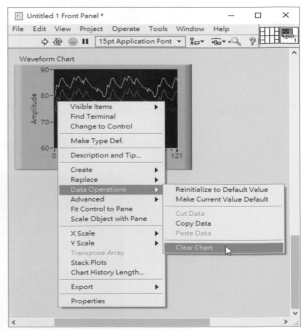

靜止模式

7.1.8　圖表特性(Chart Properties)

　　圖表特性設定，可在圖表中按滑鼠右鍵，從彈出式功能選單的 X Scale 或 Y Scale »
Formatting 進入，在圖表特性視窗中包含有**外觀**(Appearance)、**顯示格式**(Display Format)、
座標(Plots)、**刻度**(Scales)、**文件敘述**(Documentation)、**數據連結**(Data Binding)，以及**關鍵
導引**(Key Navigation)等，將逐一簡單說明如下所示。

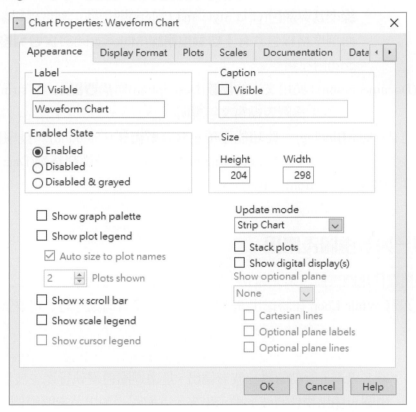

①外觀設定(Appearance)：在此功能檔案夾中，提供修改圖表的標籤、標題、啓用狀
　　　　　　　　　　　　態以及圖表外觀大小設定。此外也可以透過 Update mode
　　　　　　　　　　　　選項，來改選其它的顯示模式。

②顯示格式(Display Format)：提供數值類型的選用如浮點數格式、科學標記格式、以
　　　　　　　　　　　　及自動化格式等，在布林函數格式方面，如二進制、八
　　　　　　　　　　　　進制、以及十六進制等，在時間模式如相對時間與絕對
　　　　　　　　　　　　時間等。也提供小數點位數設定，以及小數的型態設定。
　　　　　　　　　　　　此外也提供如**預設編輯模式**(Default editing mode)與**進
　　　　　　　　　　　　階編輯模式**(Advanced editing mode)的選擇。

③座標(Plots)：在波形功能檔案夾中，提供功能的選項如座標名稱修改、虛線與實線、粗細與顏色等功能設定。

④刻度(Scales)：此項功能檔案夾中，提供 X 軸與 Y 軸的標示名稱修、刻度範圍的設定，以及刻度的轉置設定等。在**掃描係數**(Scaling Factors)的功能方面，可以設定刻度的**補償值**(Offset)與**間隔值**(Multiplier)。而**刻度型式**與**顏色**(Scale Style and Colors)功能，主要是刻度的類型與顏色的選擇。**格線型式**與**顏色**(Grid Style and Colors)則是顯示刻度線與顏色的選擇，而刻度格線包含有**主要刻度格線**(Major grid)與**次要刻度格線**(Minor grid)兩種類型。

⑤文件(Documentation)：使用文字的**描述**(Description)與**摘要提示**(Tip strip)功能，可以為圖表編寫文字說明。

⑥數據連結(Data Binding)：此功能選項包含有**解群集**(Unbound)、**共享變量**(Shared Variable Engine NI-PSP)，以及**資料插槽**(Data Socket)等。

⑦關鍵導引(Key Navigation)：此功能並不適用在圖表與圖形。

7.1.9　單一與多重圖表應用

圖表特性在使用圖表前，須先建立一個迴圈的架構，不論是使用 While Loop 或 For Loop 皆可，只有 While Loop 在將輸出圖表顯示物件，移到迴圈外時一定要啟動**自動索引**(Indexing)功能，For Loop 則無此需要。

單一波形圖表：顧名思義，所謂的單一波形輸出，是由迴圈連續執行產生波形數據，再藉由圖表輸出物件將波形顯示出來，下面圖表輸出請參照範例 7-1。

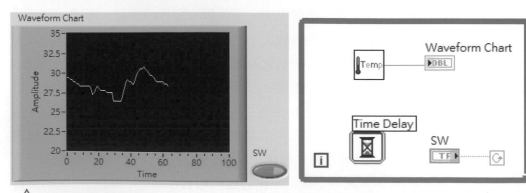

⚠️ **注意**：數據資料的型態方面，必須與圖表輸入的資料型態相同。

多重波形圖表：在某些情況之下，有時須將多筆的輸入數據或資料，同時顯示在一個波形圖表當中，此圖表可稱為**多重座標圖表**(Multiple Plots Chart)，但要先將所有的數據或資料，在輸入到波形圖表之前，要先將輸出的資料以群集的方式，加以集中與整合後，再傳送到波形圖表的輸出顯示器。如此一來，便可以在同一個圖表中，顯示出數種不同的資料或數據結果。在選用 While Loop 做為迴圈結構時，可在迴圈內設置時間延遲的函數物件，以延緩程式執行的速度。相同的問題，只有 While Loop 在將輸出圖表顯示物件，移到迴圈外時一定要啟動**自動索引**(Indexing)功能，如下圖所示。

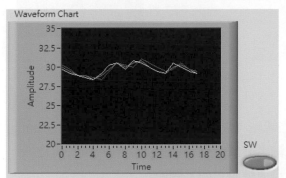
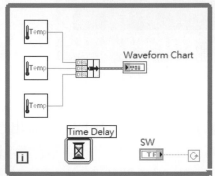

　　從上圖的輸出波形圖表，我們不難發現波形線條相當靠近，少部分線條又有重疊的問題，觀察起來相當不方便。解決的方法是利用滑鼠在**座標圖例**(Plot Legend)，按壓滑鼠右鍵之後，點選 Common Plot 功能，如下圖所示。

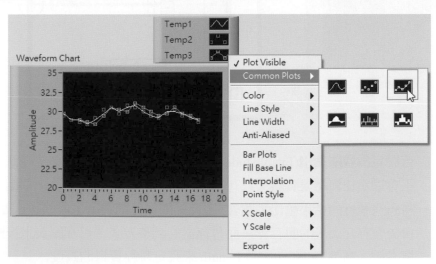

　　為了更方便觀察輸出波形狀態，還可以在座標名稱(Temp1)上，按壓滑鼠右鍵，點選 Plot Visibility Checkbox 來設定選擇觀察那一條波形，如下圖所示。

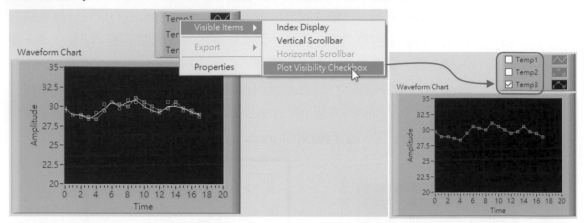

補充：1. 若把 While Loop 的輸出終端點，設成為**不致能索引**(Disable Indexing) 時，程式執行中不會顯示輸出結果，只有在迴圈控制開關 Off 之後，才會將結果輸出，一筆資料或數值，如下圖所示。

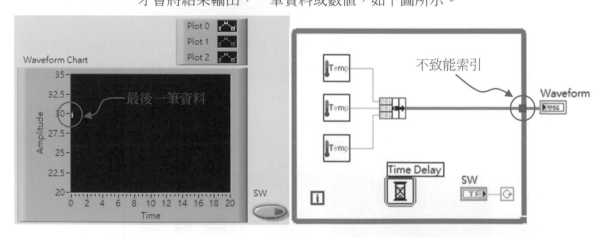

2. 若設定為**致能索引**(Enable Indexing)時，迴圈程式執行當中，在圖表內不會顯示任何結果資料，只有在迴圈的控制開關 Off 之後，迴圈才會將所有執行的結果輸出到圖表。因此迴圈執行期間所生成的數據資料，會先暫存在圖表的暫存器，而暫存器的調整方式，可在圖表上按壓滑鼠右鍵，點選 Chart History Length 來設定暫存資料的長度。

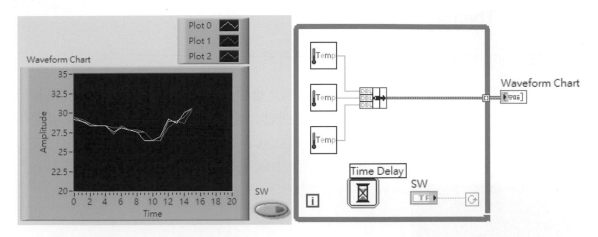

7.1.10　圖表(Chart)的使用摘要

　　在第一次使用 Chart 時，常會令人不知要如何正確的使用它？另外就是要如何正確選擇輸入終端點的類型？以上的疑慮可以透過 Context Help，來協助你在使用 Chart 時所面臨的困擾。首先經由 Help » Show Context Help 開啟輔助視窗，便會顯示出 Chart 可連接的資料型態，因此你可從 Show Context Help 輔助說明得到必要的協助，如下圖所示。

　　如果希望透過範例來學習與觀察時，請透過此路徑：Help » Find Examples.. » Fundamentals » Graphs and Charts 來獲取更多的資訊與範例說明。

範例 7-1 Thermometer VI

學習目標：如何建立一個攝氏的 Thermometer 程式。

　　嘗試先建立一個 VI，使用溫度感測器做溫度量測之用，再由感測器輸出一個與溫度成比例的電壓。例如，假設溫度為 23°C時，感測器的輸出的電壓是 0.23V，以電壓模擬方式顯示攝氏的溫度，然後將該程式建立為一個 SubVI。

Front Panel：　　　　　　　　　　　　　　　Block Diagram：

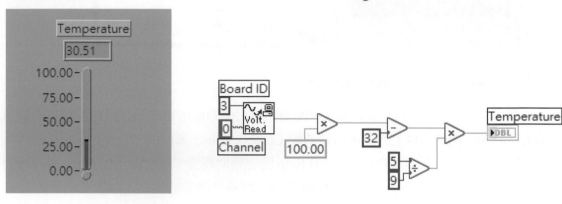

步驟說明：

1. 開啟一個新的人機介面與程式區的面板。
2. 在人機介面視窗空白的地方，按壓滑鼠右鍵，由彈出式功能選單，點選 Thermometer 物件，並把溫度顯示物件置適當的位置，接著在文字框內鍵入 Temperature。
3. 調整溫度計控制物件，確認溫度顯示範圍是由 0.0 到 100.0 之間。

函數物件功能說明：

1. 電壓讀取函數：此函數物件電壓讀取副程式，模擬感測器輸出的電壓，副程式內碼如下所示。

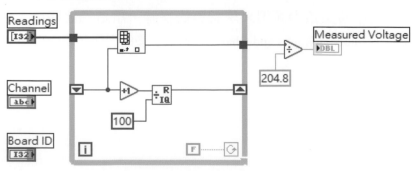

範例 7-2 Temperature Running Average VI

學習目標：利用移位暫存器執行平均數的運算，輸出單一波形圖表顯示。

在 While Loop 每執行一次時，迴圈左側輸入移位暫存器的兩個 Thermometer VI，會先與迴圈內的 Thermometer VI 溫度值相加之後，再經由除法器求平均值，並透過波形圖表顯示其輸出的結果。

Front Panel：

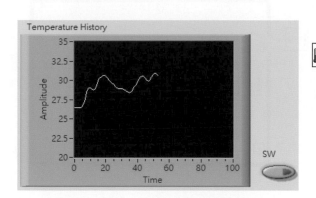

Block Diagram：

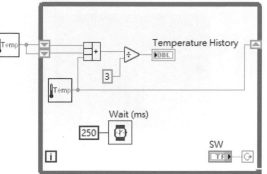

步驟說明：

1. 開啟一個新的人機介面與程式區的面板。
2. 開始建立如上圖的人機介面，並從函數面板中以 Select a VI... 的方式，呼叫先前存檔的 Thermometer VI。
3. 並利用 While loop 結構，建立一個雙輸入的移位暫存器。

函數物件功能說明：

1. 在 While Loop 的左側，按壓滑鼠的右鍵，點擇 Add Shift Register 建立新的移位暫存器，並在已建立移位暫存器接點上，按壓滑鼠的右鍵，點選 Add Element 新增加另一個移位暫存器輸入端點。

2. Compound Arithmetic：**混合運數函數**，此函數位於 Numeric 子面板，將現在溫度與先前輸入的二個溫度數值加總和。

3. Wait (ms)：**等候函數**，此函數會等候毫秒計數器計算到你指定的輸入設定數值為止，也就是說此函數保證，迴圈執行速率至少等於你所設定的輸入值。

範例 7-3 Multiple Plots Chart VI

學習目標：重新修改範例 7-2 的程式內碼，以多重圖表方式來顯示輸出結果。

　　多重圖表乃是指在圖表中，同時顯示超過一個以上的波形。這必須透過叢集的功能，將平均的溫度圖形與目前的溫度圖形，同時顯示在一個波形圖表上。

Front Panel：　　　　　　　　　　　　　　　　Block Diagram：

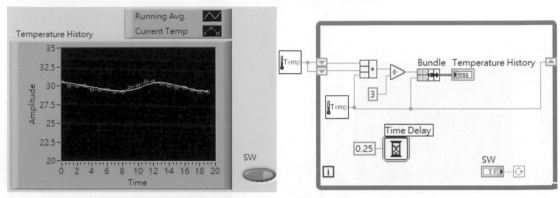

步驟說明：

1. 開啓一個新的人機介面與程式區的面板。先將滑鼠移到圖表的圖表說明上，以文字標示工具把 Plot 0 改名稱為 Running Avg.，再接著以滑鼠拖曳方式，產生另一個 Plot 1，並將其改名稱為 Current Temp，如上圖的右上角所示。

2. 利用滑鼠在圖示說明上，按滑鼠右鍵由彈出式選單，點選 Common plots，改變另外一條圖形線條的顯示型態。

函數物件功能說明：

1. Bundle：**集合**函數功能，此函數可從 Functions » Cluster, Class & Variant 中選取，可將單一的物件組合成一個獨立的叢集，或是變更目前叢集內的物件。

2. Time Delay：**時間延遲函數**，此函數是以秒為單位，每間隔 0.25 秒自動讀取量測溫度值一次。

7-2　波形圖形 (Waveform Graph) `CLAD`

　　波形圖形是應用在單一函數對時間的變化量，而其輸出數值會被均勻的分佈在 X 軸上，隨時間的變化而排列。**波形圖表**(Waveform Chart)與**波形圖形**(Waveform Graph)兩者之間存在些許的差異，**圖表**(Chart)的功能是顯示每筆數值在座標圖上的位置，而**圖形**(Graph)又稱為曲線圖，是以曲線圖來表示方程式或函數，如下圖所示。

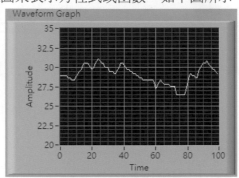

　　圖表與圖形在調整工具方面略有不同，圖形的顯示器新增了**游標尺**(Cursor Legend)與**游標移動器**(Cursor Moving Tool)兩項功能，如下圖所示。

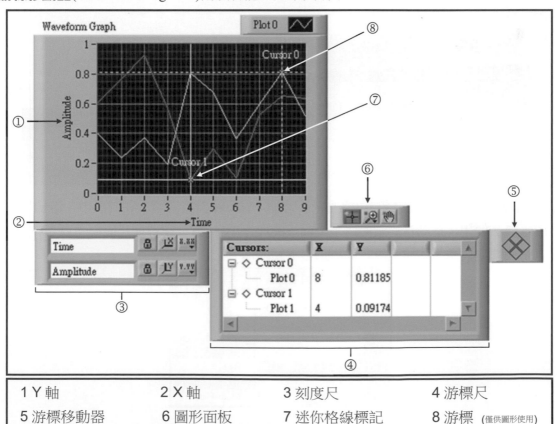

1 Y 軸	2 X 軸	3 刻度尺	4 游標尺
5 游標移動器	6 圖形面板	7 迷你格線標記	8 游標 (僅供圖形使用)

對波形圖形而言，在繪圖時會預先產生一維或二維陣列的數據資料。不過波形圖表也可以連續更新資料的顯示，其所以產生圖形的方式與波形圖表會有所不同，如下圖所示。

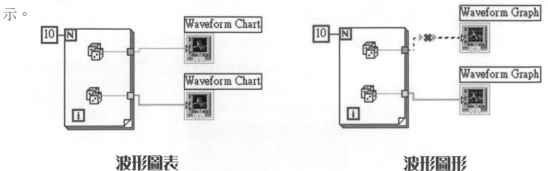

波形圖表　　　　　　　　**波形圖形**

⚠ **注意**：波形圖形是不接受純量的資料，但波形圖表則無此限制，如上面範例圖示。

7.2.1　游標說明(Cursor Legend)

如欲呼叫出游標尺，只需在波形圖形上按壓滑鼠右鍵，點選 Cursor Legend 選項來產生游標尺，如下圖所示。

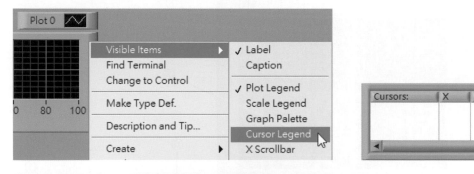

剛建立的游標尺，游標的功能並未被啟動，就算輸出結果顯示在圖形中，游標尺功能依舊無法使用。此時，必須使用工具面板的操作工具 🖑，在游標尺面板也就是在 Cursor 欄位空白處，按壓滑鼠右鍵，請依下圖操作。

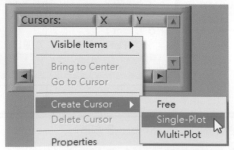

當游標尺的功能被啟動完成後，在執行程式的過程中，便會即時顯示輸出結果，如下圖所示。

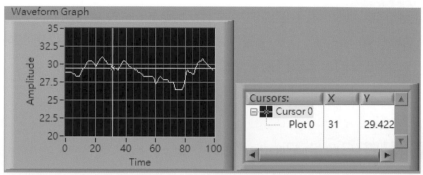

　　接下來，就游標尺的 Cursor 功能介紹如下：

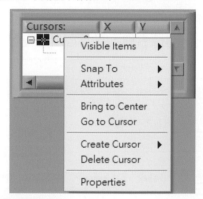

①Visible Items：提供**水平捲軸尺**(Horizontal Scrollbar)、**垂直捲軸尺**(Vertical Scrollbar)，以及**欄位標頭**(Column Header)等功能。

②Snap To：功能定義座標的移動方式，可分為**所有座標**(All Plots)、**座標點** 0(Plot 0)，以及**座標點** 1(Plot 1)等功能。

③Attributes：定義游標的特性有**顏色**(Color)、**游標型式**(Cursor Style)、**點型式**(Point Style)、**線型式**(Line Style)、**線寬度**(Line Width)、**顯示名稱**(Show Name)，以及**允許拖曳**(Allow Drag)等功能。

④Bring to Center：將游標位置移到圖形的正中央。

⑤Go to Cursor：圖形的顯示方式以游標位置為基準。

⑥Create Cursor：此功能為建立**自由游標**(Free)、**單一游標**(Single-Plot)、以及**多重游標**(Multi-Plot)等功能。

⑦Delete Cursor：移除游標點的功能。

⑧Properties：此功能會主動連結到 Graph Properties 選單面板，提供游標特性設定。

7.2.2　游標移動器(Cursor Moving Tool)

在游標移動器的面板，有 4 個區塊提供上、下與左、右等方向功能。其中上下方向為控制 X 軸座標線移動，左右方向為控制 Y 軸座標線移動；此外也可以使用操作工具直接在波形圖形上，以拖曳的方式來移動游標線，如下圖所示。

7.2.3　圖形特性(Graph Properties)

圖形與圖表的特性設定功能十分相似，皆可以在圖形上按滑鼠右鍵，透過彈出式功能選單的 X Scale 或 Y Scale » Formatting 進入圖形特性選項。不過，在圖形特性選項提供了游標功能設定，這在圖表中所沒有的新功能，其主要包含有游標顏色、游標的型式、游標點的型式、游標線型式與粗細、游標名稱，以及自由拖曳等功能設定，如下圖所示。

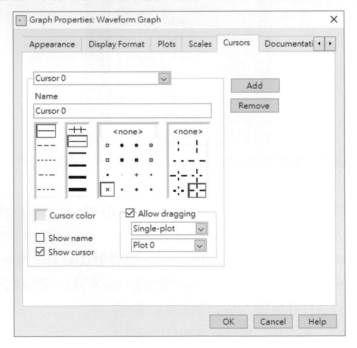

7.2.4　單一與多重圖形應用

　　基本上 Single-Plot Graphs，通常是使用在一維 Y 值的陣列輸入，可以透過迴圈的方式來產生二維陣列輸出，再將其結果直接連到波形圖形，此時圖形便如同是一個陣列顯示器，如下範例所示。

　　範例 1：單一波形圖形。

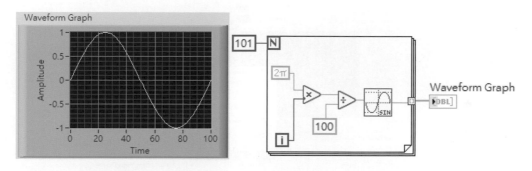

　　範例 2：多重波形圖形。

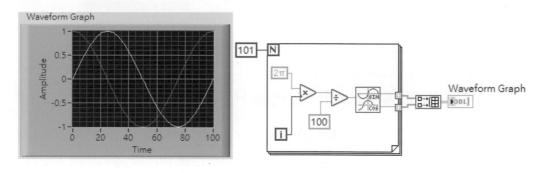

在圖形(表)中,對每條波形加上註解是一件非常重要的工作,在顯示圖形(表)結果時,可以透過註解的方式突顯繪圖的線條和數據資料之間的關聯特性。然而再添加波(圖)形註解,只需在圖形(表)上按壓滑鼠鍵,透過彈出功能選單,點選 Data Operations » Create Annotation 即可任意增加註解的數量。在註解中您可以鍵入名稱或是註解,也可在圖示適當的位置寫出簡單的文字敘述,如下圖所示。

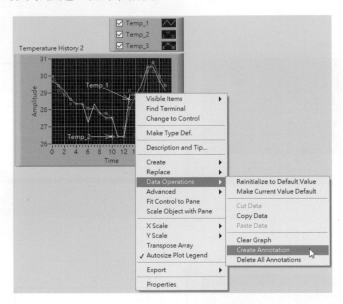

7.2.5　圖形取樣率(Graph Sample Rate)

　　波形圖形允許設定圖形的**取樣率**(Sample Rate),也可以設定時間的取樣率,由初始 X0 值與 ΔX 值所構成。亦可將 X0、ΔX 與 Y 陣列資料透過 Bundle 函數功能,把最終的輸出結果顯示在波形圖形上。接下來,我們嘗試將輸出做一些改變,利用 Bundle 函數設定 X0 值(代表起始值)和 ΔX 值(代表間隔值)。

範例 1:單一波形圖形,利用 Bundle 函數設定 X0 值(5)和 ΔX 值(0.5),如下圖所示。

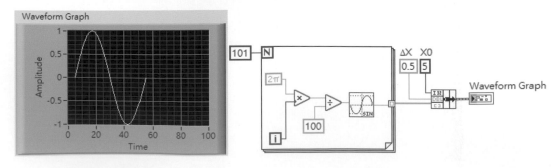

範例 2：多重波形圖形，可透過 Bundle 函數設定 Sin 函數輸出的 X0 值(10)和 ΔX 值
(0.25)，以及 Cos 函數輸出的 X0 值(5)和 ΔX 值(0.5)，來調整與顯示圖形取
樣率，如下圖所示。

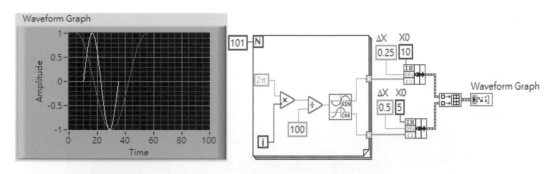

7.2.6　圖形(Graph)的使用摘要

　　每當你在選用 Graph 時，常會有不知所措要如何正確的選擇使用 Chart 或 Graph 呢？
如果嘗試將資料線連接到 Graph 時，是否要建立陣列函數、Bundle 函數、或是兩者都使
用？以及如何選擇輸入終端點的類型？這些疑慮是可以透過 Context Help 來幫助你解決在
使用 Chart 與 Graph 的困擾。而 Context Help 視窗中，也會告訴你 Waveform Graph 連接的
資料型態，可從 Help » Show Context Help 選項中獲得必要的幫助，如下圖所示。

範例 7-4 Build Waveform Function VI

學習目標：如何透過建立一個具有波形的時間顯示的圖形。

　　波形圖表可以接受數值與陣列的資料類型，但波形圖形僅能接受陣列的資料，如何在波形圖形中，對初始的數據資料加入 X_0 (開始時間)和 Δt (時間間隔)是本範例練習的重點，X_0 是波形中第一個測量點的時間點，Δt 是波形中任意兩點之間的時間間隔(以秒為單位)。

Front Panel：

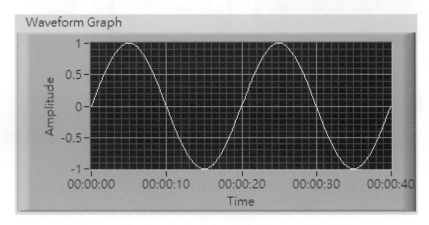

Block Diagram：

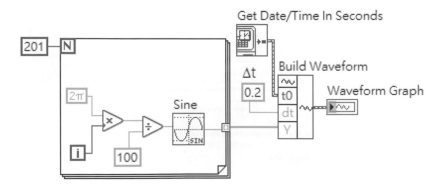

步驟說明：

1. 開啟一個新的人機介面與程式區的面板。
2. 先在人機介面適當位置建立一個 Waveform Graph。
3. 範例中會用到兩個新的函數物件，請參閱函數物件功能說明。

函數物件功能說明：

1. 　Get Data/Time In Seconds：**顯示日期/時間秒**，此函數位於 Numeric 子面板，將現在溫度與先前輸入的二個溫度數值加總和。開啟一個新的人機介面與程式區的面板。

2. 　Build Waveform：**建立波形**，此函數會等候毫秒計數器計算到你指定的輸入設定數值為止，也就先在人機介面適當位置建立一個 Waveform Graph。

3. 在 While Loop 的左側，按壓滑鼠的右鍵，點擇 Add Shift Register 建立新的移位暫存器，並在已建立移位暫存器接點上，按壓滑鼠的右鍵，點選 Add Element 新增加另一個移位暫存器輸入端點。

7

7-3 XY 圖形(XY Graph) CLAD

　　XY 圖形應用在取樣時間的間隔為非規律性，且輸出為一對多的數學式，或是特定資料點 X 與 Y 座標繪圖的情況，皆可以使用 XY 圖形來顯示其輸出結果。所以在 XY 圖形的資料是由 X 座標陣列與 Y 座標陣列集合而成，不過 XY 圖形是可以接受由點所組成的陣列。也就是說一個點矩陣中，每個點分別由個別的 X、Y 值所組成的群集。其實 XY 圖形有如笛卡式圖形座標一樣是透過對應的資料，繪出點所構成的圖表，可隨時間變化的圖形，如下圖所示。

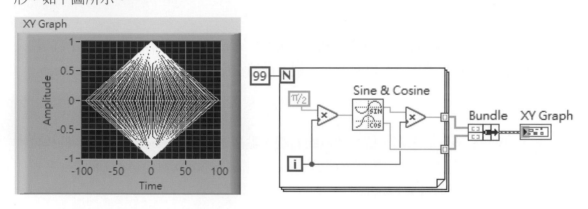

7.3.1 單一座標 XY 圖形

　　原則上單一 XY 圖形，可接受內含一個 X 陣列與一個 Y 陣列的叢集，此外 XY 圖形也接受由點構成的陣列，其每一個點就是一個叢集，其中包含有一個 X 值與一個 Y 值。簡單的 XY 圖形，可經由 For Loop 與 Bundle 函數來組成，如下圖所示。

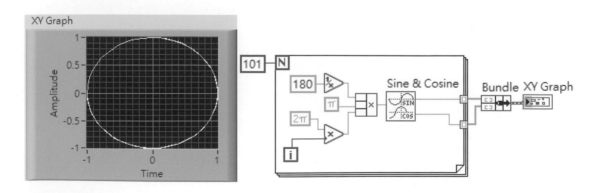

7.3.2　多重座標 XY 圖形

多重座標 XY 圖形接受一維陣列時，其中每一條曲線圖形都是一個叢集，且內含一個 X 陣列以及一個 Y 陣列。然而多重座標 XY 圖形也接受叢集的陣列，其每條曲線圖形都會是一個點的陣列。也就是每一個點就是一個叢集，其中包含了一個 X 值與一個 Y 值。所以一個簡易的多重座標 XY 圖形，可經由兩個 For Loop 與數個 Bundle 函數來組成，如下圖所示。

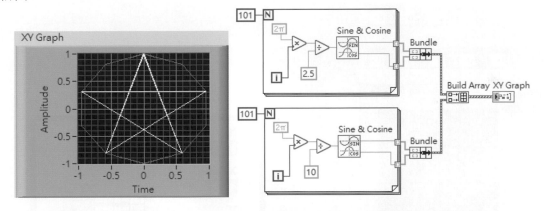

7.3.3　快速 XY 圖形 (Express XY Graph)

快速 XY 圖形的應用方面，則是在輸出的 XY 圖形函數物件上，預先建立好輸入與輸出的連接終端點，使用者只須將欲輸出的資料，連接至圖形函數物件的輸入端即可，請參閱下圖的範例說明。

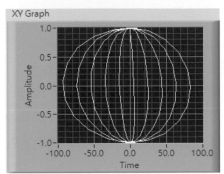

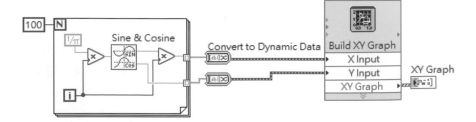

範例 7-5 Moving XY Graph VI

學習目標：如何利用滑動式開關，移動 XY 圖形內的波形。

　　首先建立 X 陣列與 Y 陣列為產生三角圖形的座標輸入值，另外增設滑動式輸入開關，作為移動三角圖形的位置座標值，注意要取消 X 軸與 Y 軸的 Auto scale 設定功能。

Front Panel：　　　　　　　　　　　　　Block Diagram：

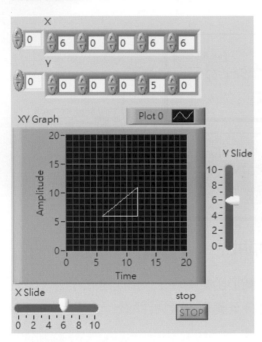 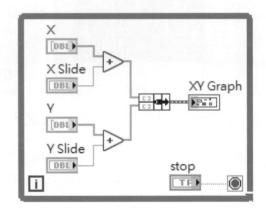

步驟說明：

1. 開啟一個新的人機介面與程式區的面板。
2. 先在人機介面適當位置，建立好一個 XY Graph。
3. 圖形移動開關，最好選用 Vertical pointer slide 與 Horizontal pointer slide 滑動式開關。
4. 範例中的三角圖形輸入陣列，可以使用 Array Constant 代替。
5. 為使程式能產生連續執行的狀態，須加上 While Loop 的迴圈結構，但不用加入時間延遲函數物件。

函數物件功能說明：

1. Bundle：**集合**函數功能，此函數可從 Functions » Cluster, Class & Variant 中選取，可將單一的物件組合成一個獨立的叢集，或是變更目前叢集內的物件。

7-4　強度圖表與圖形(Intensity Chart and Graph)

　　本章節介紹以陣列輸入數值資料，有效的使用**強度圖表**(Intensity Chart)和**強度圖形** (Intensity Graph)來顯示陣列的結果，其所顯示的輸出波形圖表與波形圖形會相當地相似， 與常見的氣象的天氣豪雨圖和地形學的等高圖相當類似。然而，強度圖表與強度圖形略有 些許不同，強度圖表則是固定方式顯示輸出資料，強度圖形則可以捲動方式顯示輸出資料， 上述兩者皆以二維陣列的數值做為輸入值，因此在陣列中的每一個數字皆代表一個特定的 顏色，是用來顯示二維陣列中數值索引值的顏色與位置。在色階方面，強度圖表與強度圖 形最多可有 256 種不同的顏色顯示輸出資料狀態。

7.4.1　強度圖表的選項功能

　　強度圖表與強度圖形的選項功能雷同，可在圖表上按滑鼠右鍵，由彈出式功能選單中 點選 Visible Items，進行圖表的觀察選項功能設定。由於強度圖表可以呈現三維圖示，因 此存在有 Z 軸的色度控制功能，來負責定義色彩值與映射的範圍，如下面圖示說明。

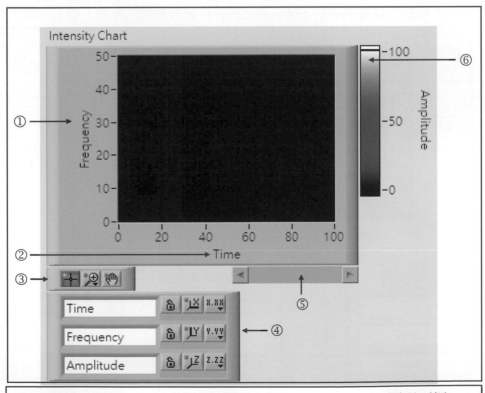

1. Y 軸標示名稱	2. X 軸標示名稱	3. 圖形面板
4. 刻度尺	5. 條狀捲軸	6. 色度表

　　下面的範例為一個 4×3 的二維陣列，該陣列的數值是以強度圖表方式顯示，強度圖表會轉換陣列中的元素，如下圖所示。

Front Panel：　　　　　　　　　　　　　　　　　　　　　　　Block Diagram：

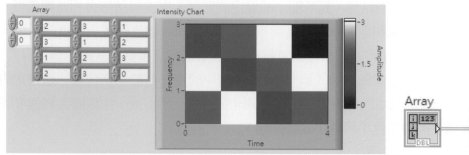

7.4.2　強度圖形的選項功能

　　強度圖形也與強度圖表的功能大致上相同，在圖表上按滑鼠右鍵，可由彈出式功能選單中點選 Visible Items，進行圖形的觀察選項功能設定。由於強度圖形可以呈現三維圖示，因此存在有 Z 軸的色度控制功能，來負責定義色彩值與映射的範圍，如下面圖示說明。

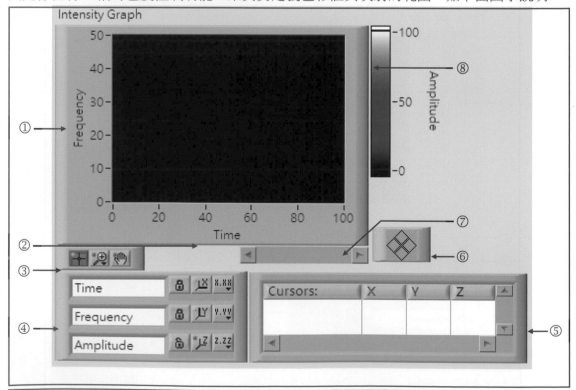

| 1. Y 軸標示名稱 | 2. X 軸標示名稱 | 3. 圖形面板 | 4. 刻度尺 |
| 5. 游標尺 | 6. 游標移動器 | 7. X 軸卷軸 | 8. 色度表 |

下面的範例由兩個 For Loop 以連續相乘積方式輸出，一個 3×3 的二維陣列，並將該陣列數值以強度圖形的方式顯示，強度圖形會轉換陣列中的所有數值，如下圖所示。

Front Panel：

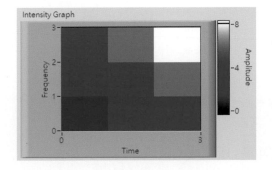

Block Diagram：

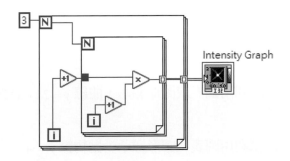

7

問題練習

1. 利用圖表或圖形繪出 $y1$ 與 $y2$ 的值，假設 x 的範圍由 0 至 20，並令 n 的範圍在 $0 < n \geq 15$，其兩條線的相交點為何？

$$y1 = x^3 - x^2 + 3$$
$$y2 = n \times x + b$$

2. 試利用圖表或圖形顯示，曲線 $y = 2x - x^2$ 與 $y = x - 2$ 所圍成的區域面積為多少？

3. 試利用圖表或圖形顯示，拋物線 $y = 4 - x^2$ 與 x 所圍成的區域面積為多少？

4. 試繪出直線 $3x - 4y + 6 = 0$ 與圓 $x^2 + y^2 - 6x + 8y = k$ 相切，則 k 的範圍將會落在 $0 < n \geq 15$ 之間那個數值呢？

5. 設點 $P(5,5)$ 到 $(x-2)^2 + (y-1)^2 = 16$ 之最短距離為 s，最長距離為 t，則求出 $s + t = ?$ 試以繪圖方式顯示結果。

6. 請將以下程式語言，以圖表或圖形的方式顯示其輸出值。

```
For   i = 0 to 199
      x = i / 15
      a = tanh(x) + cos(x)
      y = a^3 + a
      array [ i ] = y
next i
Graph (array)
```

CLAD 模擬試題練習

1. 下列那一種圖表 (Chart) 的更新模式,可透過垂直線來畫分新舊資料,並進行資料的比較?而此圖表的顯示方式,十分近似心電圖 Electro-cardiogram (EKG)。

    A. Strip Chart

    B. Scope Chart

    C. Sweep Chart

    D. Step Chart

2. 以下的句子填空與選項的名詞組合,那一個才是正確的組合?不同於____,它只顯示寫入最新資料的陣列,____定期更新與維護過去的歷史資料。

    A. graphs, charts

    B. charts, polts

    C. plots, graphs

    D. 以上皆非。

3. 以下那一個會**僅**沿著 X 軸均勻分佈的間隔繪製數據曲線?

    A. Waveform Graph

    B. Waveform Chart

    C. XY Graph

    D. A 和 B 兩者

    E. B 和 C 兩者

4. 一個波形叢集會包含以下那些元素?

    A. t0, dt, Y

    B. X, Y, dt

    C. X, Y, dt

    D. 以上皆非

5. 以下波形圖的結果,是由那個選項程式所產生?

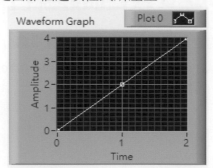

A.

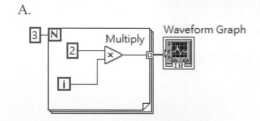

B.

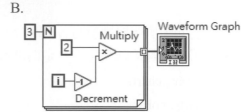

C.

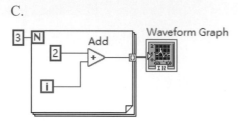

D.

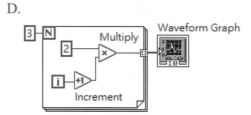

6. 以下程式被執行之後,那一個選項的圖表與程式的 Waveform Graph 結果相同?

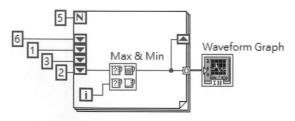

A.

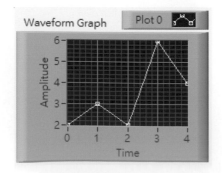

B.

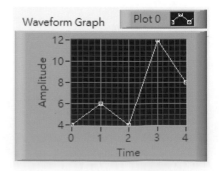

C.

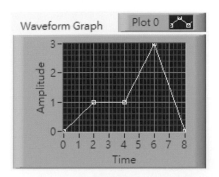

D.

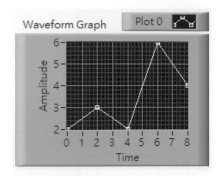

7. 以下波形圖的結果，是由那個選項程式所產生？

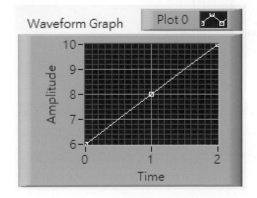

A.

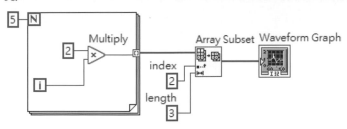

B.

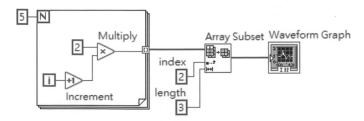

7

C.

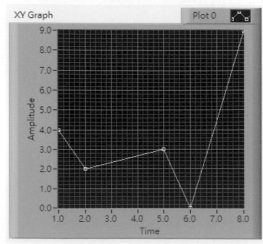

D.

8. 以下那一種方法，可以建立兩個曲線的 XY 圖形？

    A. 將 X 和 Y 陣列組合在一起成為兩個叢集，並建立這兩個叢集成為一個叢集。

    B. 在一個 X，Y， X，Y 的模式中，建立每一個單一的 X 陣列與單一 Y 陣列。

    C. 在一個 X，Y，X，Y 的模式中，將兩個 X 數值陣列和兩個 Y 數值陣列建立成一個集群。

    D. 將 X 和 Y 陣列集結成對分成個群集，捆綁在一起成群集，並建立這兩個集群成為一個陣列。

9. 下面那一個程式選項，可以產生此 XY 圖形的結果？

A.

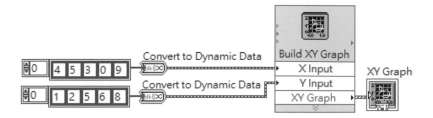

B.

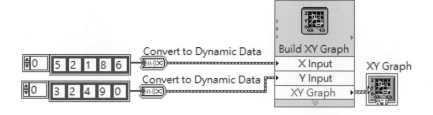

C.

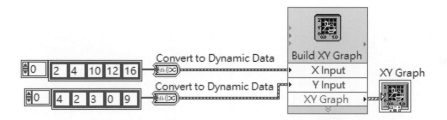

D.

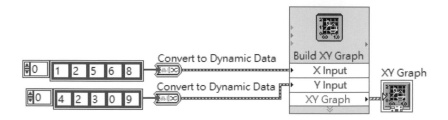

解答：① C ,② A, ③ D, ④ A, ⑤ A, ⑥ A, ⑦ B, ⑧C, ⑨ D

8

2D 與 3D 圖形

　　在本章所介紹的**數學圖表**(Math Plot)有助於數學分析與顯示結果，它提供使用者可自行設定的選項功能，這些功能在呈現數據資料與進行分析時非常有用，依據功能特性不同可區分為 2D 圖形與 3D 圖形。2D 圖形主要是顯示二維數據資料，在人機介面 2D 圖形可以呈現四種不同的圖形顯示方式；而 3D 圖形在人機介面更有高達十一種不同的圖形來呈現三維的數據資料。

 8-1　2D 圖形 (2D Graph)

　　2D 圖形物件在控制面板的 Modern 子面板，其包含有**羅盤圖**(Compass plot)、**誤差圖**(Error plot)、**羽狀圖**(Feather plot)，XY **陣列圖**(XY plot Matrix)等。前面所提及的四種 2D 圖形，皆是靠 X 與 Y 的數據資料，來標示與連結每一個座標點在二維空間的位置。因此，所有 2D 圖形皆具有非常鮮明的 XY 圖形的特徵，使用者可依需求選用不同的 2D 圖形。

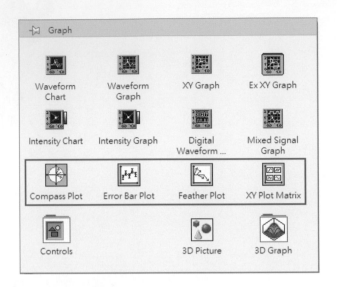

8.1.1　羅盤圖(Compass Plot)

在選用羅盤圖時，必須要有向量與半徑向量作為輸入數據。θ 向量則是設定羅盤圖的繪圖的角度，而半徑向量是定義從羅盤中心點，向外延伸的向量長度。接下來從一個簡單的範例來說明。

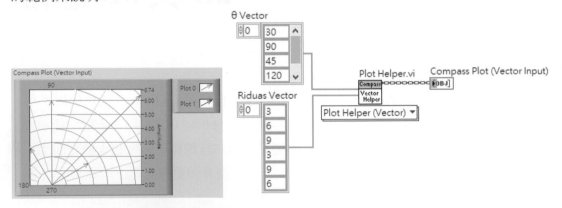

8.1.2　錯誤條狀圖(Error Bar Plot)

錯誤條狀圖的特色，在每一點圖形的上方與下方，皆可設定錯誤百分比顯示。因此，錯誤條狀圖有兩個錯誤百分比的設定，分別為 error b percentage 與 error a percentage，其中 error b percentage 是在設定 Y 向量圖形線每一點(下方)顯示出錯誤百分比，而 error a percentage 是在設定 Y 向量圖形線每一點(上方)顯示出錯誤百分比。另外，繪圖的數據資料則須透過 X vector 與 Y vector 輸入，可由下一頁範例得知。

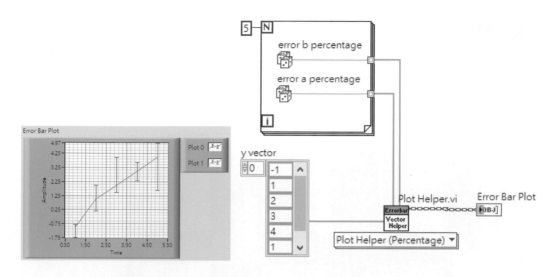

8.1.3　羽狀圖(Feather Plot)

　　羽狀圖的特色是每一點的向量資料，會沿著水平軸在零的位置，以等間隔延呈放射狀態，在同一個圖當中，可以同時顯示多組的參考資料點，如同鳥類的羽毛紋路線條一般。此繪圖函數物件有三個重要的輸入，分別為 2D plot class obj array in、X vector，以及 Y vector。2D plot class obj array in 可輸入以 2D 的繪圖數據儲存的資料，X vector 是指從水平放射的 X 座標向量端點數據資料，Y vector 是指從水平放射的 Y 座標向量長度數據資料，可由以下範例得知。

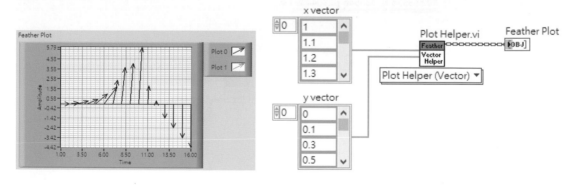

8.1.4　XY 陣列圖(XY Plot Matrix)

　　XY 陣列圖需要有兩個二維陣列的輸入，分別為 X 矩陣與 Y 矩陣。X 矩陣主要是繪製 X 座標所需的數據資料，Y 矩陣亦是繪製 Y 座標所需的數據資料，所以 X 矩陣的行列數必須等於 Y 矩陣的行列數，可由以下範例得知。

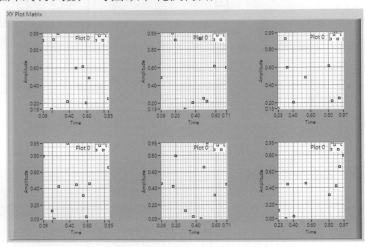

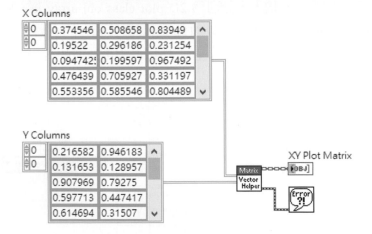

8-2　3D 圖形 (3D Graph)

3D 立體空間維度可將三維數據，利用透視化的方式顯示 X、Y、Z 等向量陣列的數據資料，亦可採取 Component Works (CW) 3Dgraph Control 來顯示三維圖形，並以立體空間呈現其輸出結果。因此，三維圖形的顯示有別於 2D 的方式，也非可由強度圖形所取代。然而，三維圖形可以透過完整的屬性控制，來任意修改三維圖形的顯示方式。三維圖形物件包含有**三維表面圖形**(3D Surface)、**三維參數圖形**(3D Parametric)、以及**線條圖形**(Line Graph)等。

8.2.1　三維表面圖形 (3D Surface)

三維表面圖形主要功能，是在三維的空間描繪出一個立體表面，其實可以利用簡單的三角函數，或是訊號產生器的功能，透過迴圈方式產生二維的陣列，並將陣列輸出到三維表面圖形即可，如下圖所示說明。

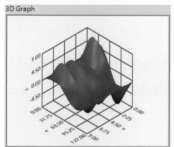
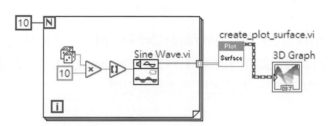

8.2.2　三維參數圖形 (3D Parametric)

如要以參數方式在三維的空間描繪出一個立體表面，其實可以利用簡單的三角函數功能，透過迴圈方式產生 3 個二維的陣列，並將陣列輸入到三維參數圖形函數物件即可，如下圖所示說明。

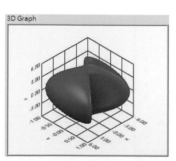
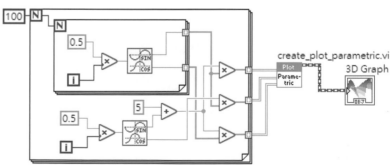

8

8.2.3　三維線條圖形 (3D Line Graph)

　　若要用線條方式在三維空間描繪出一個立體表面，則此曲線包含了圖表上的每一個點，所以每一個點皆具有 X、Y 以及 Z 的陣列座標數值，因此 VI 會以連線方式來連接這些點，然而三維線條圖形適合用來顯示會移動物體的移動路徑，例如飛機的飛行路徑，如下圖所示說明。

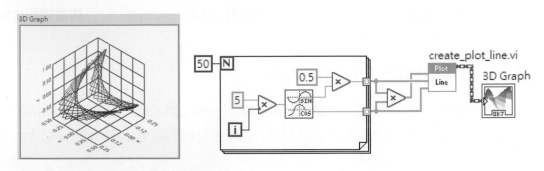

8.2.4　三維圖形特性的設定

　　如欲對三維圖形進行圖面修改時，須將滑鼠移動到圖形面板上，直接按下滑鼠右鍵，從彈出式功能選單，點選 3D Graph Properties 即可。但值得注意，3D Graph Properties 的進階功能選項，並不支援二維圖形使用。

　　另外從不同的三維圖形中，在使用 3D Graph Properties 功能選項時，會產生些許的差異性。例如在三維表面圖形、三維參數圖形，以及線條圖形使用時，其顯示的面板內容如下圖所示。

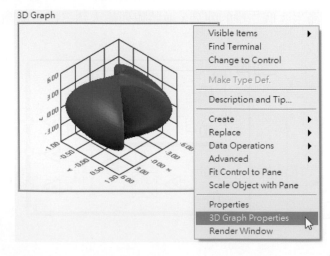

接下來，將針對上圖 3D Graph Properties 的視窗之進階子功能，做簡略說明如下：

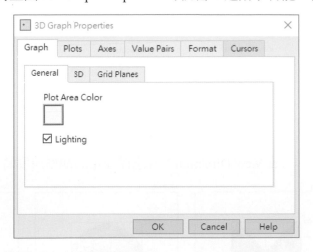

1. Graph：在此功選項中有 4 項進階設定。

　① General：可增設 3D Graph Properties 底色與光源亮度調控，如下圖所示說明。

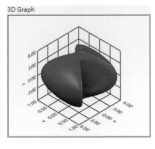
未設底色

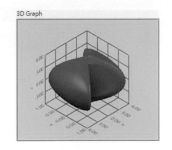
增設底色

　　a. Lighting：光源亮度調控，如下圖所示說明。

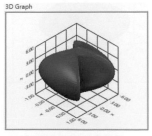
有光源亮度調控

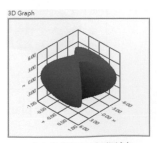
無光源亮度調控

② 3D：包含有觀察角度、投射方式，以及快速繪製平移/縮放/旋轉等功能。

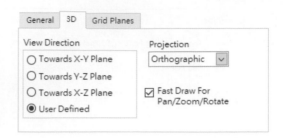

a. View Direction：若選擇固定的觀察角度時，各角度的圖示如下。

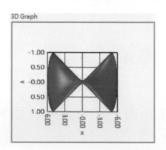 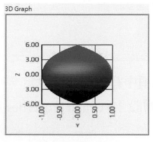 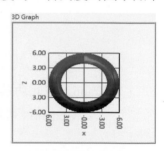

Towards X-Y plane　　　　Towards Y-Z plane　　　　Towards X-Z plane

③ Grid Planes：座標軸格線設定，系統的 X-Y、Y-Z，以及 X-Z plane 在預設模式為顯示設定,下面則是以不同面向角度，在取消勾選設定時的結果圖示。

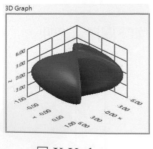 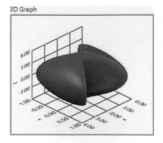 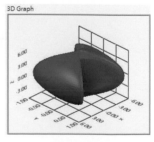

☐ X-Y plane　　　　☐ Y-Z plane　　　　☐X-Z plane

2. Plots：對圖形的表面、覆蓋、輪廓、常態，以及投射等進階功能設定。

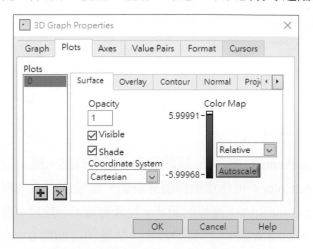

① Surface：圖形表面設定。

a. Opacity：不透明度的設定，其設定值為 0 表示完全透明，反之設定值為 1 表示完全不透明，如下圖所示。

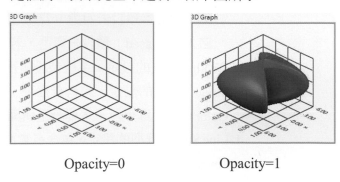

Opacity=0　　　　　Opacity=1

b. Visible：預設值為勾選且顯示圖形，若取消勾選時則不顯示圖形。

c. Shade：預設值為勾選，若取消勾選時則不顯示圖形色彩漸層。

d. Coordinate System：圖形坐標系的選擇，其選項包含有笛卡爾、圓柱形，以及球形等功能。

② Overlay：圖形表面輪廓的覆蓋設定，如下圖所示。

 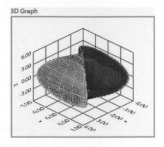

  a. Points/Lines：點/線的設定，包含有點、線，以及兩者兼具。

  b. Color：可任意選擇圖形表面，其輪廓覆蓋的點與線顏色設定。

  c. Line Style：線型的設定，包含有實心、線段、點狀，以及點線狀等。

  d. Line Width：線寬的設定，系統預設值為 0。

③ Contour：圖形座標的輪廓設定，如下圖所示。

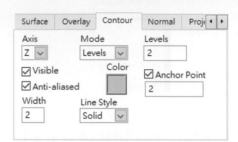 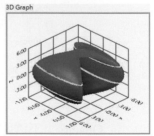

  a. Axis：軸的設定，包含有 X、Y，以及 Z 等軸。

   ☑ Visible：預設未勾選，若勾選時可顯現軸向線條。

   ☑ Anti-aliased：預設未勾選，若勾選時可修飾線條的鋸齒狀。

  b. Width：線寬的設定，系統預設值為 0。

  c. Mode：模式的設定，包含有水平、間格，以及水平表列。

  d. Color：預設為黑色，主要設定與顯示軸線的顏色。

  d. Line Style：線型的設定，包含有實心、線段、點狀，以及點線狀等。

  e. Levels：預設值為 0。

   ☑ Anchor Point：預設值為 0，主要設定錨點的大小。

④ Normal：圖形的正常設定，如下圖所示。

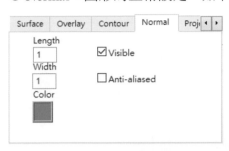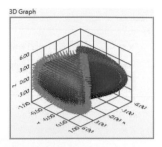

  a. Length：線長的設定，系統預設值為 0。

  b. Width：線寬的設定，系統預設值為 0。

  c. Color：預設為黑色，主要是覆蓋圖形外表的軸線的顏色。

⑤ Projection：圖形的投影設定，如下圖所示。

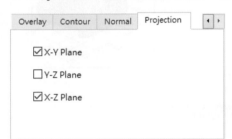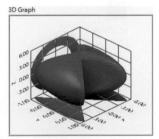

X-Y Plane 與 X-Z Plane

3. Axes：主要功能是對圖形的座標軸的標題、軸的標籤、刻度範圍、格線，以及小記號等功能設定。

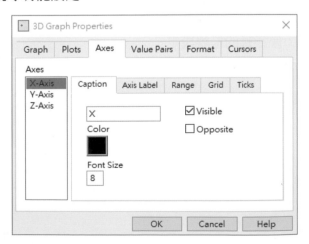

① Caption：座標軸名稱設定。

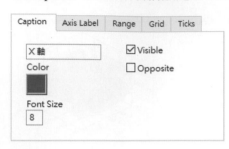 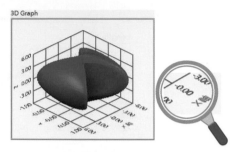

② Axis Label：座標軸刻度的設定。

 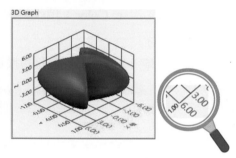

③ Range：座標軸的刻度範圍設定。

④ Grid：座標軸的格線設定。

 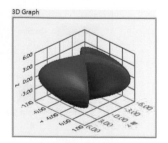

⑤ Ticks：座標軸的刻度記號設定。

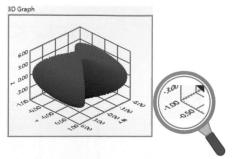

4. Value Pairs：提供設定刻度範圍值，與名稱之間的搭配方式，如下圖所示。

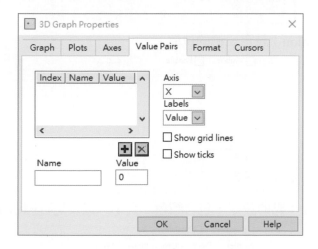

5. Format：針對刻度範圍值的格式制定，如下圖所示。

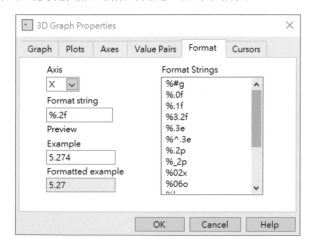

8

6. Cursors：游標的設定，如下圖所示。

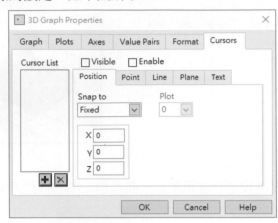

① Position：設定三軸的位置。

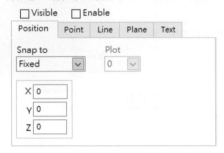

② Point：點的設定，包含顏色、大小，以及是否顯示點等功能。

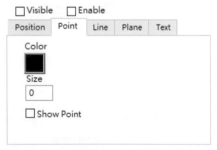

③ Line：線的設定，包含顏色、寬度，以及是否顯示線等功能。

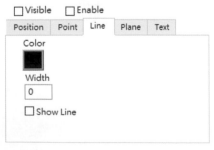

④ Plane：X-Y、Y-Z，以及 X-Z 等平面座標的透明度與顏色的設定。

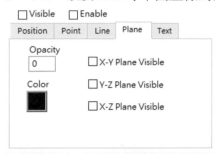

⑤ Text：文字的設定，包含文字顏色、字型大小，以及位置與名稱的顯示與否。

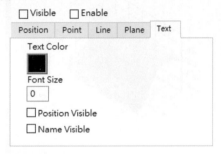

範例 8-1 3D Surface VI

學習目標：建立一個可選擇、透明度調整，以及背影投射的 3D Surface 圖形。

　　首先，利用 For Loop 與選用 Sine waves 產生器，來產生一個一維陣列數值，並將該陣列的輸出連接到三維表面圖形，再利用進階圖形調整功能，來適當的修改顯示狀態。

Front Panel：

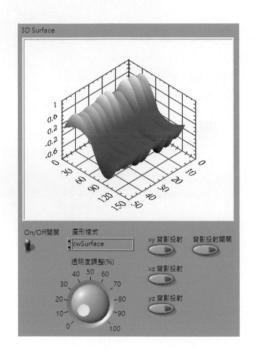

Block Diagram：

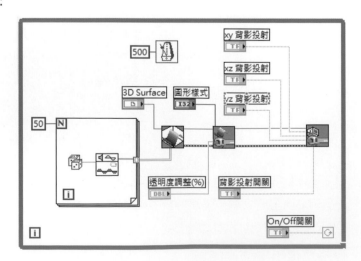

步驟說明：

1. 開啟一個新的人機介面與程式區的面板，並在程式區的空白處，先建立一個 While Loop 迴圈之後，在迴圈內另建一 For Loop 迴圈來產生 3D Surface.vi 函數物件，所需的數據資料，因此初次設定迴圈執行次數先以 50 次為基準。

2. 緊接著，經由 Function Palette » Programming » Graphics & Sound 的子面板中，選用 3D Surface.vi、Basic Properties.vi，以及 Projection Properties.vi 等圖形控制函數物件。面板的調整溫度計控制物件，確認溫度顯示範圍是由 0.0 到 100.0 之間。

3. 增設一個時間延遲控制物件，可減緩迴圈的執行速度，在程式執行完之後，將其命名為 3D Surface 儲存。

函數物件功能說明：

1. Sine Wave：此函數位於 Signal Generation » Sin Wave 子面板中，此函數可透過隨機函數的輸入值，產生一個隨機的多重輸出正弦波，而且振幅介於 0 ~ 1 之間。

2. 3D Surface Graph.vi：此函數位於 Programming » Graphics & Sound 子面板中，主要功能是在三維的空間描繪出一個三維的立體表面，只要利用簡單的三角函數或是訊號產生器功能，在經過迴圈方式產生二維陣列，並將陣列輸出至三維表面圖形。

3. Basic Properties.vi：此函數位於 Programming » Graphics & Sound 子面板中，主要功能是選擇三維的圖形表面的樣式，例如 cwLine、cwPoint、cwLinePoint、.....等等圖形樣式功能。

4. Projection Properties.vi：此函數位於 Programming » Graphics & Sound 的子面板中，主要功能是控制圖形背景投射的功能，亦可選擇設定兩座標之間背景投射顯示。

⚠️ **注意**：將 LabVIEW 2017(64bit) 安裝在 Window 10(64bit) 視窗系統之下，會因 Active X 的功能未支援 LabVIEW(64bit) 軟體，而使得 3D Surface Graph.vi 函數物件無法執行 3D 圖示功能，可至 Microsoft 官網嘗試更新系統的 Active X 功能。

8-3　數位波形圖 (Digital Waveform Graph)

　　當我們在分析數位邏輯電路時，通常需要透過數位示波器或邏輯分析儀，來量測數位訊號與儲存數位的資料。而我們現在可以利用**數位波形圖**(Digital Waveform Graph)的方式，來處理與顯示數位波形和資料，可將數位訊號以時序圖的方式來呈現資料狀態。因此，數位波形圖可接受數位的資料型態、數位波形的訊號、以及使用數值陣列的輸入資料。在接下來的節次當中，將陸續介紹如何輸入二進制資料與顯示執行後的輸出結果，下面的範例簡單說明數位波形圖的使用方式。

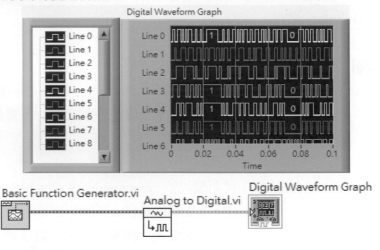

上述程式指令函數物件的路徑，如下說明。

　　Basic Function Generator.vi：此功能函數位於 Signal Processing » Waveform Generation 子面板中，其主要功能是產生正弦波、方波及三角波。

　　Analog to Digital Waveform.vi：此函數位於 Waveform 子面板中，其功能是將類比資料轉成數位訊號輸出。

　　Digital Waveform Graph：此函數的功能是輸出數位波形圖。

8.3.1　二進制資料的輸入與輸出

　　任何一個二進位的數值，會因其表示的方式不同，而導致所表現的數值範圍有所差異。就一個 n 位元為代符號的二進位數(正數)而言，可以表示的數值範圍是 $0 \sim 2^n - 1$。當二進位碼代表 2^n 種不同的元素時，最少須要 n 個位元，因為 n 個位元的排列方式有 2^n 種，也就代表 2^n 種不同的量，每當元素的數量不為 2 的次方倍時，某些組合便會被捨棄。

在輸入二進制資料時，必須先將數位資料格式化成陣列，其說明如下：

1. 先建立一個一維或二維的數值陣列，將其設定為無正負號的 32 位元整數。

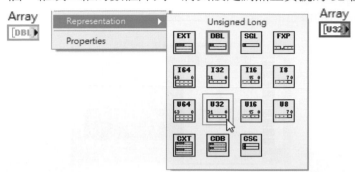

2. 再至人機介面的輸入陣列上按滑鼠右鍵，從彈出式功能選單點選 Data Entry…或是 Display Format…即可，如下圖所示。

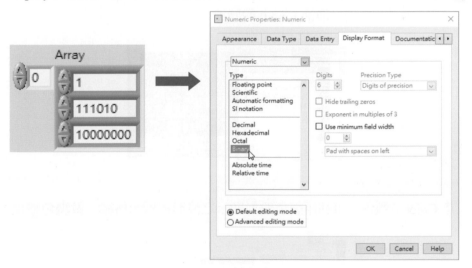

3. 接著將功能選單切換到 Appearance，勾選 Show radix 功能來顯示出數值的根(Radix) 類型。

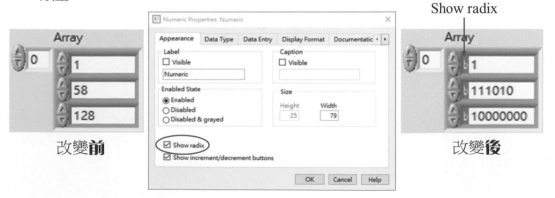

4. 當程式在執行之後，便可由數位波形圖得知輸出結果。為方便波形圖的觀察，只
要利用滑鼠在圖表說明(Plot Legend)按下右鍵，由彈出式功能選單選擇進階設定，
如下圖所示說明。

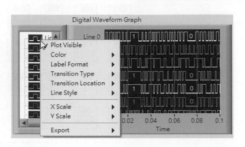

① Plot Visible：座標顯示，可決定是否顯示圖表坐標線，預設為開啟狀態，下圖
則是取消 Line 0 的狀態。

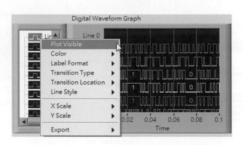

② Color：顏色，可利用調色盤對顯示之波形與標示格線，做調色變化。

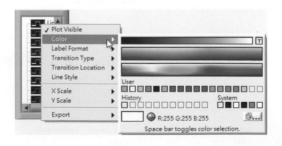

③ Label Format：標籤格式，格式選擇有 16 進位、10 進位、8 進位、2 進位，以及無預設。

④ Transition Type：轉換型式，可將數位波形時序圖，轉換成連續平行式與連續交握式兩種顯示，如下圖所示。

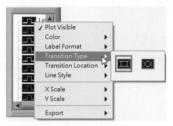

⑤ Transition Location：轉換位置，此功能是設定波形觸發的轉折時間點，如下圖所示。

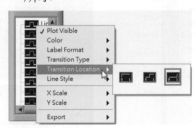

⑥ Line Style：線寬位置，主要在顯示數位波形的 Hi 與 Lo 的電位標示，如下圖所示。

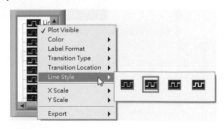

8.3.2　混合訊號波形

若要同時顯示數位訊號與類比訊號輸入時，則需要透過 Bundle 函數，來進行數位與類比資料的混合輸出，與在 Basic Function Generator.vi 的函數物件上，增加一個 Signal type 輸入選單物件，其可用來控制與選擇欲輸出的波形，程式撰寫如下所示。

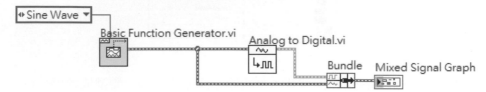

上頁所述的程式指令函數物件的路徑，如下說明。

Bundle：此集合函數位於 Cluster, Class, &Variant 子面板中。

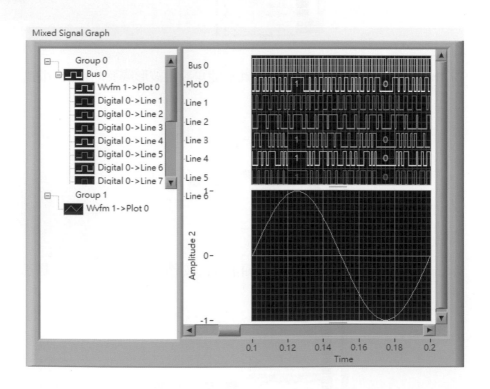

範例 8-2 Binary Digital Waveform Graph VI

學習目標：如何將二進制的數值以數位波形圖方式，呈現其輸出的結果資料。

　　先建立一個一維的數值陣列，將其輸出結果以二進制方式顯示，並透過數位波形圖來顯示出時序圖。

Front Panel：

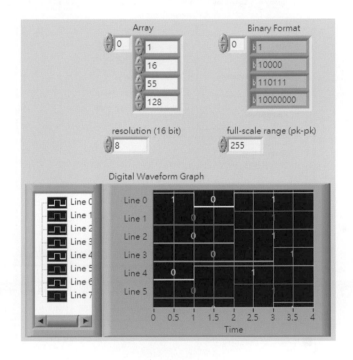

Block Diagram：

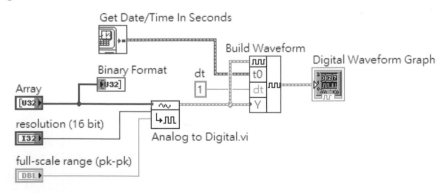

步驟說明：

1. 開啓一個新的人機介面，建立一個輸入一維陣列，並設定輸入陣列的數值解析，與全域掃瞄範圍(pk-pk)等功能。

2. 在一維輸出陣列(Binary Format)上按滑鼠右鍵，在選單中點選 Display Format...後，先從改變陣列數值的型式成爲 Binary，如下圖所示。

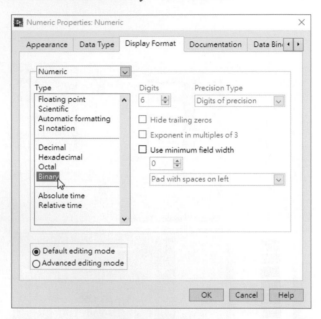

3. 緊接著，再選 Appearance 選項功能，在陣列框中標示裡面數字的型式，如下圖所示。

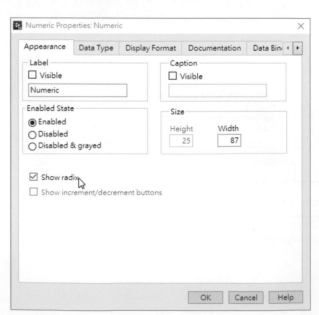

函數物件功能說明：

1. Analog to Digital Waveform.vi：此函數位於 Waveform 子面板中，主要功能是將類比資料轉成數位訊號輸出。

2. Get Date/Time in Seconds：此函數位於 Timing 子面板中，用來擷取電腦時間，作數位訊號的初始時間。

3. Build Waveform：此函數位於 Waveform 子面板中，其主要功能是將輸入的數位資料，轉換成數位波形輸出。

Build Waveform 基本的設定：

　　① Build Waveform 函數之輸入設定，可在該函數上以滑鼠向下拖曳增加輸入端點，如下圖所示。

　　②在函數物件上按壓滑鼠右鍵，改變與選擇輸入端點屬性，如下圖所示。

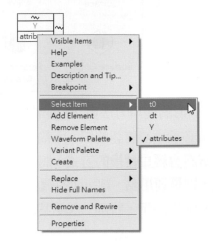

4. Digital Waveform Graph：此函數的功能是輸出數位波形圖。

8-4　3D 圖像 (3D Picture)

若想將數據資料以立體空間維度顯示時，3D 圖形可將三維數據以透視化的方式顯示，亦可利用 3D 圖形的屬性來調整與修改圖形外觀，其中包含了 11 種不同類型的 3D 圖形。在 3D 圖形物件中，存放有**點狀圖**(Scatter plot)、**條狀圖**(Bar plot)、**餅狀圖**(Pie plot)，**幹狀圖**(Stem plot)、**帶狀圖**(Ribbon plot)、**等高圖**(Contour plot)、**箭頭圖**(Quiver plot)、**彗星圖**(Comet plot)、**曲面圖**(Surface plot)、**網格圖**(Mesh plot)，以及**瀑布圖**(Waterfall plot)等，如下圖所示。

3D 圖形的使用方法與 2D 圖形一樣，只需挑選適當的 3D 圖形放在人機介面，緊接著在程式區必須小心確認連線，所輸入的數據資料屬性取決於所選擇的 3D 圖形，通常輸入的數據資料會經由轉換的方式，將數據轉換成 3D 圖形所能接受的資料類型。在 3D 圖示的方式，則是運用點、線、面的關係，呈現三維立體的圖形方式。無論是圖表或是圖形皆是最佳的輸出顯示，將逐一說明其功能。

點狀圖(Scatter Plot)

點狀圖則是以散點的圖示方式顯示輸入的數據資料，其主要功能是顯示兩組數據之間的統計趨勢，與呈現出彼此之間的關係，因此散點標示會均勻的分佈在 3D 點狀圖形當中，可由下圖得知。

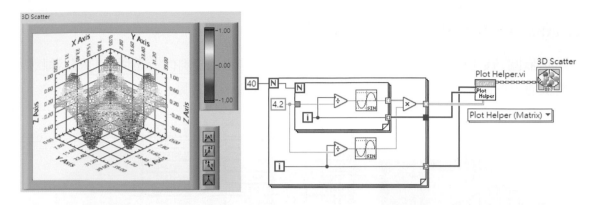

條狀圖(Bar Plot)

　　條狀圖是以垂直矩形的圖示方式顯示資料，其矩形的長度與數據資料等比例分佈在 3D 圖形中，便可產生垂直的條狀圖形。

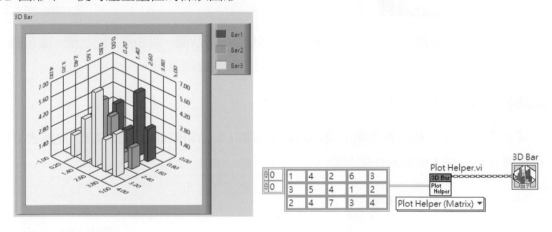

餅狀圖(Pie Plot)

　　餅狀圖是以圓形分割的方式，呈現數據資料的相對頻率與幅度，圖示則以百分率顯示數據資料的大小比重。條狀圖與餅狀圖經常被運用在數值分析方面，也常見於商業財報當中，值得讀者好好地學習。

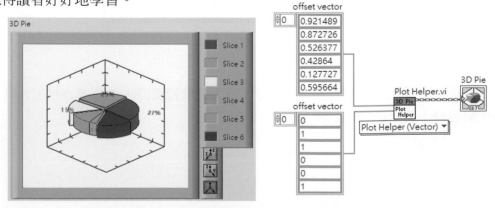

8

幹狀圖(Stem Plot)

幹狀圖乃是運用三維空間概念顯示脈衝響應，呈現數據資料的分布情況，因此幹狀圖經常被運用在數位訊號處理，又以頻率響應結果的呈現最為常見。

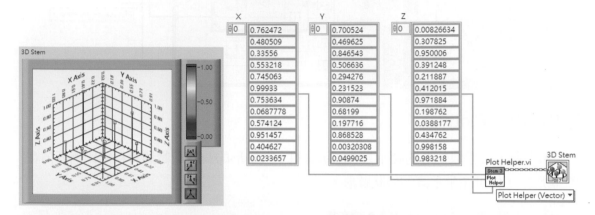

接下來，介紹的圖表顯示包含有等高圖、網格圖、帶狀圖、箭頭圖、點狀圖、瀑布圖，以及曲面圖等，這個圖表是以某種形式的曲面圖來顯示數據資料。

等高圖(Contour Plot)

等高圖乃是使用輪廓線來顯示表面的數據資料，十分類似地圖的高度線，此圖表可以呈現數據資料的最大值與最小值分布。

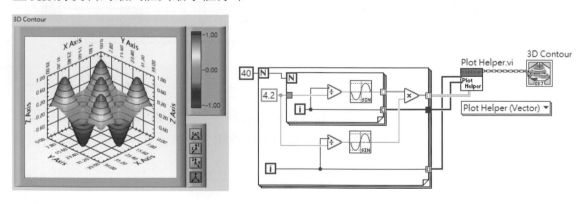

網格圖(Mesh Plot)

網格圖則是使用空格狀的網格線來顯示表面的數據資料，此圖表亦可呈現數據資料的最大值與最小值分布，圖表顯示如下一頁所示。

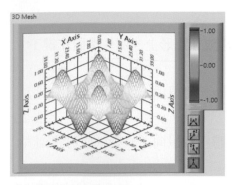

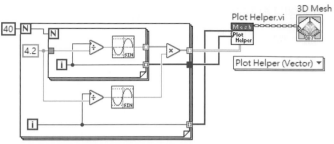

帶狀圖(Ribbon Plot)

帶狀圖是可以產生成平行線圖，若以（X，Y）來繪製 Y 座標中數據的三維線條，以 X 中指定的位置為中心，X 可以是行或列向量，Y 代表是長度行的矩陣時，Y 中的每列所繪製將會是相應 X 位置的帶狀線條。

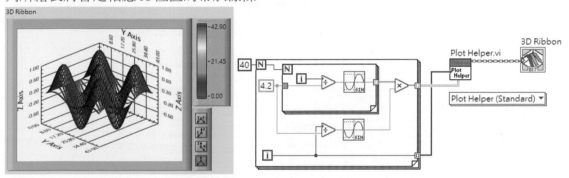

振動圖(Quiver Plot)

振動圖主要是運用三維空間概念顯示抖動響應，讓數據資料呈現抖動的速度感，此圖表亦可呈現振動數據的最大值與最小值分布。

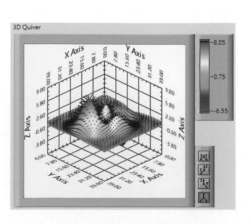

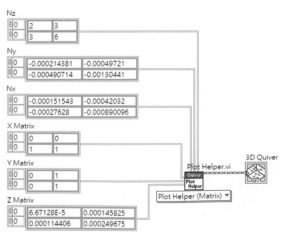

請在圖表上嘗試以下操作：

1. 旋轉圖視方向，請先點選**指撥**(Operate)工具並將指標放在圖形上，壓住滑鼠左鍵不放，即可觀察圖形的三軸變化。
2. 將滑鼠指標放在圖形上，並按壓住 shift 鍵不放，此時將滑鼠向上移動，便可將圖表中之圖形放大。
3. 將滑鼠指標放在圖形上，並按壓住 shift 鍵不放，此時將滑鼠向下移動，便可將圖表中之圖形縮小。
4. 在圖形上，按壓滑右鍵選擇 3D **繪圖屬性**(3D plot properties)時，便可重新設定圖形顯示參數，或是改變圖形外觀各種屬性的配置，如下圖所示。

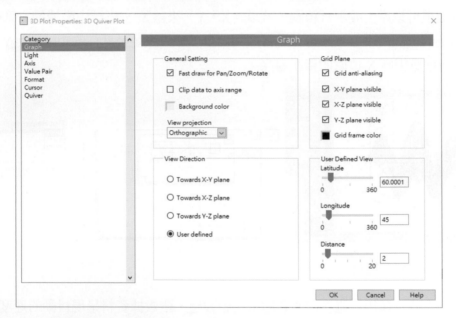

5. 在圖形上，按壓滑鼠右鍵點選 Export Image 功能，可以決定圖像輸出的模式，如**輸出到文件**(Export to File)或是**輸出到印表機**(Export to Printer)。
6. 如欲更改圖形的顏色和名稱，可經由圖形的右上角調色板改變相關設定。

9

進階條件式迴圈

在本章節乃是進階介紹條件式迴圈的應用，所要探討的包含有 Case、Flat Sequence、Formula Node，以及 Event 等不同結構的迴圈。前述所有的迴圈皆可在程式區的 Structure 子功能面板找到，唯獨 Stacked Sequence 已從 LabVIEW 2015 起，將它改變為 Flat Sequence 的轉換選項，在本書後續章節中會介紹其轉換的方式，下圖為 Structure 子功能面板。

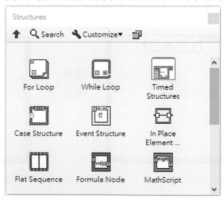

9-1　條件式結構 (Case Structure)

條件式結構(Case Structure)的使用方式與 While 和 For 迴圈相當類似，唯一不同的是每層的 Case 輸出通道端點，都必須被連接到輸出物件，若未被連接的輸出端點則會產生空白框，程式便無法正常執行，因此須隨時確認每一層 Case 的輸出端點，是否已被正確的連上線，如下圖所示。

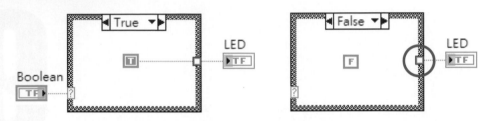

Case 的基本結構為兩層，或可透過輸入的**選擇終端點**(Select Terminal)來產生更多的子程序，十分類似事件的表述，但在同一時間內，僅只有一個 Case 會被執行，至於要執行那一個 Case 程式，則由選擇終端點來決定。因此 Case 結構類似文字程式設計語言中的 case 敘述或 If....then....else 的陳述表示法。選擇終端點的型式可以是數字、布林，或是字串。如果選擇終端點的型式為布林時，此 Case 的結構預設便是一個 TRUE 的狀態結構，與一個 FALSE 的狀態結構。若是所選擇的終端點型式為數字或字串時，Case 的結構則可增加到 $2^{31}-1$ 層，因此 Case 結構選擇終端點的控制方式，又可分為下列五種基本型式。

9.1.1　布林 Case 結構

從下面圖示範例得知，當輸入控制物件經由連線方式進入 Case 結構時，必須取決於人機介面的布林開關狀態，究竟是進入加法的 Case，還是減法的 Case。範例程式的 TRUE Case 執行乘法運算，FALSE Case 執行除法運算。當布林開關選擇 TRUE 時，程式則會執行兩數相乘的運算。反之選擇的是 FALSE，程式便會執行兩數相除的動作。

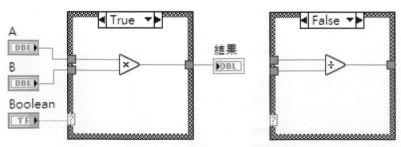

補充：在 Case 中所使用的布林控制物件功能，與 While Loop 中所使用的方式，並不相同。所以在 Case 結構中布林 TRUE 與 FALSE 的功能，主要是在決定執行那一個 Case。而在 While Loop 中，則是利用布林的 TRUE 與 FALSE 功能，來控制 Loop 的執行或停止動作。

9.1.2　數值 Case 結構

　　Numeric 是一個數值控制器，當數值控制物件連接至選擇終端點時，當輸入選擇終端點的數值為 0，則該層內的程式會被執行並輸出結果。若輸入選擇終端點為 1，則該層內的程式也會被執行並輸出結果。執行下面的範例程式得知，當外部有兩輸入數值要進入 Case 結構之前，則會依數值控制物件中的數值，來決定究竟是進入加法的 Case 結構或是減法的 Case 結構，在輸入數值的部分通常會使用整數值來控制，如下範例所示。

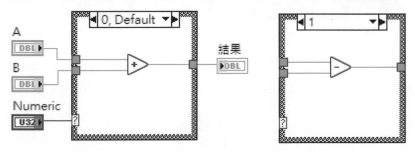

9.1.3　字串 Case 結構

　　接下來，介紹 Case 結構的文字控制器，可透過文字輸入的方式，控制 Case 結構層執行所選定項目。舉例一個範例來說明，當文字的控制連線，所選擇的連接終端點是文字 Add 時，VI 程式將會執行兩數相加的動作；如果選擇終端點的輸入為 Subtract 時，VI 程式則會執行兩數相減的動作，如下範例所示。

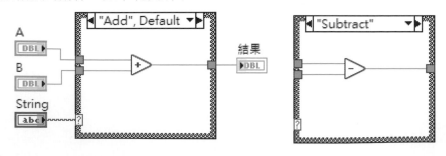

9

9.1.4　列舉(Enumerated) Case 結構

　　列舉控制器(Enumerated Control)提供使用者一份選項表列，使用者可從列表中進行選擇，列舉控制器的資料類型，包括與控制器中的數值與字串標籤有關的資料。在將列舉控制器連接至 Case 結構的選擇終端點時，迴圈會根據列舉控制器所選擇的項目來執行適當的子程序。範例說明，在設定 Enum 選擇 add 時，則 VI 會執行兩數值相加；反之若 Enum 選擇 subtract 時，則 VI 則為進行兩數值相減，如下圖所示。

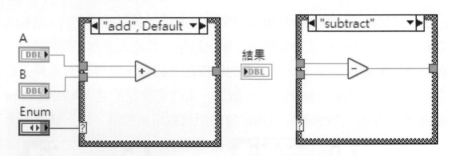

　　Enum 控制器的設定與使用說明如下：

　　①Enum 控制器放在人機介面的路徑 Control Palette » Ring & Enum。

　　②建立 Enum 控制器的選項表列方式，先鍵入第一個選項名稱，如下圖所示。

　　③接下來，如要鍵入第二個選項名稱時，請在 Enum 控制器上，按壓滑鼠右鍵，從彈出式選單點 "Add Item after" 即可，如下圖所示。

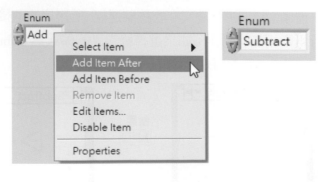

④最後，使用操作工具 🖑 在 Enum 控制器上，按壓滑鼠左鍵即可看到 Enum 控
制器的選項表列，如下圖所示。

⚠ 注意：在使用 Enum 控制物件時，必須注意控制器中的項目名稱字母的大小寫，必須
與 Case 結構的層次名稱字母的大小相同，否則在 Case 結構的層次名稱中會顯
示出紅色字母的訊息，使得 VI 程式無法執行，如下圖所示。

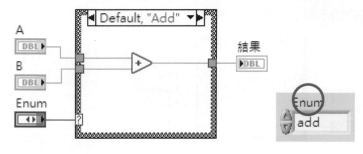

9.1.5　錯誤 Case 結構

如果把**錯誤叢集**(Error Cluster)控制物件，連接到 Case 結構的選擇輸入終端點時，此
時 Case 結構會以兩種顏色來顯示 Error 與 No Error 的狀態，如下圖所示在 Case 結構的邊
框上出現顏色為紅色時代表 Error，反之出現綠色時代表 No Error。因此 Case 結構會根據
錯誤狀態來執行適當的狀態層次的程式。所以錯誤叢集連接至 Case 結構的選擇終端點時，
Case 結構會檢查叢集中的 status 布林值，來選擇要執行那一個 Case 結構層。

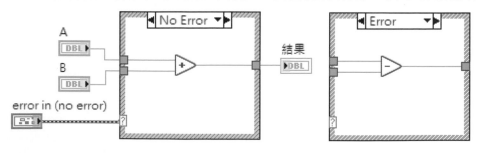

9

9.1.6   增加 Case 結構層

　　除了，布林 Case 結構為預設的兩層之外，其它的 Case 結構皆可依照，不同的處理程序情況，來增設或減設執行層的數目。同樣地，也可以將 Case 加以變換排列成較短的型式，或將它們放入不同的順序排列中。通常只需將滑鼠移到 Case 結構的外框邊上，按壓滑鼠的右鍵，從彈出式功能選單中，直接進行增加、複製，刪除，以及移除空層等功能，達到改變 Case 結構層次。為了能加快程式迴圈的執行速度，原則上要盡量精簡 Case 結構層的使用，唯有如此才不至於增加程式的時間。

　　接下來，範例顯示增加、複製，刪除，以及移除空層等功能選項，如下圖所示。

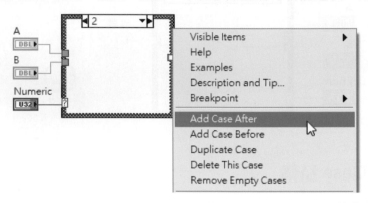

⚠ **注意**：當你輸入的選擇值，與連接至選擇物件的資料類型不同時，則該值會以紅色顯示。此時你必須選擇刪除或編輯該值完成後，Case 結構才能被執行。

範例 9-1 Case Exercise VI

學習目標：建立 Case 結構迴圈的練習。

　　在本範例練習中，當程式在執行 True Case 或 False Case 的狀態條件為：如果數字大於或等於 0 時，Case 迴圈層將執行 True Case，此時 True Case 便會輸出數字的平方根值。反之，輸入數字小於 0 時，則 False Case 便會輸出一個警示的訊息，並由對話框顯示出 "Error!!! Negative Number"。

Front Panel：　　　　　　　　　Block Diagram：

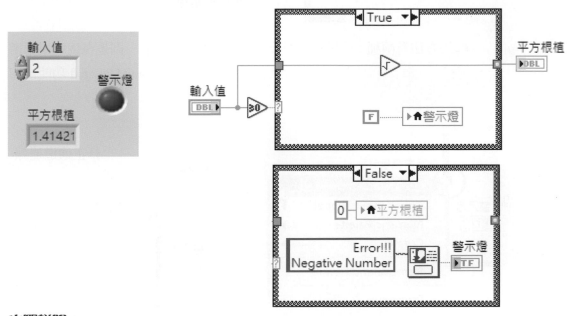

步驟說明：

1. 開啟一個新的面板。
2. 從 Structures 子工具面板中，點選 Case 結構並使用滑鼠拖曳方式，將 Case 結構放到人機介面視窗加以擴大。再連接 Case 結構的選擇選擇終端點，初始預設值為布林邏輯。若將選擇連接數字控制器到選擇終端點時，它將會自動改變成為數值型態，不過在同一時間只能顯示單一的 Case 層，如要改變選擇 Case 時，須在 Case 結構的上方層級邊框的箭頭處按一下即可。
3. 請留意，若有一層的 Case 結構沒有連線到輸出通道時，則為連線的輸出通道會顯示白色，因此需確實將每個 Case 結構的輸出皆連接到通道。

9

補充：無論是在那一層 Case 結構，只要有連線未接到通道時，則通道會顯示白色，如下圖所示。

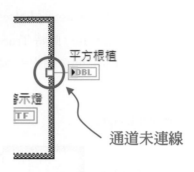

解決方法有兩種：一是找出漏接連線的函數物件，另一則是在為連接通道上，按壓滑鼠右鍵，點選 Use Default Unwired 功能，如下圖所示。

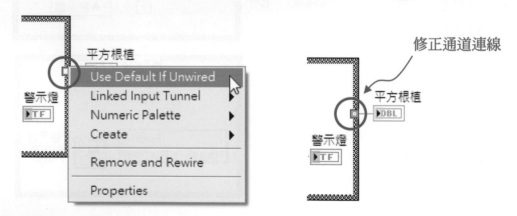

函數物件功能說明：

1. ▶♠警示燈 ：此物件為 LED 警示燈的 Local Variable 函數，使用方式請參閱 5-5 變數章節。

2. ▶♠平方根植 ：此物件為輸出的平方根植 Local Variable 函數，使用方式請參閱 5-5 變數章節。

3. One Button Dialog：此物件位於函數工具面板的 Time & Dialog 子面板中，可輸出顯示任何預先輸入的字串訊息，如本範例的對話框訊息 "Error!!!   Negative Number"。

4. Error... Negative Number String Constant：此物件為字串常數位於函數工具面板的 Strings 子面板中，可直接使用操作工具將文字輸入框內。

範例 9-2　Temperature Control VI

學習目標：學習 Case 結構的應用。

　　建立 Temperature Running Average VI 程式，檢查溫度是否在設定範圍之外，如果溫度超出設定值的範圍，則在人機介面視窗上的 LED 便會亮燈警示，並透過 Beep.vi 函數物件發出聲響。

Front Panel：

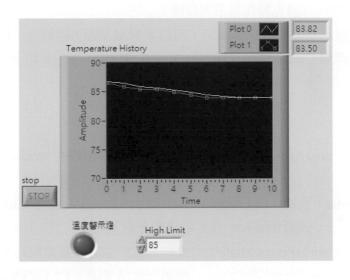

Block Diagram：

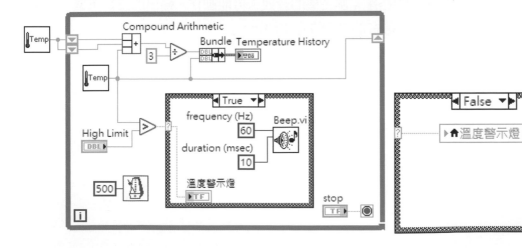

步驟說明：

1. 開啟一個新的面板。
2. 在程式區建立一個 While Loop 結構，並在該迴圈邊框上建立移位暫存器，請參閱 5-3 節移位暫存器的應用。
3. 範例中的 Temp SubVI 物件，可參閱第二章介紹單步執行的程式範例，或是從隨書附贈的光碟中自行下載 Temp SubVI 程式。
4. 在程式中預設溫度的上限範圍，當溫度超出上限設定範圍時，由警示燈 LED 與 Beep.vi 函數物件發出警告指示與聲響。
5. 建立圖表顯示器的 Plot 座標顯示，可透過滑鼠在圖表邊框上，按壓滑鼠右鍵由彈出式功能選單，點選 Show » Digital Display 來完成，Plot 0 與 Plot 1 的數字顯示功能。

函數物件功能說明：

1. Compound Arithmetic：此物件位於函數工具面板的 Numeric 子面板中，使用方式請參閱 6-4 叢集章節的介紹。
2. Bundle：此物件位於函數工具面板的 Cluster, Class, & Variant 子面板，用方式請參閱 6-4 叢集章節的介紹。
3. Wait Until Next ms Multiple：此物件位於函數工具面板的 Timing 子面板中，使用方式請參閱 5.1.2 定時設定小節的介紹。
4. Beep.vi：此物件位於函數工具面板的 Graphics & Sound 子面板中，此函數需要的要搭配電腦主機的音效卡方能動作，輸出的聲音可透 frquency 與 duration 的參數設定來決定。

9-2 順序結構 (Sequence Structure)

順序結構(Sequence Structure)的主要功能，是程式可依照物件與節點在程式中的順序逐項去執行，這就如同 C、C++，以及大多數程式語言一般，對程式資料皆具有流程控制的作用。Sequence 結構可由程式區函數功能面板的 Structure 子功能板，以選取 Sequence 的方式產生，而順序結構有兩種類型分別為**平面結構**(Flat Sequence)與**堆疊結構**(Stacked Sequence)，如下圖所示。

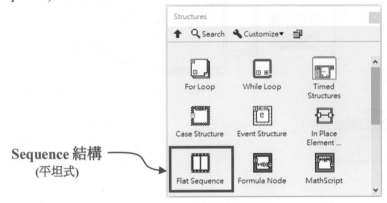

接下來，將逐一介紹平面結構與堆疊結構的產生方式，詳細說明如下所示。

1. **平面結構**：其主要特色是由左而右以平面方式展開，所有的程式內容都會被顯示出來，可經由函數功能面板的 Structure 子功能板，以選取 Sequence 的方式來產生，若要增加平坦結構的層次時，只需在結構邊框上按滑鼠右鍵，從彈出式選單點選 Add Frame After 即可，如下圖所示。

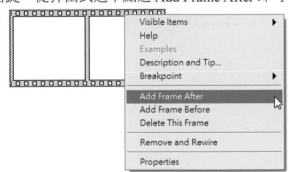

⚠️**注意**：在此結構中不提供**結構標示碼**(Frame Mark)與**順序位置**(Sequence Local)。

2. **堆疊結構**：其主要特色是採取階層的方式，但目前 LabVIEW 2017 函數功能面板的 Structure 子功能板中，已不復見堆疊式結構，如需使用可先產生一個平坦式結構，並在其邊框上按壓滑鼠右鍵，從彈出選單點選 Replace with Stacked Sequence 轉換即可，採取階層的方式，其優點在程式內容顯示方面，確實可以節省不少空間；其缺點是在程式分析與除錯時，必須逐層進行檢視較為不方便，如下圖所示。

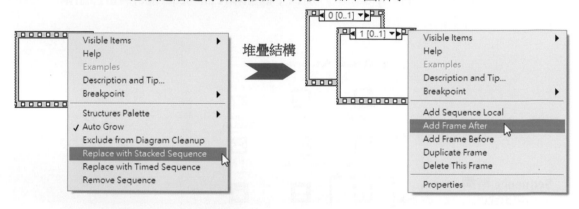

在程式編輯過程中，亦可透過 Replace 功能隨時轉換，成為平面的結構或是堆疊的結構，操作方式如下圖從彈出式功能選單切換。

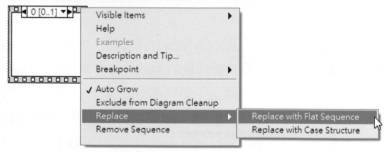

9.2.1 如何使用 Flat Sequence 結構

　　使用順序結構時，可先將程式結點在程式區編寫好，再以 Sequence 結構框住其必要的程式內容；另一種方式便是先在空白處，將 Sequence 結構框建立好，才在框內建入程式節點，上述兩種方式皆可有效建立 Sequence 結構。

　　由於平坦式 Sequence 結構外觀看起來與 135 釐米的底片一樣，因此程式可依照 Sequence 結構的順序按部就班去執行，其執行程式的方式有如資料流，在每一個被執行到的節點，其資料會有效的匯集到節點的輸入端後才開始動作的特性，又可稱為**流程控制**(Flow Control)。不過有時候也會發生，當一個節點在執行時，會超越其它節點的狀況。另一個問題便是平坦式的 Sequence 結構，在程式區會比較佔據版面，其使用時機必須加以考量，如下圖所示。

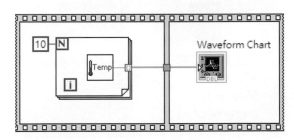

9.2.2 如何使用 Stacked Sequence 結構

　　堆疊式的 Sequence 結構在 LabVIEW 系統中，是唯一可以控制節點執行順序的結構。它會依照順序一個接著一個的去執行程式的內容。所以第一個被執行的 Sequence 結構，在邊框上會顯示出"0(0 .. x)"又稱為 Frame 0，接下來第二個被執行的 Sequence 結構，在邊框上會顯示"1(0 .. x)"又稱為 Frame 1，其餘的 Sequence 執行順序，皆依以此法排列下去。資料亦可透過 Frames 之間來相互傳遞。通常在 Frame 的邊框上按滑鼠的右鍵，點選 Add Sequence Local 即可完成通道的建立，然而在建立 Frame 時，要注意標示框內的層數的設定範圍。

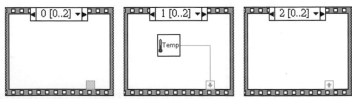

⚠ **注意**：使用堆疊結構時，Frame 0 層只能資料送出，但不接受資料回送。

範例 9-3　Time to Match I VI

學習目標：學習 Stacked Case 結構的應用。

　　設計一個 VI 程式，計算出一個由 Random Number 函數所產生的數值，當隨機數值符合我們所設定的數值，與所需要的時間為多少秒(sec)或毫秒(ms)。在 Frame 0，毫秒計函數是毫秒方式，讀出作業系統軟體的計時器，並以毫秒傳回數值。在 Frame 1，VI 執行 While 迴圈只在指定的數值與亂數函數產生的數值做比較。而 Frame 2，則以毫秒計函數讀出作業系統內計時器的時間，再減去在 Frame 0 所讀到的時間，取得耗費的時間傳回前置面板。

Front Panel：

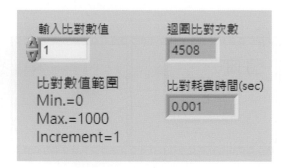

Block Diagram：

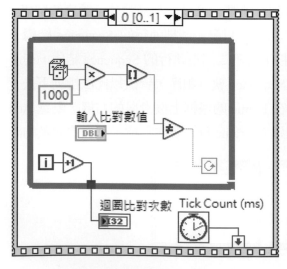
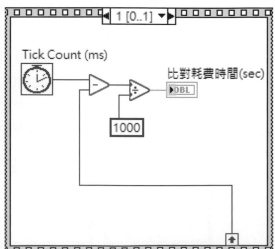

步驟說明：

1. 開啓一個新的面板。

2. 在程式區先建立一個 Stecked Sequence 結構，並在 Frame 1 中加入一個 While Loop 迴圈後，再陸續鍵入隨機函數與其它運算之函數。

3. 在 Frame 1 的邊框按下滑鼠右鍵，由彈出式功能選單，選擇 Add Frame After。且 重複此步驟，再產生第二個結構框 Stacked Sequence 結構。

4. 在結構框 0[0..1]的底部邊框按壓滑鼠右鍵，由彈出式選單，點選 Add Sequence Local 製作 Sequence Local 通往下一層。此 Sequence local 將會呈現一個米黃色的的正方 格子，當你連線到 Sequence local 時，在正方格子中會自動產生箭頭，而箭頭的方 向代表資料的流向。

5. 如果比對耗費時間顯示為 0.000 時，這表示 VI 程式所比對的範圍有限。可以修改 隨機函數所乘上的倍率值，可以調大倍率的數值，例如乘上 10000。但切勿使用 Execution Highlighting 功能去減緩程式執行的速度。

函數物件功能說明：

1. Tick Count(ms)：此函數物件位於 Timing 子面板中，此函數可讀出操作系 統軟體內，計時器的現在時間，並以毫秒方式傳回。

9

範例 9-4 Time to Match II VI

學習目標：學習 Flat Case 結構的應用。

　　試利用**平坦順序**(Flat Sequence)的結構，設計一個與範例 9-3 功能相同的 VI 程式，並計算出一個由 Random Number 函數所產生的隨機數值，與我們所設定的任意輸入比對數值之相同結果，其比對需的耗費時間為多少秒(sec)或毫秒(ms)。

Front Panel：

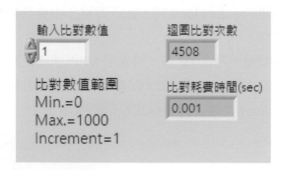

Block Diagram：

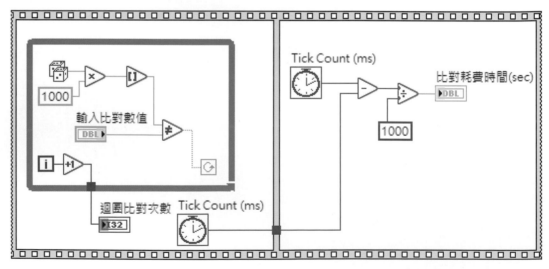

步驟說明：

1. 開啟一個新的面板。

2. 在程式區先建立一個 Flat Sequence 結構，並在 Frame 1 中加入一個 While Loop 迴圈後，再陸續鍵入隨機函數與其它運算之函數。

3. 在 Frame 1 的邊框按下滑鼠右鍵，由彈出式功能選單，選擇 Add Frame After。且重複此步驟，再產生第二個結構框 Flat Sequence 結構。

4. 如果比對耗費時間顯示為 0.000 時，這表示 VI 程式所比對的範圍有限。可以修改隨機函數所乘上的倍率值，可以調大倍率的數值，例如乘上 10000。但切勿使用 Execution Highlighting 功能去減緩程式執行的速度。

函數物件功能說明：

1. Tick Count(ms)：此函數物件位於 Timing 子面板中，此函數可讀出操作系統軟體內，計時器的現在時間，並以毫秒方式傳回。

9-3　公式節點 (Formula Node)

　　公式節點(Formula Node)是提供程式編輯者，可以在圖形示視窗裡以書寫數學方程式的功能，能直接將數學方程式輸入程式當中。此函數位於函數面板的 Structure 子功能板中，舉個簡單的範例來說明 Formula Node 的使用方式，有一數學方程式為 $Y = X^2 + X + 1$，LabVIEW 有三種方式可以求得此數學方程式解，範例說明如下：

1. 用一般算數函數物件，求解此數學方程式，令 X=2，求 Y=？，如下圖所示。

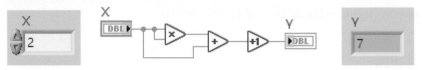

2. 用 Expresion Node 函數物件，求解此數學方程式，令 X=2，求 Y=？，如下圖所示。

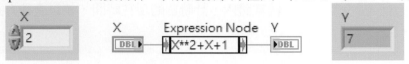

3. 用 Formula Node 函數物件，求解此數學方程式，令 X=2，求 Y=？，如下圖所示。

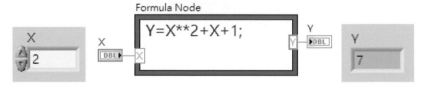

　　Formula Node 是可以直接輸入單一數學方程式，或是多個的數學方程式。在使用 Formula Node 時，需要建立輸入與輸出的終端點，通常會利用滑鼠在 Formula Node 的邊框按右鍵，從彈出式功能選單中，選擇 Add Input 或是 Add Output 的方式，來建立輸入與輸出功能。然後，再將數學方程式輸入，每當結束一個方程式陳述時，必須在句尾加上分號 " ; " 做為結束語。如何將下面的 C 語言程式範例建立成一個 Formula Node 程式，如下所示：

```
if (x>=0) then
    y=sqrt(x)
      else
    y=-99
end if
```

利用 Formula Node 的數學方程式輸入方式，以輸入數值為正數的條件，當輸入值為正值時進行平方根運算。反之，當輸入數值為負數時，程式輸出-99 的錯誤訊息，你可以參照下圖所示，實際的練習一下。

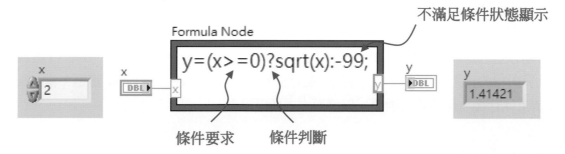

Formula Node 常見的運算符號與功能，如下圖所示。

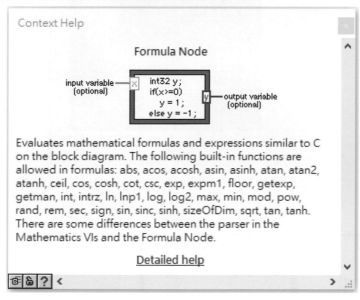

範例 9-5　Formula Node VI

學習目標：學習 Formula Node 結構的應用。

設計一個 Formula Node 的程式，求解一個數學三角函數方程式，並以圖形的方式顯示數學方程式的結果。迴圈每次重覆執行，VI 程式都會將迴圈次數計數值的數位值除 15，所得的商會透過連線送到 Formula Node，當做計算數學方程式 x 值的輸入。然而 VI 程式會將計算所得的結果利用陣列方式存放，並以自動索引及集中在 For Loop 邊框，當 For Loop 結束執行後，便將陣列數值，以座標方式顯現出來。

Front Panel：

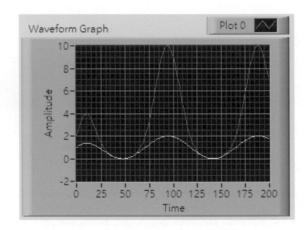

Block Diagram：

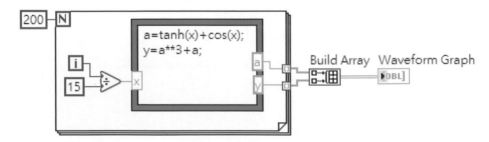

步驟說明：

1. 開啟一個新的面板。

2. 在程式區先建立一個 For Loop 迴圈，並在迴圈內加入一個 Formula Node，再鍵入數學方程式，當 $y = f(x)^3 + f(x)$ 時，求出 $f(x) = \tanh(x) + \cos(x)$。

函數物件功能說明：

1. 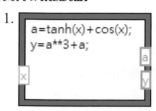 Formula Node：此函數物件位於 Structure 子面板中，其功能可接受直接寫入數學方程式，對於數學方程式的輸出與輸入，則可藉由滑鼠指標在 Formula Node 的邊框，按右鍵從彈出的功能選單，選擇 Add Input 與 Add Output。同時你也必須對數學方程式的假設性參數加以定義，例如範例中的"a"參數。

2. Bundle：此物件位於函數工具面板的 Cluster, Class, & Variant 子面板，用方式請參閱 6-5 叢集章節的介紹。

⚠**注意**：使用 Formula Node 結構時，在每一行方程式結束時，必須鍵入"；"分號做為結束語。

9-4　事件結構(Event Structure)

　　事件結構(Event Structure)則是另外一種特殊的迴圈結構,它提供程式編輯者對事件判斷與控制的選擇。簡言之,事件結構的原理十分類似攝影原理,當你在攝影取景時,會對相機的快門與光圈做出適當的調整,然而常用的方法有兩種分別為「快門優先」與「光圈優先」。當被拍攝的主體會快速移動時,攝影者會選擇快門優先的方式,由相機本身來決定快門的時間,例如田徑場。反之當被拍攝的主體會受光線不斷地變化與改變時,攝影者則會選擇光圈優先的方式,由相機本身來決定光圈的大小,例如婚宴場。從上述得知,觸發狀態可由程式設計者決定預設的條件。

　　因此對事件的結構而言,包含會有一個或多個子程式,每當有不同事件發生時,便會主動判斷發生事件的所在位置。所以事件結構會等一個事件在人機介面發生時,才會選擇適當的事件處理層。通常可以在結構側邊按滑鼠右鍵,設定新的事件情況與定義,在什麼狀況的事件發生時要如何處理。事實上,事件情況是可以利用**中斷時間**(Timeout)來做判斷,也就是在事件結構的左上角設定一個毫秒時間,來等待一個事件的發生。若要增加事件結構的層級時,就如同 For Loop 與 While Loop 一樣,可以直接在事件結構的邊框上,按下滑鼠的右鍵,從彈出的功能選單點選 Add Event Case 來增加新的層,或是由 Delete this case 來刪減層級,如下圖所示。

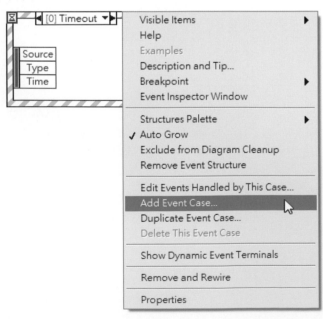

在事件結構中，有幾個相當重要的部份，如下圖示說明。

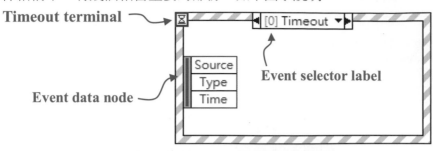

1. Timeout terminal：其功能為事件時間設定，當事件未發生時最久的等待時間，也就是當超過預設的等待時間，便會執行 Timeout 事件，單位為毫秒，預設值為-1。

2. Event data node：此節點位於事件的右邊，節點的內容可依程式內容而有所不同。若要增加節點的數目，可利用滑鼠下拉，或按右鍵由功能選單點選 Add Element 等方式，其與 Unbundle by name 的功能很相似。

3. Event selector label：顯示在程式中，有那些預設事件與事件處理方式，如要新增事件時，可利用滑鼠按右鍵，由彈出式功能選單點選 Add event case 之後，需對新增事件設定相對狀態，其對應狀態可為一個或幾個以上，在前置面板中可以設定物件啟動事件的功能，這需要在 Edit event 對話框中做設定。

事件結構與其它迴圈最大的不同，每次增加新事件層時，必須設定該層事件的處理狀態，如下圖所示。

9

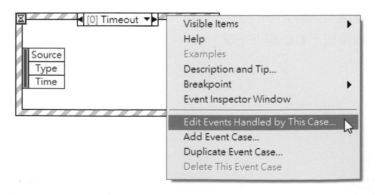

Events 層的條件設定步驟說明，如下範例所示。

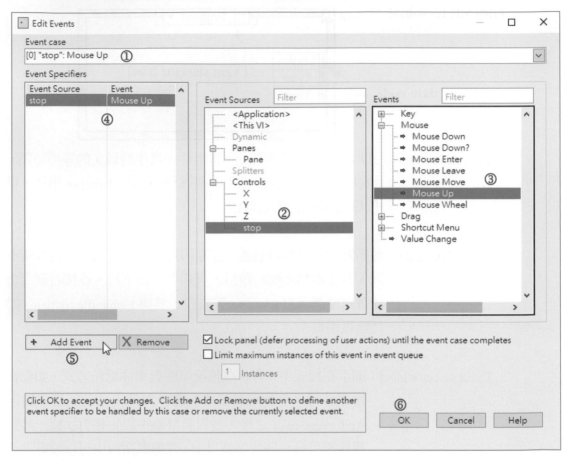

步驟① ：需先確認**事件結構**(Event Case)層的設定順序。

步驟② ：選擇**事件來源**(Event Sources)的類型。

步驟③ ：選擇**事件**(Events)的處理方式。

步驟④ ：完成**步驟**②與**步驟**③之後，可在**事件標示**(Event Specifier)區看見事件分類。

步驟⑤ ：必須按下 Add Event 功能完成所有設定。

步驟⑥ ：最後再按下 OK 即可完成。

範例 9-6 Event Structure VI

學習目標：學習 Event Structure 結構的應用。

　　設計一個 Event Structure 事件的迴圈程式，用來監控 X 與 Y 的輸入值之變化，當 X 輸入值小於 Y 輸入值時，或是 Y 輸入值小於 X 輸入值時，會發出警告訊息。其目的是在維持兩個輸入狀態的平衡，Z 是將 X 與 Y 的輸入值相加之後再輸出。

Front Panel：

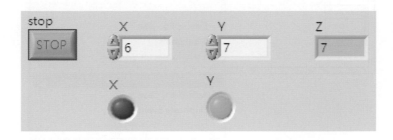

Block Diagram：

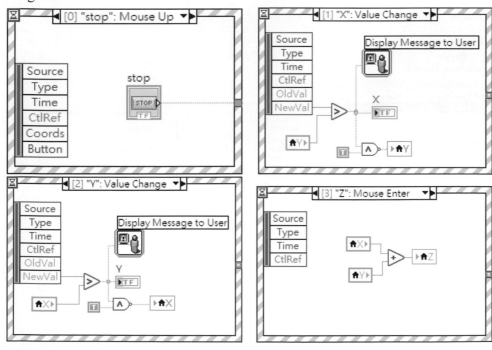

9

步驟說明：

1. 開啓一個新的面板。
2. 在程式區先建立一個 While Loop 迴圈，並在迴圈內加入一個 Event Structure 結構。
3. Event Structure 結構的 Frame 0 的預設爲 Timeout 層，若此層暫時不用可透過滑鼠在邊框上按壓右鍵，從彈出式選單點選 Edit Event Handled by This Case…功能，重新設定新的事件層，如下爲本範例圖示。

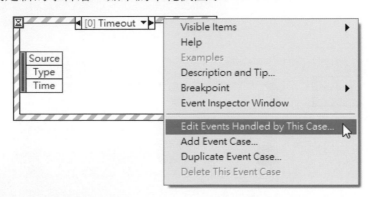

4. 在本範例暫時用不到 Timeout 事件層，故將此層變更爲 Stop 事件層，可透過 Edit Event Handled by This Case…功能，進行重設事件的條件，如下圖所示。

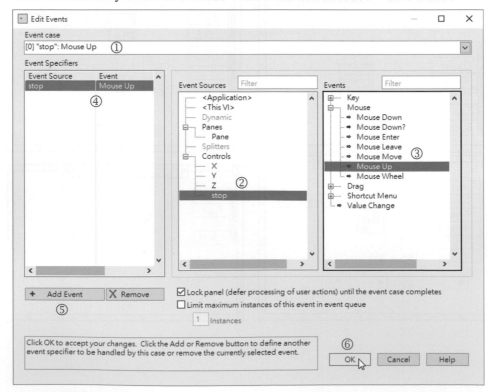

步驟①：需先確認**事件結構**(Event Case)層的設定順序。

步驟②：選擇**事件來源**(Event Sources)的類型。

步驟③：選擇**事件**(Events)的處理方式。

步驟④：在**事件標示**(Event Specifier)區看見事件分類。

步驟⑤：必須按下 Add Event 功能完成所有設定。

步驟⑥：最後再按下 OK 即可完成。

5. 此時需將 While Loop 的迴圈控制開關 STOP 移到[0] ˇstopˇ：Mouse Up 層內，如下圖所示。

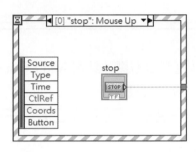

6. 再接著，從事件層邊框按壓滑鼠右鍵，點選 Add Event Case…來增加另一個事件層，本次我們要再增加一個 X 事件層，並將該層設定為 Value Change 的狀態，如下圖所示。

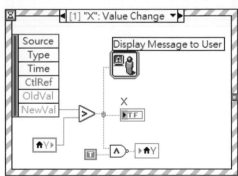

7. 接著在事件層邊框按壓滑鼠右鍵，點選 Add Event Case...來增加另一個事件層，而這次我們需要再增加一個 Y 事件層，並將該層設定為 Value Change 的狀態，如下圖所示。

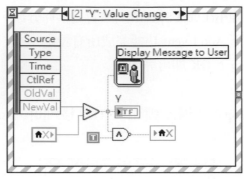

8. 最後，在事件層邊框按壓滑鼠右鍵，點選 Add Event Case...來增加另一個事件層，此層命名為 Z 事件層，並設定為 Mouse Enter 的狀態，如下圖所示。

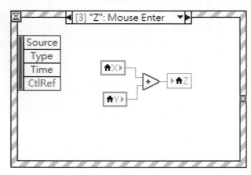

函數物件功能說明：

1. Display Message to User：此物件位於函數工具面板的 Cluster & User Interface 子面板，此函數為一個標準的對話框，其包含有一個警告或訊息發送給使用者。

2. Bundle：此物件位於函數工具面板的 Cluster, Class, & Variant 子面板，用方式請參閱 6-5 叢集章節的介紹。

問題練習

1. 試利用 Formula Node，設計一個極座標與直角座標轉換程式，參考範例如下所示：

   $3 + j4 \Leftrightarrow 5\angle 53.130°$

2. 方程組 $\begin{cases} 2x + ky = 3 \\ kx + 8y = 6 \end{cases}$ 有無限多組解時，$k = ?$

3. 若方程組 $\begin{cases} 2x + 4y + 3z = 0 \\ 3x + 6y + z = 0 \\ 4x + ky + 6z = 0 \end{cases}$ 有異於$(0、0、0)$之解，則 $k = ?$

4. 行列式 $\begin{vmatrix} -3 & 1 & -1 \\ -2 & 4 & 3 \\ 3 & 2 & 5 \end{vmatrix}$ 之值。

5. 行列式 $\begin{vmatrix} 9+x & 2 & 3 \\ 9 & 2+x & 3 \\ 9 & 2 & 3+x \end{vmatrix} = 0$ 之所有解的和爲多少？

9

10

字串與檔案儲存管理

所謂字串乃是指一連串可以顯示或不可以顯示的 ASCII 字元，字串是可獨立於平台以外的格式，提供程式編輯者使用。在檔案輸入與輸出的作業方面，則提供如何將檔案資料輸入與傳出，在本章節中，將介紹字串與檔案輸入與輸出的應用。也將逐一介紹字串、字串函數、檔案 I/O 之函數、低階檔案函數、試算表字串格式、以及高階檔案函數等應用。

字串函數

檔案輸出與輸入函數

10-1　字串 (String)　CLAD

字串(String)的功能主要是文字的字元顯示，或是文字的字元不顯示。通常，我們在使用字串的機會遠超過文字訊息。舉例來說，在儀器控制系統中，其所傳遞的數值資料，如同字元的字串一般，直到輸出才會將字串轉換成數字。因此在許多情況之下，儲存數位資料到磁碟中必須先轉換成字串，這也就是說在將數值存到檔案或磁碟之前，需先將數值轉成字串。

10.1.1　字串控制物件與顯示物件

字串控制器與顯示器，可利用操作工具或標籤工具，來改變和輸入字串控制物件中的文字。若要改變其大小，可以利用定位工具以拖曳邊框的一角，便可以改變字串的控制物件與顯示物件的大小。

字串控制物件及顯示物件可有不同類型的字串顯示方式。例如正常式顯示 `\` 碼顯示、密碼式顯示，以及十六進制顯示等選擇方式。若要選擇與改變字串的顯示方式，可直接將滑鼠移到字串的顯示物件上，按壓滑鼠右鍵，從彈出的功能選單中，點選所要的顯示方式，如下圖範例所示。

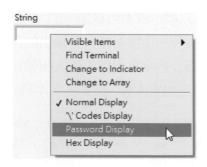

1. Normal Display：下圖範例的選項為正常的顯示時，輸出顯示物件的內容會與輸入內容顯示的完全相同，如下圖所示。

2. `\` Codes Display：下圖範例的選項為 `\` 碼的顯示時，字串控制器與顯示器通常預設是不顯示字元，例如 Backspaces、Carriage Returns、Tabs 等。如欲顯示出這些字元狀態，可從字串彈出式功能選單中，點選 `\` Codes Display 功能即可，如下圖所示。

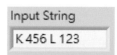 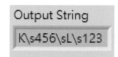

3. Password Display：下圖範例的選項為密碼的顯示時，在輸出或輸入顯示物件中只會以"★" 星號顯示，如下圖所示。

 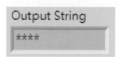

4. Hex Display：下圖範例的選項為十六進制顯示時，輸出顯示物件的內容會以十六進制編碼方式顯示，如下所示。

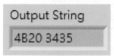

補充：簡碼的使用部份如下表所示，亦請讀者利用 LabVIEW 系統的線上輔助說明。倘若輸入不顯示字元到字串控制物件時，首先要鍵入反斜線與相對碼，在輸入完成之後按下 Enter 鍵。輸出物件在不顯示的字元部分，會以反斜線與相對碼的格式呈現。

10

Code	LabVIEW Interpretation
\b	Backspace (ASCII BS, equivalent to \08)
\s	Space (ASCII SP, equivalent to \20)
\r	Return (ASCII CR, equivalent to \0D)
\n	New line (ASCII LF, equivalent to \0A)
\t	Tab (ASCII HT, equivalent to \09)

10-2　字串函數 CLAD

　　本章節所介紹的字串函數，其應用範圍常見於 DAQ 和 GPIB 程式的編寫，讀者可從第 12 章的內容略知一二，緊接著介紹與說明常用的字串函數，字串函數面板如下圖所示。

　　接下來，將逐一介紹平面結構與堆疊結構的產生方式，詳細說明如下所示。

　　1. String Length：此函數功能，可以傳回一個字串中字元的數量。

　　　範例：在下面範例中的"_"表示空白的間格，若不使用"_"做標示，也可以用
　　　　　　鍵盤的空白鍵來定義。

2. Concatenate Strings：此函數功能，可串連獨立的輸入字串與字串陣列，組成一個單一的輸出字串，而 Concatenate Strings 函數在程式區中，可用定位工具對函數以拖曳方式，來增加輸入的數量，如下範例所示。

範例：透過 Concatenate Strings 函數將獨立的字串與字串陣列，組成一個輸出字串，在範例中所有的字串輸入方式，皆採用 `\` Codes Display 設定，以顯示字與字之間的空白間格。

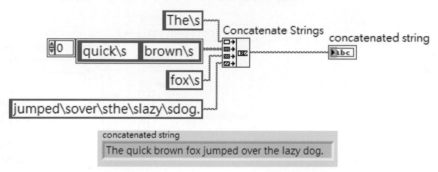

3. String Subset：此函數功能，可串連獨立的輸入字串與字串陣列，組成一個單一的輸出字串，而 Concatenate Strings 函數在程式區中，可用定位工具對函數以拖曳方式，增加輸入的數量，如下範例所示。

範例：透過 Concatenate Strings 函數將獨立的字串與字串陣列，組成一個輸出字串，在範例中所有的字串輸入方式，皆採用 `\` Codes Display 設定，以顯示字與字之間的空白間格。

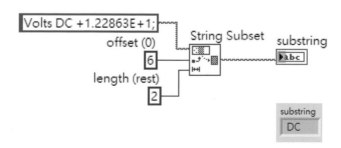

10

4. Replace Substring：此函數功能，可在字串當中任意置換字元，或是置換一個字串中的任一個字母，前述置換功能必須透過 offset 與 length 的參數設定，才能順利完成子字串或字母的置換，如下範例所示。

範例：透過 Replace Substring 函數，進行任意字元字串的置換與字元字母的置換操作，請參閱以下範例圖示說明。

①**字串置換**：將 **brown** 置換成 **white**。

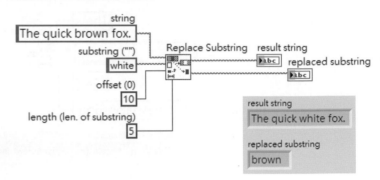

②**字母置換**：將**_r___**置換成**_h___**。

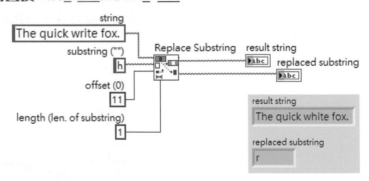

5. Search and Replace String：此函數功能，可以搜尋與置換輸入字串當中的任意字元，其與 Replace Substring 函數有相同的字元與字母置換功能，然而兩函數之差異，在於 Search and Replace String 函數需輸入 Search String，但不需要輸入 length 參數設定，如下一頁範例所示。

範例：透過 Search and Replace String 函數，進行任意字元字串的置換與字
元字母的置換操作，請參閱以下範例圖示說明。

①**字串置換**：將 **brown** 置換成 **white**。

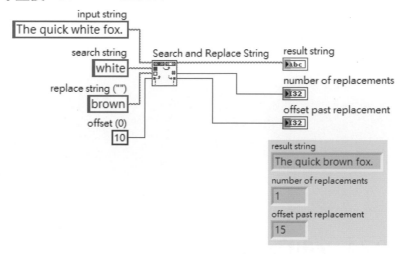

②**字母置換**：將_**r**___置換成_**h**___。

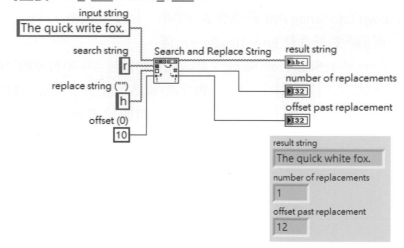

6. Match Pattern：此函數功能可傳回相符子字串，Match Pattern 函數搜尋規則方
式(Regular Expression)可從設定的偏移量開始，或是發現有相
符的字串，輸出顯示會分成三個子字串。若沒有發現相符時，
則輸出子字串會顯示空的，而輸出 Offset Past Match 顯示-1。

10

範例：透過 Match Pattern 函數從字串當中搜尋到關鍵字串，其輸出依 before、
match，以及 after 等三個子字串顯示，另外 offset past match 可以輸
出顯示關鍵字的位移量。

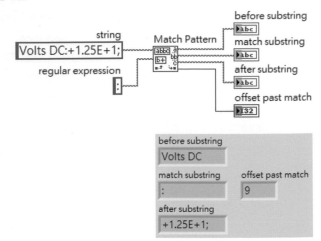

10.2.1　字串格式轉換

在很多例證中，當你需要將字串轉換為數字，或是將數字轉換成字串時，可以利用
Format Into String 函數轉換數字為字串，以及 Scan From String 函數轉換字串到數字，而
這兩個函數皆含有 Error Handling 功能。

1. Scan From String：此函數可轉換包含字串有效數字的字元(0 to 9、+、-、e、E，
與周期)成為一個數字。當函數開始掃描**輸入字串** (Input
String)在**初始位置**(Initial Search Location)，經由 Format
String 做為基礎函數，掃瞄輸入字串讓它成為不同類型的資
料型態，例如數字或布林邏輯也可以擴展成多種輸出。

範例：在下面的範例，利用 Scan From String 函數轉換字串 VOLTS DC
+1.25E+1 成為 12.5。而此函數會從字串第十個字元開始掃描(也就
是+號)，所以第一個字元的偏移是 0，如下圖所示。

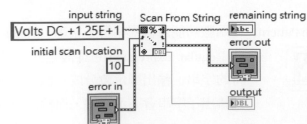
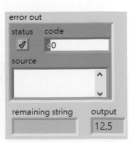

2. Format Into String：此函數功能，可以傳回一個字串當中的字元數量。亦可轉換成任何格式**論述**(Argument)，例如數字指定格式化的**生成字串**(Resulting String)。經由擴展功能此函數可將不同的數值轉換到同一個字串，也可以用 Initial String 與 Argument(s)做 Format String 基本格式化的輸出字串。

範例：在範例中，如何將輸入的浮點數值，由 3.3 轉換成 3.30 的字串輸出。

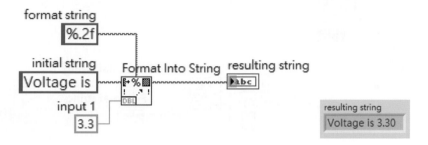

Format Into String 和 Scan From String 此兩函數指令，都有一個可以編輯掃瞄字串的介面格式參數設定。其所謂的格式化字串所指的是精確度、資料型態、格式化，以及轉換值的寬度。通常可直接在函數物件 "%" 的節點上，按壓滑鼠左鍵兩下，來產生彈出編輯字串功能選單，值得特別注意的是兩者之間的功能，有很大的差異如下圖所示。

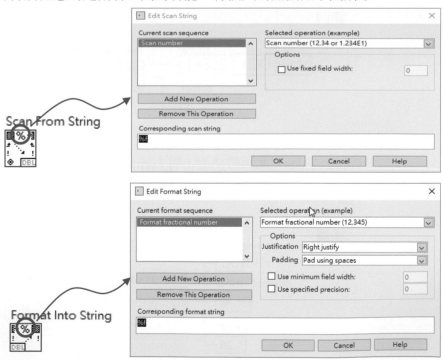

10.2.2　數值與字串的轉換

其它的字串格式化功能，如字串轉換爲數字，或是將數字轉換成字串，可從程式區的函數面板中 String » String/Number Conversion 子工具面板，去使用一些特定資料型態的函數，以下將介紹幾個常用的轉換函數。

1. Number To Fractional String：此函數功能，可將數值輸入轉換成爲字串函數輸出，在字串數值的浮點數可自行定義。

範例：

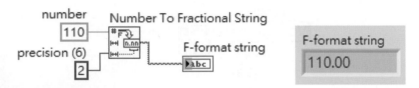

2. Fract/Exp String To Number：此函數功能，可以傳回一個字串當中的字元數量。亦可轉此函數功能是轉換一個字串，包含有效的數字字元成爲一個浮點數，而函數是由偏移開始掃描字串。

範例：

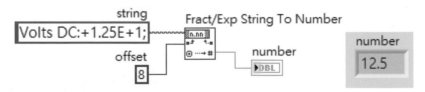

3. Format Value：此函數功能，與 Format Into String 函數相似，可以直接對輸入的浮點數值格式化成字串輸出。

範例：

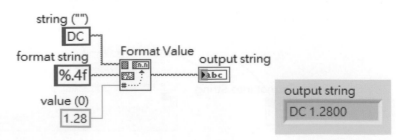

4. Scan Value：此函數功能，與 Scan From String 函數相似，可以將輸入的字串
數值轉換成浮點數值格式輸出。當輸入字串的類型不同時，在
format string 的功能設定亦不相同，如果輸入字串是科學符號中
的浮點數時，在設定參數是%e；反之輸入字串是 SI 符號中的浮
點數時，在設定參數則為%p，請參閱以下範例。

範例：輸入字串是**科學符號中的浮點數**

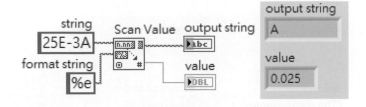

範例：輸入字串是 **SI 符號中的浮點數**

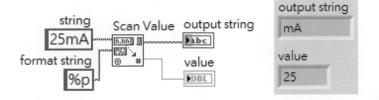

補充：**轉換代碼**(Conversion Code)可使用於浮點數與固定點數，如下表所示。

Conversion Code	LabVIEW Interpretation
%f	分數格式的浮點數（例如：12.345）。
%e	科學符號中的浮點數（例如：1.234E1）。
%g	LabVIEW 使用 f 或 e，取決於數字的指數。 如果指數大於-4 或小於指定的精度，LabVIEW 將使用 f。
%p	SI 符號中的浮點數。

10

範例 10-1 Combined String VI

學習目標：學習字串函數的應用。

　利用 Format Into String、Concatenate Strings、Match Pattern，以及 String Length Functions 等函數，的值。建立一個 VI 程式轉換數字成為字串，與串連字串成為其他字串，形成一個單一的輸出字串。同時 VI 也可以決定輸出字串長度，以及測試密碼是否符合設定。

Front Panel：

Block Diagram：

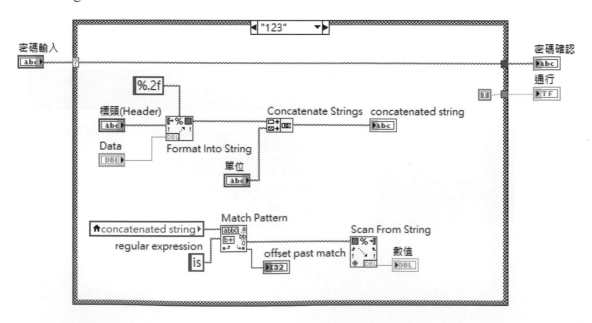

步驟說明:

1. 開啟一個新的面板。

2. 在使用字串顯示器時,必須注意顯示器的有效顯示長度,儘可能的先將其長度調整到有效的大小。

3. 建立如上圖所示的人機介面,修改控制器及顯示器,利用函數將控制器及數位控制器串連起來,使兩個字串的輸入成為一個單一的輸出字串,並將顯示輸出顯示在字串顯示器,數位顯示器也將顯示出字串長度。VI 程式可透過測試,檢查字串是否符合輸入的密碼字串,如果不符合時 VI 顯示出一個布林邏輯 FALSE,相符時,字串顯示器會顯示出相符的字串。

4. 在密碼顯示器的部份,可以透過滑鼠來設定,請參閱 10.1.1 小節說明,嘗試調整顯示的狀態如 16 進位顯示、星號顯示,以及正常顯示等。

5. 在三個字串控制器,以及一個數字在數位控制器內鍵入文字,並在密碼控制器之內,鍵入密碼,再執行 VI。

6. 在儲存後關閉 VI。

函數物件功能說明：

1. Format Into String：此函數物件位於 String 子面板中，其功能是在轉換數位控制器裡，被指定的數字成為一個字串。

   建立格式字串%.4f：可在 Format Into String 函數，由彈出式功能選單中，點選 Edit Format String 功能，從 Edit Format String 的話框中，建立格式化字串。

   ①選擇使用指定的精確度，並鍵入 4，以在小數點後四位數的格式， 轉換數字為字串。

   ②選擇**建立字串鍵**(Create String Button)。

2. Concatenate Strings：串連字串函數物件位於 String 子面板中，此函數可將全部的輸入字串，串連成為一個單一的輸出字串。若要增加輸入的個數，可用定位工具鍵拖曳放大函數的大小。

3. Case Structure：事件結構的物件位於 Structure 面板中，Case 結構可以設成為比較字串常數，或是使用者輸入密碼字串的方式。如以密碼方式設定時，當輸入密碼相符時，便會顯示出相符的字串。反之則顯示出一個空字串。

10-3　檔案管理函數 `CLAD`

　　本節將討論如何利用讀取、寫入，以及關閉等函數，建立檔案的管理功能。同時也討論簡單的錯誤處理，與典型的檔案 I/O 作業，包括以下的程序：

1. 建立或是開啓檔案，其所謂的是指定路徑，或是由作業系統的檔案總管，指示 LabVIEW 到檔案所在之位置，開啓已存在的檔案，或是建立新檔案。
2. 檔案的讀取與寫入。
3. 關閉檔案。

　　檔案管理函數有助於我們在處理與儲存資料時的運用，如何選擇適當的檔案函數，將是我們學習的重點，而這些檔案函數所在位置，如下圖所示。

1. Open/Create/Replace File：**(開啟/建立/重置)**，此函數功能爲檔案的開啓、建立新的檔案，或是取代現有檔案。亦可選擇設定對話的方式爲**提示**(prompt)、預設檔案名稱、**起始路徑**(start path)，或是**樣式**(pattern)。當檔案路徑被

10

保留空白時,則 VI 會顯示一個對話框,此時你可以選擇一個新的或者已存在的檔案。在開啟或者建立檔案後,可用 Read File 或 Write File 函數讀取檔案與寫入資料到檔案。

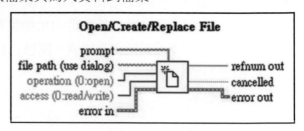

2. Read from Text File:**(讀取檔案)**可經由**參考號碼**(refnum)設定檔案中讀取資料,回傳相關資料。並從檔案標記處開始讀取,或從 pos mode 及 pos offset 所指定的位置開始讀取,讀取資料的方式視指定檔案的格式而定。

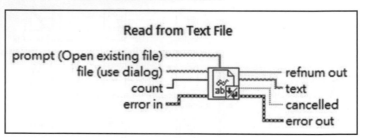

3. Write to Text File:**(寫入檔案)**乃是將資料寫入 refnum 指定的開啟檔案,對於位元組串聯檔案而言,資料則是從 Pos mode 與 Pos offset 所指定的位置開始寫入,如果資料為記錄檔時,則從檔案末端開始寫入。因此,data、header 以及指定之檔案的格式決定寫入資料量。

4. Close File：**(關閉檔案)** 此指令功能為關閉 refnum 所開啟的檔案，並傳回與 refnum 相關之檔案的路徑。此函數對錯誤 I/O 的運作方式，有別於其他不同的系統，當有錯誤訊息產生時，無論先前的作業中是否發生過錯誤，檔案都會被關閉。如此可以確保檔案正確地關閉。

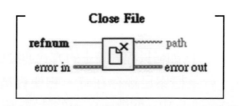

5. Simple Error Handle：**(簡易錯誤管理)** 此函數物件位於 Dialog & User Interface 子面板中，如果程式有錯誤產生時，或是檢查檔案操作發生錯誤時，皆會顯示出對話框。

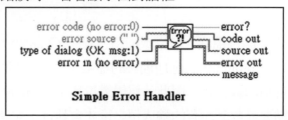

 補充： 當低階檔案函數在執行時，它會先檢查錯誤輸入的群集，在前述的 VI 或函數是否已產生錯誤的訊息，如果在 Status 內顯示為 TRUE 時，表示已有錯誤產生，所以 VIs 或是函數便無法再繼續執行下去。此時，錯誤輸入群集便會將簡單的錯誤訊息，傳送到錯誤輸出群集的下一個節點，如果 Status 內顯示為 FALSE 時，則表示沒有錯誤產生，節點便會往下執行運作。所以為方便 VI 與函數的錯誤檢出，我們可以設定錯誤輸出群集，來反映在執行 VI 或函數時，是否有錯誤產生。

10

10.3.1 資料寫入方式

如果要將資料儲存到一個新建立或已存在的檔案中，必需完成三個階段的流程，也就是開啟或建立檔案、寫入資料，以及關閉檔案。不過你也可以利用 VI 檔案，將任何的資料型態，預先寫入已開啟或是新建立的檔案中，為了方便其它使用者或程式編輯者，在存取原始檔案時，最好使用 ASCII 的資料型態來儲存檔案。

　　若能透過程式與對話框，對程式編輯者而言，確實可以很方便的存取檔案，如果要利用交談式檔案對話框存取檔案時，必須先經由**檔案路徑**(File Path)的方式，也可以不透過Open/Create/Replace檔案VI的方式，直接由程式到檔名，或由路徑名稱到VI的方式，如此一來以節省時間的浪費，其路徑名稱組織如下：路徑名稱是由磁碟機編號，例如為A或者C、冒號，以及反斜線分開的目錄名稱與檔名所組成。

　　下面的範例說明，如何以程式設定的方式連接檔案名稱及路徑名稱的情況下，將字串資料寫入檔案。若是檔案已經存在時，它便會被取代之，或是建立新檔案的方式。Open/Create/Replace File VI在開啟test1.txt的時候，便會產生一個refnum以及一個**錯誤**(Error)資料叢集。refnum乃是一個檔案**識別器**(Identifier)，當你在開啟或建立一個檔案時，它就會伴隨產生，並隨著的操作程序辨識檔案。

　　當你開啟檔案、設備或網路連線時，LabVIEW 會建立一個與該檔案、設備或網路連線相關的 refnum，對你所開啟的檔案、設備或網路連線在執行作業時，都會以 refnum 來辨識各項函數物件。因此，錯誤叢集和 refnum 會依順序由一個節點傳到另一個節點，由於節點要等收到所有的輸入值之後才會執行，並建立資料的相關性。

　　在下面範例的流程，當 Open/Create/Replace File VI 將 refnum 和錯誤叢集傳送給 Write File 函數之後，才會把資料寫入磁碟。唯有在 Write File 函數完成執行時，才會再將 refnum 和錯誤叢集傳給 Close File 函數之後，再關閉檔案。Simple Error Handler VI 會去檢查錯誤叢集，並在錯誤發生時顯示一個錯物訊息的對話框，若錯誤發生在一個節點上，則後續的節點便不會再執行下去，而該錯誤的訊息會透過錯誤叢集傳給 Simple Error Handler.vi，程式部份如下圖所示。

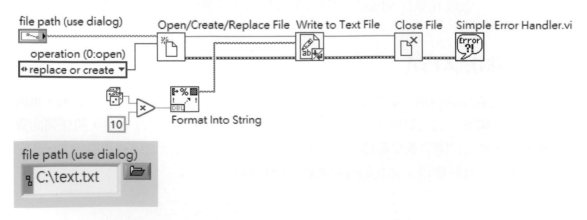

範例 10-2　Write to Text File VI

學習目標：學習如何將資料寫入檔案。

建立一個可儲存資料的 VI 程式，請參閱範例 10-1 所使用的 Case 結構，並保留密碼確認功能，當密碼輸入錯誤時，必須禁止任何資料的儲存。

Front Panel：

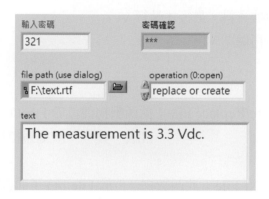

Block Diagram：

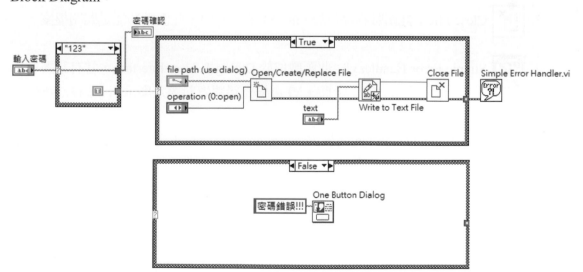

步驟說明：

1. 開啓一個新的面板。
2. 建立如上圖所示的人機介面，利用兩個 Case 結構處理密碼確認，與檔案儲存管理。並以 Case 結構建立密碼確認功能，當密碼確認爲 TRUE 時，進入主程式部份執行資料寫入檔案。反之密碼確認爲 FALSE 時，禁止資料寫入檔案。
3. 在密碼顯示器的部份，可以透過滑鼠來設定，請參閱 10.1.1 小節說明。
4. 首先在密碼控制器之內，鍵入密碼，接下來選擇檔案儲存路徑，而後再鍵入欲儲存的資訊或是數據資料，最後才執行 VI。
5. 切記儲存之後，再關閉 VI。

函數物件功能說明：

1.  Open/Create/Replace File：此函數物件位於 File I/O 子面板中，其主要功能開啓、建立、或是重置檔案之用。

2.  Write to Text File：此函數物件位於 File I/O 子面板中，此函數功能可透過字串輸入控制物件，將字串資料寫入指定的檔案。

3.  Close File：此函數物件位於 File I/O 子面板中，此函數功能是關閉檔案。

4.  Simple Error Handler.vi：此函數位於 Dialog & User Interface，當有錯誤發生時，VI 會檢查錯誤資料叢及顯示出一個對話框。

5.  One Button Dialog：此函數物件位於 File I/O 子面板中，此函數功能是關閉檔案。

10.3.2 資料讀取方式

如果有資料想從檔案讀取資料時，首先是開啓已存在的舊檔案，並以 Read File 函數讀取檔案之內容，最後再關閉檔案，此時必須小心的設定讀取資料的數量。下面的範例，會顯示出讀取全部字串檔案的內容與步驟，並會用一個交談式檔案對話框去選擇檔案，如下的簡易範例所示。

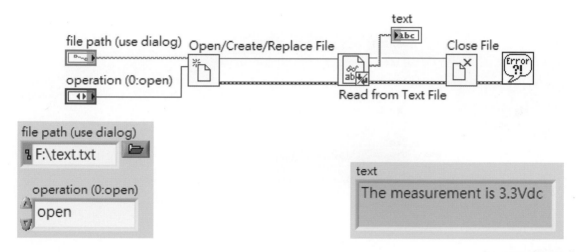

錯誤資料叢乃是將所有的錯誤資料聚集起來，而叢集的功能則是 LabVIEW 處理錯誤過程最具代表的方法。通常**錯誤**(Error)和 refnum 會將一檔案 VI 傳到下一個相關的函數物件，只有當 VI 或節點要在收集到所有的輸入資料，才會依照順序再往下執行。Open/Create/Replace File VI 接著傳遞 refnum 和錯誤資料叢到 Read File 函數。而 Read File 函數的功能，則是將資料從磁碟中讀出，Close File 功能是在收到來自 Write File 的錯誤資料叢和 refnum 之後，便會將檔案關閉。因此，簡單錯誤**處理器**(Simple Error Handler)VI 會主動地檢查錯誤的資料叢，如果有錯誤產生時，便會立刻顯示在對話框中。

10

範例 10-3 Read from Text File VI

學習目標：學習如何將資料寫入檔案。

　　建立一個可儲存資料的 VI 程式，請參閱範例 10-1 所使用的 Case 結構，並保留密碼確認功能，當密碼輸入錯誤時，必須禁止任何資料的儲存。

Front Panel：

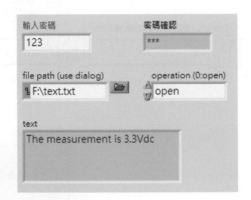

Block Diagram：

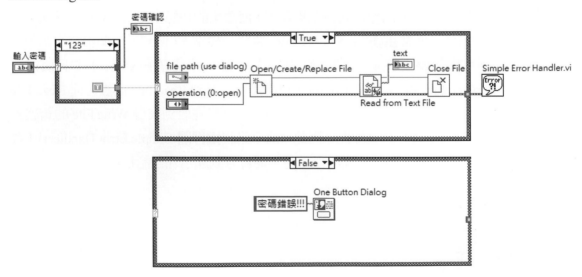

步驟說明：

1. 開啟一個新的面板。
2. 建立如上圖所示的人機介面，利用兩個 Case 結構處理密碼確認，與檔案儲存管理。並以 Case 結構建立密碼確認功能，當密碼確認為 TRUE 時，進入主程式部份執行資料寫入檔案。反之密碼確認為 FALSE 時，禁止資料寫入檔案。
3. 在密碼顯示器的部份，可以透過滑鼠來設定，請參閱 10.1.1 小節說明。
4. 首先在密碼控制器之內，鍵入密碼，接下來選擇檔案儲存路徑，而後再鍵入欲儲存的資訊或是數據資料，最後才執行 VI。
5. 切記儲存之後，再關閉 VI。

函數物件功能說明：

1.  Open/Create/Replace File：此函數物件位於 File I/O 子面板中，其主要功能開啟、建立、或是重置檔案之用。

2.  Write to Text File：此函數物件位於 File I/O 子面板中，此函數功能可透過字串輸入控制物件，將字串資料寫入指定的檔案。

3.  Close File：此函數物件位於 File I/O 子面板中，此函數功能是關閉檔案。

4.  Simple Error Handler.vi：此函數位於 Dialog & User Interface，當有錯誤發生時，VI 會檢查錯誤資料叢及顯示出一個對話框。

5.  One Button Dialog：此函數物件位於 File I/O 子面板中，此函數功能是關閉檔案。

10

10-4　試算表字串格式

在 LabVIEW 系統中，你可以容易地格式化文字檔案，也可以利用試算表功能將它們開啟。許多試算表都會將定位字元行與結束線字元列分開。而 LabVIEW 可使用連續文字函數在行目之間插入 Tab，並在最後一個行目的後面插入結束線(End of Line)，下面的範例顯示如何利用 Format Into String 函數來建立文字檔。首先我們可以透過 For Loop 迴圈計數方式，由隨機數函數產生數值，並將其轉換成為字串輸出。在資料寫入檔案之前，可以經由 Format Into String 函數功能處理 Tab 與結束換行，但此函數沒有提供格線的功能。

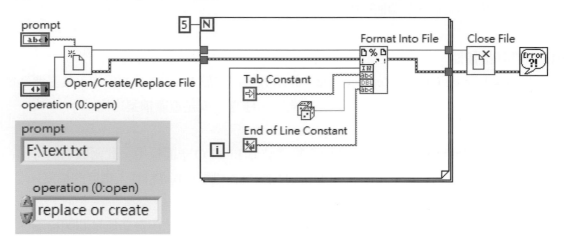

在上述範例的 VI 程式會產生類似下面的文字檔案，其箭頭部分(→)代表定位點，而分段記號(¶)則是代表一個行結束字元，說明如下。

$$0 \rightarrow 0.447665¶$$
$$1 \rightarrow 0.095547¶$$
$$2 \rightarrow 0.251347¶$$
$$3 \rightarrow 0.985213¶$$
$$4 \rightarrow 0.033778¶$$

如果上述範例所儲存的 text.txt 檔案，以記事本開啟時檔案內容顯示如下。

text - 記事本				
檔案(F)	編輯(E)	格式(O)	檢視(V)	說明(H)
0	0.447665			
1	0.095547			
2	0.251347			
3	0.985213			
4	0.033778			

上一頁範例所儲存的 text.txt 檔案，亦可以使用 Excel 軟體來開啟，下圖示範說明的 Excel 為 2003 版本。

	A	B	C
1	0		0.447665
2	1		0.095547
3	2		0.251347
4	3		0.985213
5	4		0.033778
6			

範例函數物件功能說明：

1. 以 Case 結構建立密碼確認功能，當密碼確認為 TRUE 時，進入主程式部份執行資料寫入檔案。反之密碼確認為 FALSE 時，禁止資料寫入檔案。

   ① Open/Create/Replace File：此函數物件位於 File I/O 子面板中，其主要功能開啟、建立、或是重置檔案之用。

   ② Format Into File：此函數物件位於 File I/O 子面板中，其主要的功能可將字串與數值轉換成檔案資料儲存。

   ③ Close File：此函數物件位於 File I/O 子面板中，此函數功能是關閉檔案。

   ④ Tab Constant：此函數為空格常數。

   ⑤ End of Line constant：此函數為結束線常數，表示插入一個**換行字元**(Carriage Return Character)及一個**列饋字元** (Line Feed Character)。

10

補充：對於 Open/Create/Replace File 函數而言，檔案路徑輸入有兩種，分別有 Prompt 與 file path(use dialog)，只能選其中一種方式檔案路徑輸入，但無法兩種方式同時並存，以下將說明 Prompt 與 file path(use dialog)的差異性。

①選擇使用 Prompt 做為儲存檔案路徑時，會出現如下檔案總管畫面。

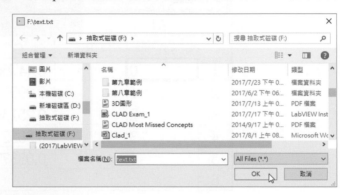

②若選用 file path(use dialog)做為儲存檔案路徑時，則不會出現檔案總管畫面，而檔案會被儲存到指定的路徑，程式如下圖所示。

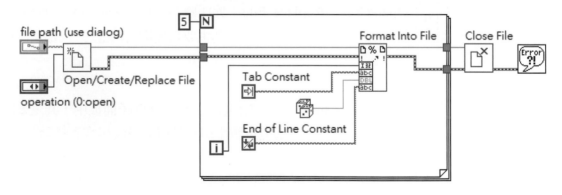

步驟 3.緊接著，將滑鼠移到 Property Node 上，按下滑鼠右鍵，由彈出功能選單點選 Change All To Write，做連線的設定，如下圖所示。

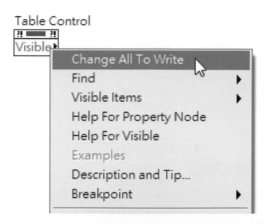

補充：Change All To Write 功能的設定與否，如下圖所示。

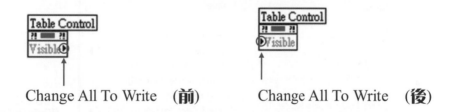

Change All To Write　**(前)**　　　Change All To Write　**(後)**

步驟 4.欲增加 Property Node 的個數，可由滑鼠移至物件上，按右鍵點選 Add Element 方式，或是以滑鼠拖曳 Property Node 物件的外框方式，上述兩種方式皆可以增加 Property Node 的個數，如下說明。

①Add Element 方式：　　　　　　　②滑鼠下拉拖曳方式：

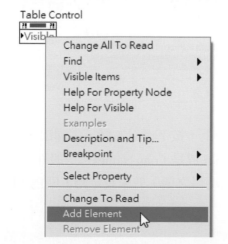

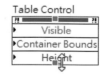

10

步驟 5.然後再將滑鼠移到 Property Node 上，按下滑鼠右鍵由彈出功能選單，點選
Select Property 做設定的選擇，如下圖所示。

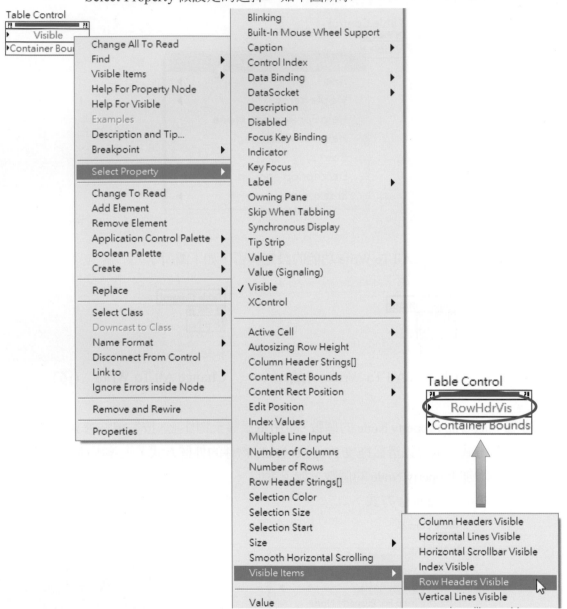

步驟 6.並將滑鼠移到 Property Node 上，按下滑鼠右鍵，由彈出功能選單點選 Name
Format，決定使用 Short Names 或是 Long Names。一般而言，如選擇為 Long
Names 設定，則有利於程式編輯之便，若未設定時，則為 Short Names 機定
值，如下頁圖所示。

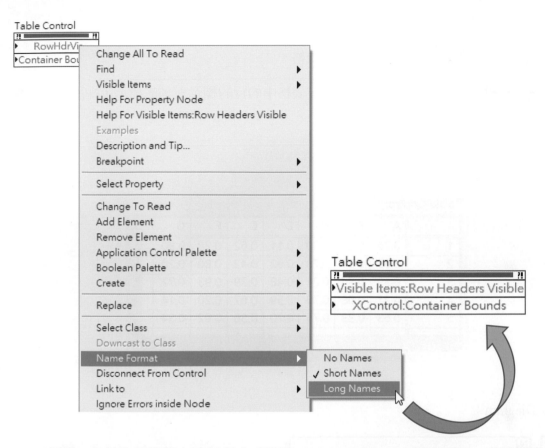

步驟 7.無論你是使用上述何種方式增加 Property Node，也都必須逐一的改變名稱內容設定。在下面範例中，欲在 Row 上加註標示，故要使用到 Properties 的功能，將名稱內容改成 Row Header Strings[]，與使用 Visible Items 的功能，將名稱內容改成 Row Header Visible 等標籤，如下圖所示。

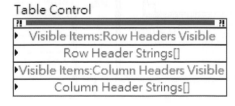

10

範例 10-4 Creadting Table VI

學習目標：利用隨機函數產生一個 5×7 表格。

　　將輸出結果以一個二維的字串表格，在表格中的行的標示與列的標示，採用**屬性節點**(Attribute Nodes)的方式來編寫。

Front Panel：

Table Control	A	B	C	D	E	F	G	
1	0.76	0.07	0.50	0.11	0.62	0.28	0.80	
2	0.69	0.37	0.73	0.92	0.42	0.80	0.20	
3	0.39	0.84	0.21	0.48	0.79	0.93	0.72	
4	0.21	0.08	0.70	0.59	0.67	0.20	0.14	
5	0.63	0.33	0.75	0.70	0.56	0.02	0.54	

Block Diagram：

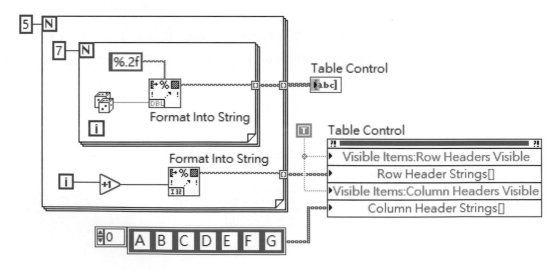

步驟說明：

1. 請先在人機介面產生兩個 For Loop 與字串表格，分別為 Table Control 與 Table Control(屬於 Property Node 的型式)，如上圖所示。

函數物件功能說明：

1. 在程式區中，先以兩個 For Loop 來產生二維陣列，並由隨機函數產生數值輸出，組成一個 5×7 的隨機函數表格。

 Format Into String：此函數物件位於 String 子面板中，其功能是格式化輸入的字串型式。

2. 在產生 Table Property Node 時，請參閱 10.4.2 節的步驟操作說明。

10

10-5　高階檔案 I/O 的技巧　CLAD

在 LabVIEW 中，最常用來儲存資料的三種技術分別為 ASCII 檔案格式、二進位儲存，以及 TDM 檔案格式。而這些格式各有其優缺點，有些格式較其它格式更適合用來儲存特定的資料類型，何種情況下適合你的應用程式使用呢？接下來，將說明上述三種檔案格式的適用時機，與其所存在的優缺點。

10.5.1　使用文字(ASCII)檔案時機

如果有以下幾種如不需考量磁碟空間、檔案輸出/輸入的速度、不需要執行隨機存取讀寫，以及忽略數值精確度等情況。便可以用文字格式檔案來儲存資料，而文字檔案是最容易使用與分享的格式，幾乎任何電腦都能讀寫文字檔案，也有多種文字程式可以讀取文字檔案。

若想要從另外一個應用程式(例如文書處理或試算表應用程式)存取資料時，可使用 String 函數，將所有資料轉換為文字字串，文字檔案可以包含不同資料類型的資訊。如果資料原本並不是文字格式(例如是圖表或波形圖資料)，文字檔案所佔用的記憶體通常比二進位和資料記錄檔案大很多。因為以 ASCII 呈現的資料通常會大於資料本身，舉例來說，你可以用四個位元組儲存−120.4567 這個數字，作為單精度浮點數字。但是它的 ASCII 呈現方式需要使用九個位元組，也就是說一個字元佔用一個位元組。

因此也難以隨機存取文字檔案中的數值資料，雖然字串中的每個字元都會固定佔用一個位元組的空間，但是將數字呈現為文字所需要的空間卻是通常不固定。要想找到文字檔案中的第九個數字，LabVIEW 必須先讀取再轉換前面的八個數字。也就是要將數值資料存在文字檔案中，可能會失去精確度。通常我們是以十進位制將數值資料寫入文字檔，在資料寫入文字檔案時，便可能會失去精確度。然而二進位檔案則沒有失去精確度的問題，因為電腦是將數值資料儲存成為二進位資料。

10.5.2　使用二進位檔案時機

儲存二進位資料(例如整數)，會在磁碟上使用固定數量的位元組。以二進位格式儲存從 0 到 40 億之間的任何數字(例如 1、1,000，或是 1,000,000)，每個數字都會佔用 4 個位元組。使用二進位檔案來儲存數值資料，並從檔案存取特定數字，或是從檔案隨機存取數字。二進位檔案只有機器才能讀取，這與人類能夠讀取的文字檔案有所不同。在儲存資料時，二進位檔案所佔的容量最小，處理速度最快的格式。二進位檔案儲存會比較有效率，因為檔案使用的磁碟空間也比較少，所以檔案在儲存和讀取時不需要從文字來進行轉換。

二進位檔案可以在 1 byte 的磁碟空間容量呈現出 256 個值，所以二進位檔案通常會包含資料的**位元組對位元組影像**(byte-for-byte image)，也就和它儲存在記憶體中一樣，但只有延伸和複數值例外。當檔案中包含資料的位元組對位元組影像，這如同將其儲存在記憶體中一樣，在讀取檔案的速度會比較快，主要是不需透過轉換程序。

另有一種稱為**資料紀錄檔案**(datalog file)的特殊二進位檔案，它可是將叢集資料記錄儲存成檔案最容易的方法。資料記錄檔案可將叢集陣列以二進位方式儲存，因為資料記錄檔案提供了有效率的儲存和隨機存取功能。但資料記錄檔案的儲存格式是非常複雜，所以除了在 LabVIEW 之外，其它的環境都很難利用此方式來存取資料紀錄檔案。再者，為了存取資料記錄檔案的內容，我們必須知道儲存在檔案中的叢集類型的內容，一旦遺失了叢集的定義，那麼檔案便會無法解讀了。基於這個原因，並不建議使用資料記錄檔案作為與他人分享資料，或是成為其它系統的儲存格式，因為有可能會遺失或是錯植叢集的定義。

10.5.3　使用 TDM 檔案時機

測試資料交換格式(Test Data Exchange Format, TDM)是一種混和檔案格式，它結合二進位儲存和 XML 格式的 ASCII 資料。在 TDM 檔案中，原始的數值資料會以二進位格式儲存。這樣做可以提供二進位的優點(例如有效率的空間使用和縮短快速寫入時間)。一般而言，二進位資料和 XML 資料會被分割成兩個檔案，.tdm 檔案儲存 XML 資料，.tdm 檔案儲存二進位資料。

TDM 檔案的設計是為了儲存測試或量測的資料，尤其是在資料含有一個或多個陣列時。如果要儲存數個陣列的簡單資料類型(例如數字、字串，或是布林資料)，TDM 檔案此時最能顯示出其優點。但 TDM 檔案不能直接儲存叢集陣列，如果要將資料以叢集陣列來儲存時，請務必使用其它的檔案格式(例如二進位)，或是將叢集打散成為通道方式，再透過 TDM 檔案的架構來做邏輯組織。

對大部份的檔案輸入與輸出而言，檔案函數只會執行檔案的輸入與輸出作業中的每一個步驟。不過，對有一些高階的檔案輸入與輸出程式，則是針對一般的檔案輸入與輸出作業而設計，在使用高階的檔案輸入與輸出，來執行一般的檔案輸入與輸出作業，所以會執行下面的四個步驟：

1. 由文字檔案中讀取與寫入字元。
2. 由文字檔案中讀取整行資料。
3. 從試算表的文字檔案讀取或寫入一維或二維陣列的單精密度數值。
4. 在二進位檔案中讀取或寫入一維或二維陣列，有正負號的 16 位元之整數或是單精密度數值。

二進制檔案VI(Binary File VI)，乃是屬於高階的VI讀寫的檔案格式，在數值資料方面可以是**整數**[I16]或是**浮點數**[SGL]。如果是以存取速度及儲存空間是重要考慮因素時，可以考慮使用二進制的格式儲存資料，以達到節省儲存空間。雖然所有的檔案I/O方法，最後都會建立二進制檔案，但使用者可以使用Binary File函數，直接與二進制檔案互動，其相關函數物件說明如下：

1. Open/Create/Replace File：此函數物件位於 File I/O 面板中，其主要功能開啟、建立、或是重置檔案之用。

2. Write to Binary File：此函數物件位於 File I/O 面板中，此函數可將二進位資料寫入一個檔案中。其運作方式與 Write to Text File 函數很類似，也可以接受大部份的資料類型。

3. Read from Binary File：此函數物件位於 File I/O 面板中，讀取二進位資料時，必須輸入所要讀取的資料種類，此函數亦可以回傳內含指定資料類型的陣列。

4. Get File Size：此函數物件位於File I/O中的Advanced File Functions子面板，此函數可回傳檔案的大小，其單位是以位元組(byte)來表示。若想要讀取一個二進位檔案的全部內容時，此函數可以配合Read from Binary File函數使用。切記!如果所要讀取的資料元素大於一個位元組時，就必須重新調整所要讀取的計數值。

5. Get File Position/Set File Position：此兩函數物件位於 File I/O 中的 Advanced File Functions 子面板，這兩函數可以取得與設定檔案中發生讀寫的位置，亦可使用這兩函數來處理 Random File Access。

6. Close File：此函數物件位於File I/O子面板中，此函數功能是關閉檔案。

　　LabVIEW 的每一種資料類型，在被寫入二進位檔案時，都會呈現一個特定的方式。接下來，討論一下在處理各種類型的二進位時所呈現的狀態。

布林值(Boolean Value)：

　　LabVIEW 在二進位檔案中將布林值呈現爲 8 位元的值。若所有的值全部爲零，就代表 False。反之，其值都代表 True。但如此處理的話會把檔案分成不同位元組大小的區段，而無法有效簡化檔案的讀取與處理，如下表所示。

方式 A	00000001, 00000001, 000000000, 00000001,000000000, 00000001

　　爲了能有效率的儲存布林值，我們可以採用 Boolean Array To Number 函數，將一連串的布林值轉換爲整數值，如下表所示。

方式 B	00101011

有兩種方法可將六個布林值以二進位檔案儲存，如下圖所示。

範例 1：每一個布林值使用一個位元組。

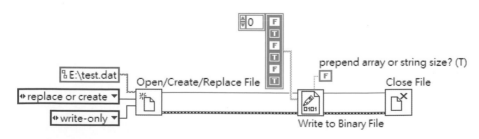

範例 2：使用一個位元組儲存所有的 6 個布林值。

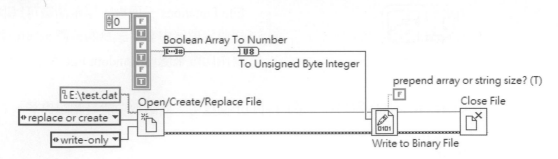

陣列(Array)：

陣列可由一個元素所組成的順序列表，而每個元素的樣式則須視元素類型而定。如欲將一個陣列儲存到檔案時，可以選擇在陣列前面加上一個**標頭**(header)。在標頭中包含一個四位元組的整數，用來表示每個 dimension 的大小。下面範例說明如何將 8 位元整數的二維陣列寫入檔案與標示標頭。Write to Binary File 函數的 prepend array or string size?功能設定為 True。注意，這個接頭的預設值是 True 時，標頭便會加到所有的二進位的檔案中。

範例：將二維陣列連同標頭一起寫入檔案之中。

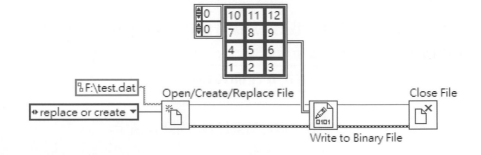

10-6　循序讀取與隨機讀取

從 LabVIEW 中讀取二進位檔案時，通常會有兩種讀取資料的方法。第一種方法是從檔案的起頭開始，依照順序讀取每一個項目，此方法稱為**循序讀取**，其功能十分類似讀取一個 ASCII 檔案。另一種方法則是在檔案之中，任意一個點上對資料進行隨機的讀取，而此方法稱為**隨機讀取**。舉例而言，在一個已知的二進位檔案中，包含有一個寫入標頭 32 位元整數的一維陣列，若想要讀取該陣列中的第四個元素，我們可以先計算元素在該檔案中的偏移量(以位元組為單位)，然後再讀取該元素。

10.6.1　循序讀取

若要循序讀取檔案中的所有資料，則可透過呼叫 Get File Size 函數功能，並根據各項目的大小與檔案的結構，使用函數傳回的結果來計算檔案中的項目數量，並將項目數量接至 Read Binary 函數的計數終端點，如下範例程式所示。

範例：循序讀取整個檔案。

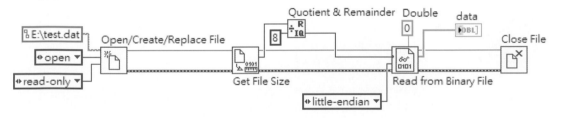

另外一種方法是，則是可以在 Read Binary 函數的計數終端點，利用預設 1 的方式重複呼叫 Read Binary 函數來循序讀取該檔案，並以一次存取一個項目。然而每次的讀取運算時，都會更新在檔案中的位置，以便在每次呼叫讀取時，都能讀到新的項目。在使用這種技術讀取資料時，你必須注意在呼叫 Read Binary 函數之後，確認是否有 End of File 的錯誤發生，或是經由 Get file Size 函數，來計算抵達檔案結尾所需要的讀取次數。

10

10.6.2 隨機讀取

如要隨機讀取二進位檔案時，請務必使用 Set File Position 函數，並將讀取偏移值設定到你所要開始讀取的檔案位置。注意，偏移值是以位元組為單位。因此，必須根據檔案的結構來計算偏移值。在下一頁的範例，假設該檔案是使用不帶表頭的雙倍數精確度數字的二進位陣列寫入，則 VI 回傳陣列項目，並不會被指定索引值。

範例：隨機讀取二進位檔案。

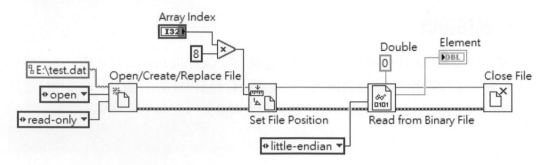

問題練習

1. 如何將範例 10-2 與範例 10-3 合併成為一個 VI 程式，在將資料寫入檔案之後，可以立即自動顯示所寫入的資料。

2. 將範例 10-3 的 VI 程式的密碼輸入部分，增設功能為可允許 3 次輸入密碼錯誤的機會，在第 4 次發生密碼輸入錯誤時，則由布林邏輯送出一 FALSE 的訊號，且立即中止程式執行。

10

CLAD 模擬試題練習

1. 下面程式碼被執行之後,其結果字串(Resulting String)的內容為何?

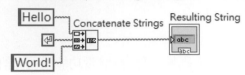

   A. Hello

   　World!

   B. World!

   C. World!Hello

   D. Hello World!

2. 下面程式碼被執行之後,其結果字串(Resulting String)的內容為何?

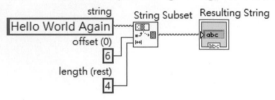

   A. Worl

   B. Hello d Again

   C. HelloldAgain

   D. Wor

3. 下面程式碼被執行之後,其新字串(New String)的內容為何?

   A. HELLO WORLD!

   B. hello world1

   C. 　hELLO wORLD!

   D. hello world!

4. 在完成下面程式碼執行時，子串之後(After Substring)的值是多少？

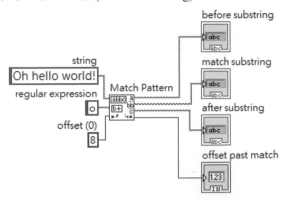

  A. <blank>

  B. world!

  C.   h hello world!

  D. rld!

5. 下面程式碼被執行之後，其結果(Result)的值為何？

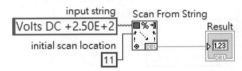

  A. VOLTS DC +2.

  B. 50

  C. 250

  D. VOLTS DC +2

10

6. 下面程式碼被執行之後，新字串(New String)的結果為何？

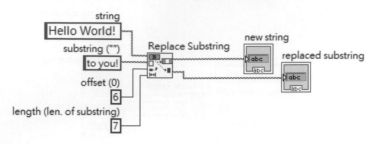

    A. Helloto you!

    B. Hello to you!!

    C. Hello to you!

    D. Hello Wto you!

7. 下面程式碼被執行之後，以下選項相關陳述何者是真實的？

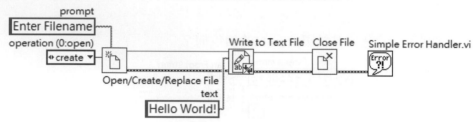

    A. 字串"Hello World！"，將被寫入由使用者命名的新文件中。

    B. 如果使用者選擇了已經存在的文件，則 VI 會產生一個錯誤並停止執行。

    C. A 與 C 兩者

    D. A 與 B 兩者

解答：① A , ② A, ③ D,④ D, ⑤ B, ⑥ C, ⑦ C

特殊 Node 應用

　　本章節將介紹兩個截然不同的**節點**(Node)結構，分別是 MathScript Node 與 Python Node。在前面第三章說明過 Expression Node 的使用方式，而第九章詳細介紹過 Formula Node 功能，兩者皆屬簡單的數學運算節點，前述兩者皆無法直接讀取或執行 Mathlab 程式碼。僅有 MathScript Node 可從 Tools 下拉選單，經點選 Import 之後直接將.m 程式碼載入。

　　另外 Python Node 則是 NI 公司在 LabVIEW 2018 建立的新功能，在此版本的 Connectivity 選單中增加了 Python 的功能，但主電腦系統也必須安裝 Python 軟體系統，否則還是無法使用 LabVIEW 的 Python Node 來執行 Python 程式。針對 LabVIEW 2018 之前的版本，使用者可以安裝 Enthought 公司所開發的 Python Integration Toolkit for LabVIEW(PITL)軟體來執行 Python 程式，不過在下載之前，請先安裝 VI Package Manager 程式，或是使用另一家公司所開發的 LabPython (Open Source Python Tools for LabVIEW)，此系統屬於較早期的版本。前述兩家公司所開發的 Python Toolkit for LabVIEW 皆有各自擁護者，而本章節著重在介紹 LabVIEW 2020 的 MathScript Node 和 Python Node 應用。

11-1 MathScript Node 應用

　　LabVIEW MathScript RT Module 是架構在 LabVIEW 系統下附加的模組程式，本書的光碟片內含 MathScript RT Module 安裝程式，讀者可依需求選擇安裝。LabVIEW 的 MathScript 具有 800 多種內建的函數指令，它能夠執行現有屬性.m 的程式，亦可自行編寫數學運算程式，而 MathScript 可透過圖形的方式，將運算的結果狀態呈現出來。在使用 MathScript 時會有兩種不同的操作方式，分別是節點式 MathScript 與視窗式 MathScript，此兩者之間的差異將會詳細說明，MathScript Node 的路徑位置 Functions » Structures » MathScript Node，如下圖所示。

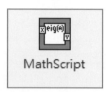

11.1.1　節點式 MathScript：

　　整體而言，MathScript 與先前所介紹的 Expression Node 和 Formula Node 功能十分類似，唯獨 MathScript 能夠直接讀取 Mathlab 的.m 程式檔案。接下來以範例方式回顧一下，Expression Node 和 Formula Node 的應用，再仔細觀察它們與 MathScript 的差異性。下面將以求解一元一次方程式 $y = x^2 + x + 1$ 範例做說明。

① Expression Node：指令物件位置(Functions » Structures)

　　範例：

② Formula Node：指令物件位置(Functions » Structures)

　　範例：

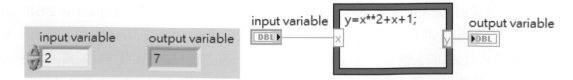

③ MathScript Node：指令物件位置(Functions » Structures)，MathScript Node 無須設定
　　　　　　　　　輸入與輸出終端點，可直接將所有的輸入與輸出條件，直接寫在
　　　　　　　　　方程式當中即可。

範例：有輸入終端點

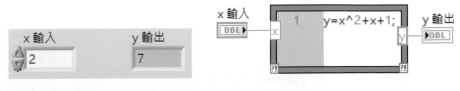

範例：無輸入終端點

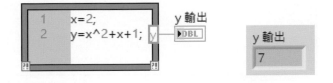

⚠️**注意**：整體而言，MathScript Node 指令語法的編寫與 Mathlab 指令語法幾乎完全相
　　　同。

11.1.2　**視窗式** MathScript：

　　視窗式 MathScript 是屬於完全獨立的視窗環境，通常是無法融入 LabVIEW 的程式編
輯當中，但它可以用來呈現輸出的圖形結果。可先開啟一個 LabVIEW 程式編輯畫面，從
Tools » MathScript Window…即可，如下圖所示。

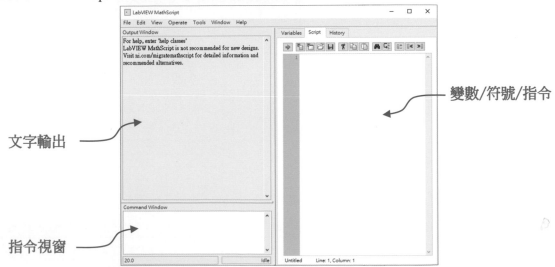

　　下面將使用相同的一元一次方程式 $y = x^2 + x + 1$為例，說明使用 Command Window 與 Script Window 此兩種截然不同方式的求解過程，請先到 Tools » MathScript Window… 點選視窗式 MathScript。

　　方法 1：Command Window

　　　　步驟 1. 請在 Command Window 的視窗中，在輸入$y = x^2 + x + 1$之前，請記得先給定輸入的變數值，每次輸入完成記得要按下 Enter 鍵，如下圖所示。

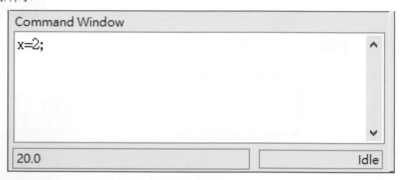

　　　　步驟 2. 在 Output Window 的視窗中，會顯示剛才的輸入指令，如下圖所示。

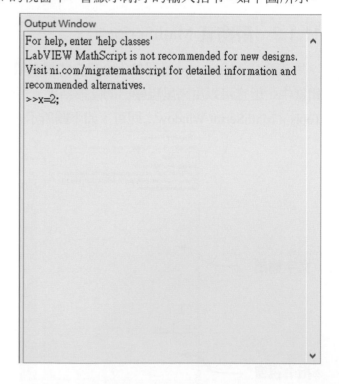

步驟 3. 在輸入完所有指令後，需先到右邊視窗上方點選 Script 選項，再按下執行鍵 ➡ 便可獲得結果，如下圖所示。

步驟 4. 執行完畢，請再將選項切換至 Variables 視窗畫面，便會顯示執行後的結果，如下圖所示。

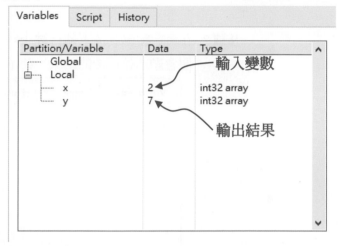

全景視窗圖示

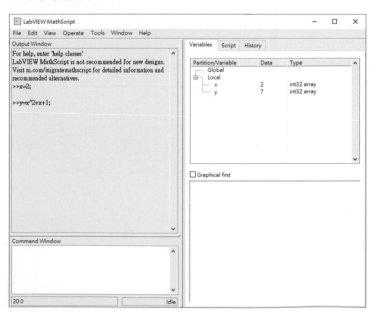

方法 2：Script Window

步驟 1. 請在 Script Window 的視窗中，在輸入 $y = x^2 + x + 1$ 之前，請記得
先給定輸入的變數值，每次在輸入完後一定要給分號，如下圖所示。

步驟 2. 在功能選項列，按下執行鍵 ➡ 之後，再將視窗頁面切換到 Variables，
便會顯示執行後的結果，如下圖所示。

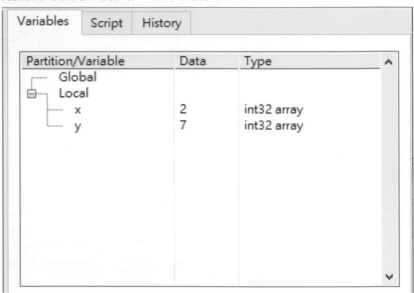

11-2　數值運算

　　LabVIEW 的 MathScript Node 與 Mathlab 在數值運算方面，所使用的函數指令幾乎完全相同，本章節就基本運算函數指令做簡單的介紹，讓讀者能熟悉 MathScript 的函數指令應用與編輯。但因視窗式 MathScript 較占版面，所以在範例說明會採用節點式 MathScript 來顯示輸出結果。

11.2.1　基本四則運算

函數指令	功能說明	範例
+	加法	4+2
-	減法 or 負號	8-3，-2
*	乘法	8*2
/	除法	8/16
^	次方	4^2

範例：

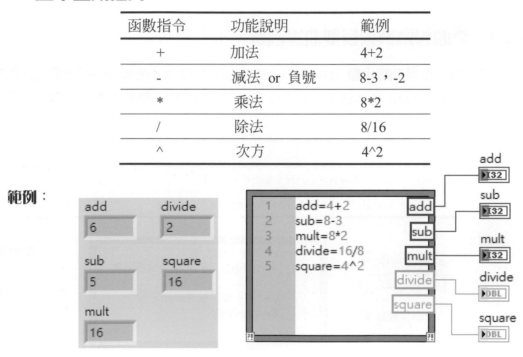

11.2.2　三角函數

　　一般而言，MathScript 提供三角函數的運算方式，是以弳度為單位，角度量則需要經由轉換，三角函數指令如下表所示。

函數指令	功能說明
sin、cos、tan、cot、sec、csc	三角函數 (單位：弳度)
asin、acos、atan、acot、asec、acsc	反三角函數 (單位：弳度)

範例：

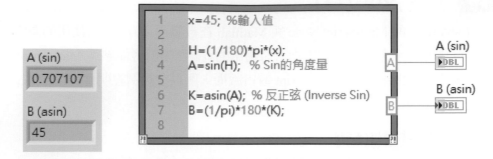

A (sin)

0.707107

B (asin)

45

```
1    x=45; %輸入值
2
3    H=(1/180)*pi*(x);
4    A=sin(H);   % Sin的角度量
5
6    K=asin(A); % 反正弦 (Inverse Sin)
7    B=(1/pi)*180*(K);
8
```

A (sin)

▶DBL

B (asin)

▶▶DBL

11.2.3　雙曲線函數與反雙曲線函數

可參閱第三章**雙曲線函數** (Hyperbolic Function)的圖示，便可得知此函數是由**指數函數**(Exponential Function) 所組成，常被視為廣義的三角函數，雙曲函數與反雙曲函數指令如下表所示。

函數指令	功能說明
sinh、cosh、tanh、coth、sech、csch	雙曲線函數
asinh、acosh、atanh、acoth、asehc、acsch	反雙曲線函數

範例：

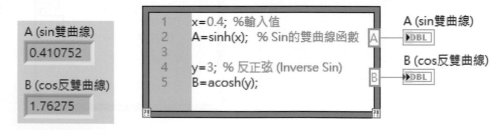

A (sin雙曲線)

0.410752

B (cos反雙曲線)

1.76275

```
1    x=0.4; %輸入值
2    A=sinh(x);   % Sin的雙曲線函數
3
4    y=3; % 反正弦 (Inverse Sin)
5    B=acosh(y);
```

A (sin雙曲線)

▶DBL

B (cos反雙曲線)

▶▶DBL

11.2.4　指數與對數

對於指數與對數的輸出結果，可以參閱第三章的內容，或是經由 LabVIEW 的線上輔助視窗查詢函數指令功能說明，指數與對數的函數指令如下表所示。

函數指令	功能說明
$\exp(x)$	自然指數函數
$\log(x)$	以 e 為底計算 (x) 的對數
$\log_2(x)$	以 2 為底計算 (x) 的對數
$\log_{10}(x)$	以 10 為底計算 (x) 的對數
$\text{sqrt}(x)$	開根號的函數

範例：

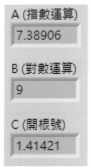

⚠ **注意：** 在 MathScript Node 當中，並未提供任意自然數為底的對數函數功能，若要計算以 a 為底，(x) 對數時，只能使用恆等式的方式，如 $log_a x = logx/loga$。

11.2.5 取餘數與捨去的指令

一般為了在運算時的方便，或是有其它特殊的需求，才會進行取出或捨去的處理，例如四捨五入、無條件進位，以及無條件捨去等需求，下表僅列出簡略的 MathScript Node 可用來取出與捨去的函數指令。

函數指令	功能說明
fix(x)	捨去 (x) 的小數部分
floor(x)	取出 ≤ x 的最大整數
ceil(x)	取出 ≥ x 的最小整數
round(x)	取出最靠近 (x) 的整數

範例：

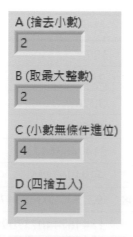

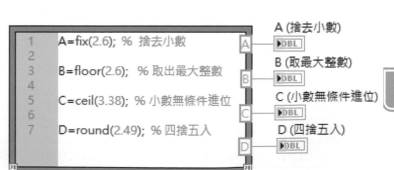

11

11.2.6　一般數值資料型態

一般而言，**數值資料型態**(Numeric Data Type)可以區分成一般數值與 n-bit 整數兩類型，然而一般數值依其精密度，又可再細分成**單精密度**(Single)與**雙精密度**(Double)，截至目前我們所使用的數值，皆是雙精密度的型式。

函數指令	功能說明	位元組	最小值	最大值
Single	單精密度	4	1.1755×10^{-38}	3.4028×10^{38}
Double	雙精密度	8	2.2251×10^{-308}	1.7977×10^{308}

範例：

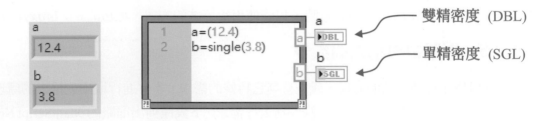

小叮嚀：通常在 MathScript Node 對數值的預設格式為雙精密度，如需使用單精密度時，必須特別留格式。

11.2.7　n-bit **數值資料型態**

n-bit 整數可區分為有正負號(singed)與無正負號(unsigned)兩種類型，可所謂的有正負號是指有正數與負數的存在，反之無正負號則是不允許有負號數出現。總而言之，無論是有正負號或是無正負號的整數，可依其大小區分為 8、16、32，以及 64 個**位元**(bit)的整數，如下表所示。

資料型式	功能說明	位元組	最小值	最大值
Int8	8-bit 整數	1	-128	127
Uint8	8-bit 整數	1	0	255
Int16	8-bit 整數	2	-32768	32767
Unit16	8-bit 整數	2	0	65535
Int32	8-bit 整數	4	-2147483648	2147483647
Unit32	8-bit 整數	4	0	4294967295
Int64	8-bit 整數	8	-9223372036854775808	9223372036854775807
Unit64	8-bit 整數	8	0	18446744073709551615

範例：

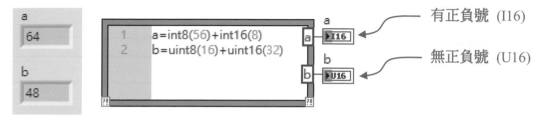

11.2.8　邏輯運算

　　MathScript 中有四個邏輯運算指令，然而邏輯運算指令的**優先權**(Priority)在算術運算中是最低的，但 NOT 邏輯指令除外，其它的邏輯運算指令優先權皆低於算術運算指令，邏輯運算指令如下表所示。

函數指令	函數名稱	功能說明
~	Not	當~a 時，若 a 為 0 時，其運算結果=1；反之為 0。
&	And	當 a&b 時，a 與 b 皆非零時，運算結果=1；反之為 0。
		Or	當 a|b 時，a 與 b 中有一位非零時，運算結果=1；反之為 0。
xor(a,b)	xor	當 xor 時，a 與 b 中必有一位為零，運算結果=1；反之為 0。

範例：

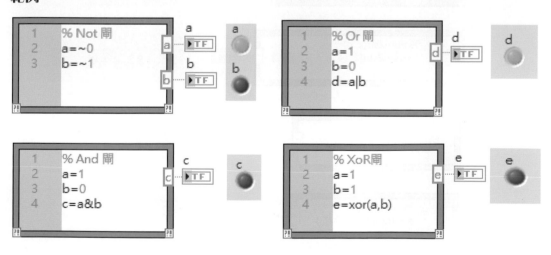

⚠️**注意：**有些字串執行指令無法使用在節點式 MathScript Node，例如 eval 與 feval 等，但此兩個指令可用在視窗式 MathScript Node 當中，後續將介紹使用方式。

11

11.2.9　數值與字串的轉換函數

MathScript 提供下表的函數指令，可供數值與字串之間的轉換。

函數指令	功能說明
int2str(x)	將(x)四捨五入轉換成整數，再將整數轉換成字串。
num2str(x)	讓(x)轉換成字串，並不做進位或捨去動作。
num2str(x,n)	先把(x)轉換成字串，再以 n 個位數方式呈現。
Mat2str(x)	對(x)陣列先進行轉換，透過字串方式顯示結果。
str2num(*str*)	將(*str*)以 eval 函數指令求取值，若無法轉換時，則顯示出空陣列。
str2double(*str*)	先將字串(*str*)轉換成數值，若無法轉換時，顯示出 NaN 狀態。

範例：

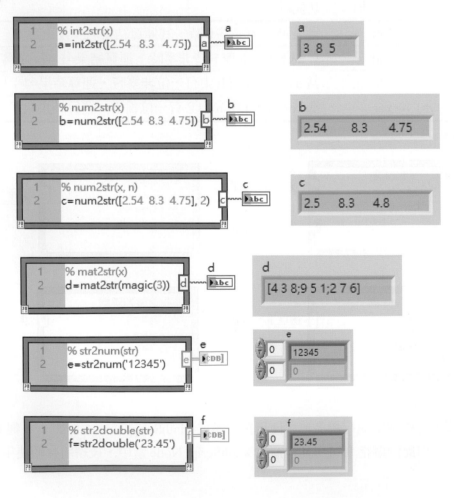

11.2.10　不同數字之間的轉換函數

　　MathScript 提供如下表函數指令，可供不同數字之間的轉換，通常 MathScript 會以字串的方式來表示其它進位系統，下表僅列出部分進位系統之間的轉換函數指令。

函數指令	功能說明
dec2bin(x)	可將 10 進位的整數 x 轉換成 2 進位的字串。
dec2hex(x)	可將 10 進位的整數 x 轉換成 16 進位的字串。
bin2dec(*bin_str*)	可將 2 進位的字串 *bin_str* 轉換成 10 進位。
hex2dec(*hex_str*)	可將 16 進位的字串 *hex_str* 轉換成 10 進位。
dec2base(x,*base*)	可將 10 進位的整數 x 轉換成 *base* 進位的字串。
base2dec(*str*,*base*)	可將 *base* 進位的字串 *str* 轉換成 10 進位的整數。

範例：

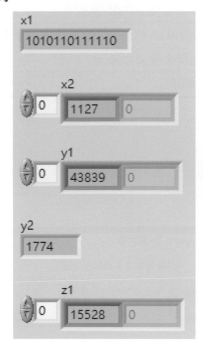

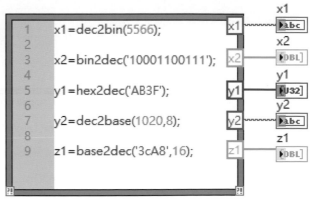

11

11.2.11 字串處理函數

MathScript 提供如下表的字串處理函數指令，可對字串做出大小寫轉換、比對，以及字元的搜尋等。若需要用到 LabVIEW 的字串處理函數，請參閱第三章內容，下表僅列出部分字串處理函數指令。

函數指令	功能說明
upper(str)	把字串 str 轉換成大寫。
lower(str)	把字串 str 轉換成小寫。
deblank(str)	把字串 str 轉後面的空白字元全部刪除。
strcmp(str_1,str_2)	比較字串 str_1 與 str_2 是否相等，相等回應 1，不相等回應 0。
strcmp(str_1,str_2,n)	比較字串 str_1 與 str_2 在第 n 個位置字元是否相等，相等回應 1，不相等回應 0。
findstr(str,s)	找出字串 str 當中，s 子字串所出現的位置。
strrep(str,s_1,s_2)	將字串 str 中的子字串 s_1 替換成字串 s_2。
strtok(str,$token$)	將字串 str 中的子字元 $token$ 替後面的字串全部刪除，在省略掉的 $token$ 部分以空白鍵來表示 $token$。
strvcat(str_1,str_2)	把字串用垂直排列方式顯現。

範例：

11-3 陣列與矩陣

　　在本章節為了說明的方便性，會使用視窗式 MathScript Node 呈現輸出結果。通常**陣列**(Array)是以**維度**(Dimension)的大小來區分，因此可以分為一維、二維，以及多維等。從數學定義得知，如果是一維陣列時稱為**向量**(Vector)；若是二維陣列則稱為**矩陣**(Matrix)，向量可進一步區分為**列向量**(Row Vector) 與**行向量**(Column Vector)。

11.3.1　一維陣列

　　MathScript 的一維陣列是表示向量，當輸入為向量時，則需使用中括號將所有的元素括起來，如果是列向量時，則是將元素與元素之間用逗號，或是用空白鍵方式隔開；若是行向量則是用分號的方式隔開元素。

函數指令	功能說明
a:b	在 a 到 b 區間，間距為 1，建立一為列向量。
a:$step$:b	在 a 到 b 區間，間距為 $step$，建立一為列向量。
linspace (a,b)	在 a 到 b 區間，建立有 100 個元素的列向量。
linspace (a,b,n)	在 a 到 b 區間，建立有 n 個元素的列向量。
Length(v)	查詢向量(v)的元素個數。
v'	把向量 v 進行轉置，列向量轉成行向量，行向量轉成列向量。

範例：

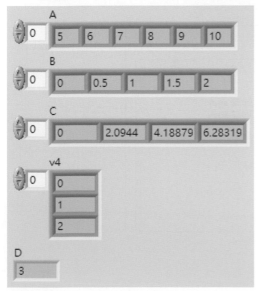

```
1    A=5:10; % 建立間距為1的列向量
2
3    B=0:0.5:2; % 建立間距為0.5的列向量
4
5    C=linspace(0,2*pi,4); % 從0~2pi的4元素向量
6
7    v4=(0:2)' % 建立從0~2的4元素向量
8
9    D=length(v4); % 用length指令查詢v4的個數
```

11

11.3.2 二維陣列

就數學觀點而言，二維的陣列被稱爲**矩陣**(Matrix)，而矩陣是由一爲陣列擴充形成，一個 $m \times n$ 的矩陣表示此矩陣，有 m 個列與 n 個行。若要建立矩陣時，可對同一列的元素以空白鍵或逗號隔開，若是對列與列之間，則可使用分號隔開即可。

範例：爲了方便顯示輸入指令與輸出結果，故採用視窗式 MathScript。

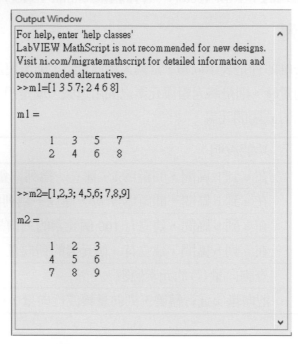

輸入與輸出的顯示視窗。

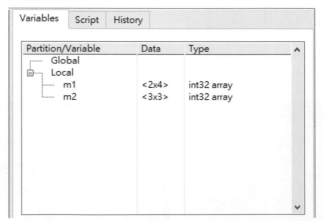

11-4　矩陣的運算

　　LabVIEW 的 MathScript 在算術運算中有兩大運算方式，分別為矩陣運算與陣列運算。在矩陣的基本運算法則當中，包含了四則運算、矩陣與常數運算、反矩陣運算、行列是運算、乘冪運算，以及指數運算等，矩陣基本函數指令與功能如下表。

函數指令	功能說明
a + b	加法
a − b	減法
a * b	乘法
a / b	右除法
a \ b	左除法
a ^ b	矩陣乘冪
a'	共軛轉置
inv(a)	反矩陣運算
det(a)	矩陣行列式運算
expm(a)	矩陣指數運算
logm(a)	矩陣對數運算
sqrtm(a)	矩陣開平方根運算

　　矩陣運算的相加與相減時，矩陣 A 與矩陣 B 的陣列元素大小需相等。其加減法則是將 A 矩陣與 B 矩陣的元素，直接進行相加或相減的運算，若運算的矩陣維度大小不相同時，MathScript 會顯示出錯誤的訊息。若將矩陣與純量執行運算時，LabVIEW 與 MathScript 是允許純量與任意大小的矩陣進行相加或相減，此時矩陣當中每個元素，都會和此純量做相加或相減的動作。

　　本小節將使用節點式的 MathScript 呈現輸入與輸出的狀態和結果，雖然視窗式的 MathScript 一樣能顯示結果，但有點小遺憾便是無法一次呈現所有的結果，不過輸出結果為圖形時，便能顯現出視窗式的 MathScript 的特性。接下來，將提供範例說明上述矩陣表列功能。

11

範例 11-1　**矩陣運算 加、減、乘**

學習目標：如何利用節點式的 MathScript，進行加法、減法、乘法，以及純量的運算。

　　首先產生一個節點式的 MathScript，並依序建立 A 矩陣與 B 矩陣，請注意在兩個矩陣在乘法運算時，若給予的矩陣元素大小皆不同時，MathScript Node 會發出錯誤的訊息。

Front Panel：

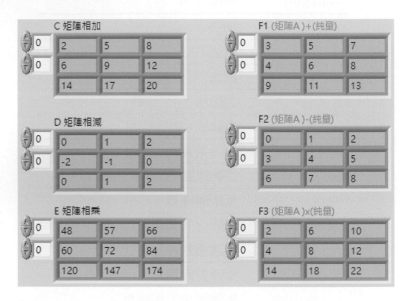

Block Diagram：

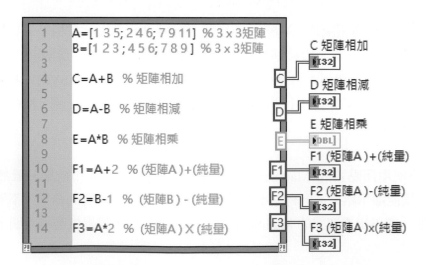

範例 11-2　矩陣運算 反矩陣、矩陣轉置

學習目標：如何利用節點式的 MathScript，進行反矩陣與矩陣轉置。

若 A´是矩陣 A 的轉置，對於複數矩陣而言，則是共軛轉置矩陣。

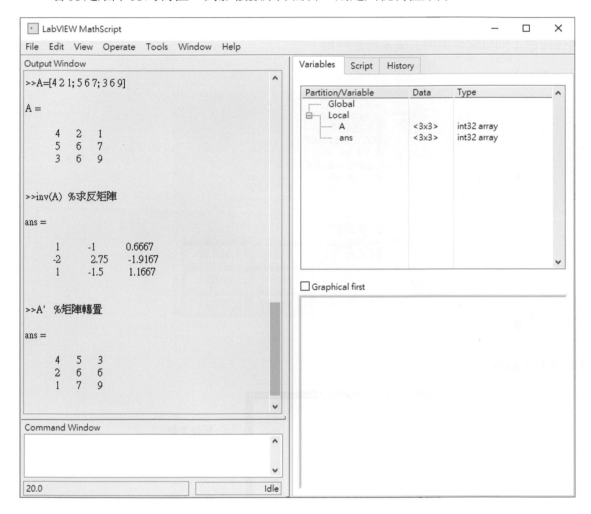

範例 11-3 **矩陣運算 除法**

學習目標：如何利用節點式的 MathScript，進行除的運算。

在矩陣的運算中，矩陣的左除列並不等於右除。當 A 為一個方陣時，若是 A\B 則是 A 的反矩陣左乘 B 矩陣，其數學表示式為 inv(A)*B。如果 A 為 n×n 的矩陣，B 是一個 n 維行向量，則可採高斯消去法求得矩陣解。

Front Panel：

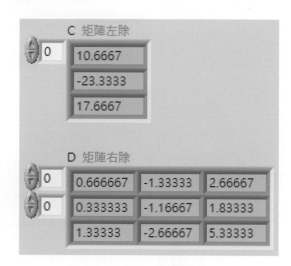

Block Diagram：

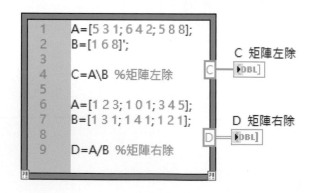

範例 11-4　矩陣運算 乘冪次方、平方根

學習目標：如何利用節點式的 MathScript，進行乘冪次方的運算。

　　矩陣的**乘冪次方**運算陣 C=A^B，便是求 A 與 B 所對應元素的冪次方，那就是 $A(i,j)$ 的 $B(i,j)$ 次方了，陣列 A 與陣列 A 的維數大小也必須相同。

乘冪次方運算

Front Panel：　　　　　　　　　　　　　　　Block Diagram：

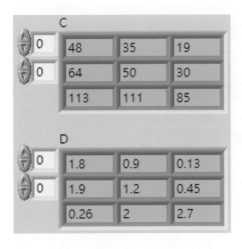

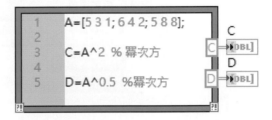

平方根運算

Front Panel：

Block Diagram：

範例 11-5　**矩陣運算 指數與對數**

學習目標：如何利用節點式的 MathScript，進行乘冪次方的運算。

　　矩陣的指數與對數運算，本範例的矩陣將透過'magic'函數指令來產生，此函數指令特性是它的每行、每列，以及對角線的數之和是完全相等，該和的值會是 $1+2+3+……+n^2$ 的和，再除以 n，而 n 必須大於或等於 3 的整數。

Front Panel：

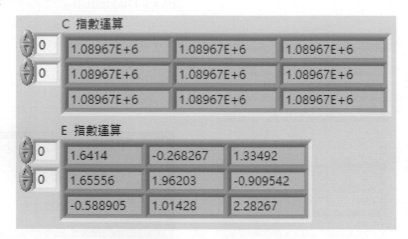

Block Diagram：

11-5 陣列的運算

　　LabVIEW 的 MathScript 在陣列運算時,是針對在陣列中的每個對應元素進行運算。然而陣列的基本運算法則當中,包含有四則運算、乘冪運算、陣列轉置、陣列指數運算,以及陣列對數運算等,陣列基本函數指令與功能如下表。

函數指令	功能說明
a + b	加法
a − b	減法
a . * b	乘法
a . / b	右除法
a . \ b	左除法
a . ^ b	陣列乘冪
$a.'$	共軛轉置
exp(a)	陣列指數運算
log(a)	陣列對數運算
log10(a)	以 10 為底的對數運算
log2(a)	以 2 為底的對數運算
pow2	2 的次方
sqrt (a)	陣列開平方根運算

　　陣列運算的相加與相減時,陣列 A 與陣列 B 的陣列元素大小需相等。其加減法則是將陣列 A 與陣列 B 的元素,直接進行相加或相減的運算,若運算的陣列維度大小不相同時,MathScript 會顯示出錯誤的訊息。若將陣列與純量執行運算時,LabVIEW 與 MathScript 是允許純量與任意大小的陣列進行相加或相減,此時陣列當中每個元素,都會和此純量做相加或相減的動作。

11

範例 11-6 　**陣列運算 加、減、乘**

學習目標：如何利用節點式的 MathScript，進行加法、減法、乘法，以及純量的運算。

　　首先產生一個節點式的 MathScript，並依序建立陣列 A 與陣列 B，請注意在兩個陣列在乘法運算時，若給予的矩陣元素大小皆不同時，MathScript Node 會發出錯誤的訊息。

Front Panel：

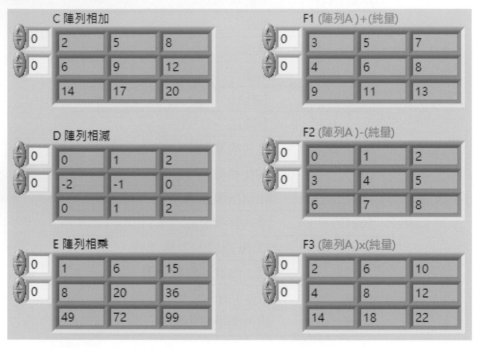

Block Diagram：

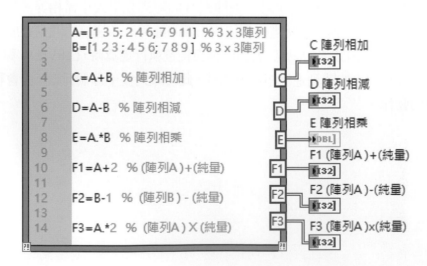

範例 11-7　陣列運算　陣列轉置

學習目標：如何利用節點式的 MathScript，進行反矩陣與陣列轉置。

若 A′是矩陣 A 的轉置，對於複數陣列而言，則是共軛轉置陣列。

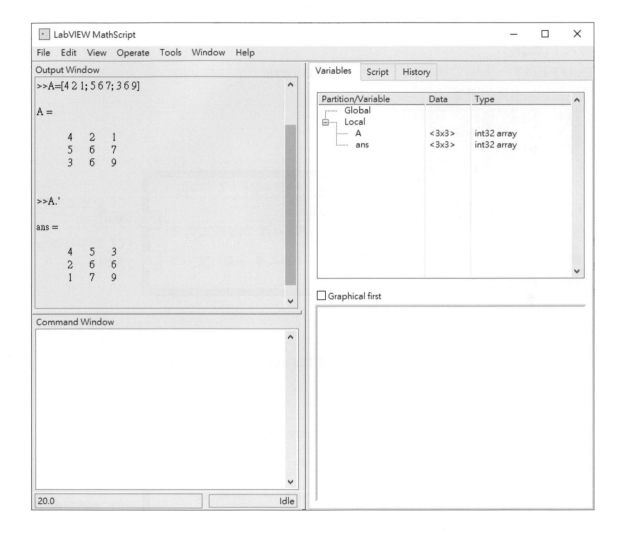

11

範例 11-8　**陣列運算 除法**

學習目標：如何利用節點式的 MathScript，進行陣列除法運算。

　　陣列**左除**(A.\B)是陣列 B 與陣列 A 當中所有對應的元素相除，其數學表示式為 $B(i,j)/A(i,j)$，因此陣列 B 與陣列 A 的維數大小必須相同。反之右**除**(A./B)是陣列 A 與陣列 B 當中所有對應的元素相除，其數學表示式為 $A(i,j)/B(i,j)$，兩陣列的維數大小也必須相同。

陣列(右)除法

Front Panel：　　　　　　　　　　　　　Block Diagram：

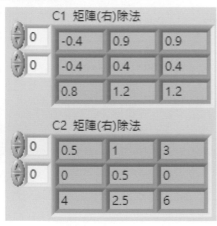

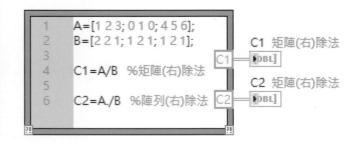

陣列(左)除法

Front Panel：　　　　　　　　　　　　　Block Diagram：

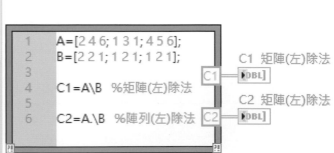

⚠️ **注意**：除法運算時，在輸出端產生"inf"時則表示無窮大，通常是除以零，或是有溢位的發生，在 MathScript Node 中只會顯示警告的訊息。

範例 11-9　陣列運算 乘冪次方

學習目標：如何利用節點式的 MathScript，進行乘冪次方的運算。

　　矩陣的**乘冪次方**運算陣 $C=A^B$，便是求 A 與 B 所對應元素的冪次方，那就是 $A(i,j)$ 的 $B(i,j)$ 次方了，陣列 A 與陣列 A 的維數大小也必須相同。

Front Panel：

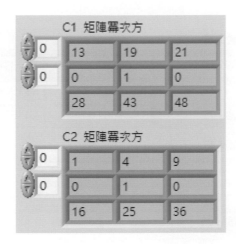

Block Diagram：

　　補充：當 A 是個矩陣，n 是純量時，則 A^n 了便是 A 矩陣當中每個元素 $A(i,j)$ 的 n 次方，數學方程式如下所示。

$$A = \begin{bmatrix} 5^2 & 3^2 & 1^2 \\ 6^2 & 4^2 & 2^2 \\ 5^2 & 8^2 & 8^2 \end{bmatrix}$$

11

範例 11-10 **陣列運算 指數與對數**

學習目標：如何利用節點式的 MathScript，進行陣列乘冪次方的運算。

陣列的指數與對數運算，本範例的陣列將透過 randn 函數指令來產生，此函數指令它是一種產生常態分佈的亂數，或是陣列的函數，其隨機向的陣列為 n×n 的大小，若 n 不是個數時，則會發出錯誤的訊息。

Front Panel：

Block Diagram：

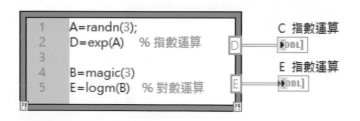

範例 11-11　陣列運算 pow2 函數

學習目標：如何利用節點式的 MathScript，進行陣列 pow2 函數的應用。

　　陣列的指數與對數運算，本範例的陣列將透過 randn 函數指令來產生，此函數指令它是一種產生常態分佈的亂數，或是陣列的函數，其隨機向的陣列為 n×n 的大小，若 n 不是個數時，責成是會發出錯誤的訊息。

應用 1. Pow2 的應用

$$\text{輸入陣列}\begin{bmatrix} 2 & 5 & 6 \\ 12 & 13 & 14 \end{bmatrix} \implies \text{pow2} = \begin{bmatrix} 2^2 & 2^5 & 2^6 \\ 2^{12} & 2^{13} & 2^{14} \end{bmatrix}$$

Front Panel：

Block Diagram：

應用 2. 在 Pow2(A, B) 當中，A 應為實數陣列，B 為整數陣列時，如下程式所示。

Front Panel：

Block Diagram：

11

11-6 多項式的運算

LabVIEW 的 MathScript 提供了標準多項式的運算函數，諸如多項式求根、多項式求值，以及多項式微分等。多項式基本函數指令與功能如下表。

函數指令	功能說明
root	求解多項式的所有根
poly	從根建立多項式
polyval	求取多項式的值
polyvalm	求取矩陣多項式的值
residue	展開部分分式
polyfit	多項式曲線
polyder	多項式之導數
conv	多項式乘法
deconv	多項式除法

11.6.1 多項式的建立

MathScript 是使用列向量來表示多項式，將多項式的係數依照降冪方式放在列向量當中。多項式為 $P(x) = a_0x^n + a_1x^{n-1} + \cdots + a_{n-1}x + a_n$ 的係數列向量為：$P = [a_0\ a_1 \dots a_n]$。輸入為向量時，則需使用中括號將所有的元素括起來，如果是列向量時，則是將元素與元素之間用逗號，或是用空白鍵方式隔開；若是行向量則是用分號的方式隔開元素。

範例 如何建立多項式 $x^2 - 2x^2 + 3x - 4$

Front Panel：   Block Diagram：

 補充：當多項式是利用列向量表示，其次方的分布是從右邊算起，第一個元素為 0 次方，第二個元素為 1 次方，依此類推下去。在列向量中，必須包含有零係數的項在內。

11.6.2　多項式求根

　　當多項式的值為零時，便可將多項式看成一元 n 次方程式，在 MathScript 中有兩個方法可用來求取多項式的根，第一種方法是使用 roots 函數，另外一種是經由建立多項式的**伴隨矩陣**(Companion Matrix)，透過求解特徵值，而得到多項式的所有根。

　　範例 1. 利用 roots 函數求解 $x^2 - 2x^2 + 3x - 4$ 多項式的根。

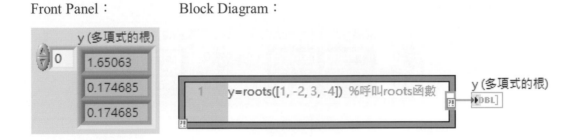

　　範例 2. 利用 Compan 函數求解 $2x^2 - x^2 + 6x - 8$ 多項式的根。

Front Panel：

Block Diagram：

補充：在 MathScript 中無論式多項式或是其根，皆屬向量。然而在 MathScript 的多項式式屬於列向量；根則式行向量。

11.6.3　多項式求值

多項式求值的方式有兩種：第一種方式是使用 polyval 函數，來算出多項式在某一點的值；另一種則是透過 polyvalm 函數運用矩陣方式，計算出多項式的值，但此兩種方式所計算出來的數值結果會有很大的差異。

範例：利用 polyval 函數與 polyvalm 函數，對 a=[15 26 45 58]與 b=[1 3; 4 6]多項式矩陣求值。

Front Panel：

Block Diagram：

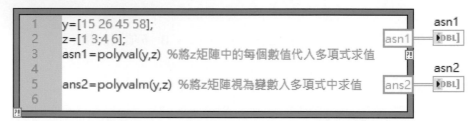

11.6.4　多項式的加法與減法

MathScript 無適當的函數指令，可直接進行多項式的加法與減法，然而多項式可用列向量來表示，所以是可經由列向量的加法與減法方式運算，唯獨兩列向量的大小必須相同。萬一兩個列向量大小不同時，在低階的多項式之高次項之處補上零，主要是讓高階多項式都有相同的階數。

範例：多項式的加法與減法。

Front Panel：　　　　　　　　　　　　Block Diagram：

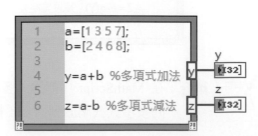

11.6.5　多項式的乘法

多項式的乘法是兩個多項式的列向量之**回旋**(Convolution)，需透過 MathScript 的 conv() 函數運算，而此函數等於是向量的捲積函數，回旋的定義之表示式如下：

$$c(k) = \sum_{i=1}^{k} a(i)b(k+1-i)$$

範例：求解多項式a(x) = $(x^2 + 3x^2 + 6x^2 + 4)$　與$(b(x) = (2x^2 + 3x^2 + 8))$的乘積。

Front Panel：

Block Diagram：

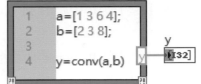

11.6.6　多項式的除法

多項式的除法需透過 MathScript 的 deconv() 函數運算，而此函數等於是向量的**解回旋**(Deconvolution)函數，運用向量 a 對向量 c 進行解回旋時，便可取得向量 q 的商與向量 r 的餘數，但必須合乎下面數學式定義。

$$c(k) - r(x) = \sum_{i=1}^{k} a(j)q(k+1-i)$$

範例：求多項式$a(x) = (x^2 + 2x + 3)$與$b(x) = (4x^2 + 5x + 6)$的$b(x)/a(x)$解。

Front Panel：

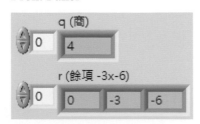

Block Diagram：

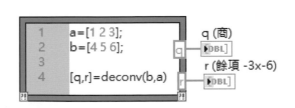

11

11-7 Python Node 應用

　　什麼是 Python？若以專業角度來看，Python 是一種通用編程語言，它可以用於處理文字、數字、圖像，以及數據等內容的資料。它也可以視為一種解釋型的語言，這種語言又被稱為**腳本語言**，因為它最初的目的用來處理一些瑣碎的事項。但後來越來越多大型應用程式，也幾乎都會使用 Python 來編寫程式，例如 Web 應用程式的 CGI 排程，建立 RSS 的閱讀器，從 MySQL 來進行讀寫，從 PostgreSQL 讀取和寫入，建立 HTML 的日曆，以及文件處理等。除此之外，Python 也支援使用模組和套件，這意味著可以用模組化的方式來設計程式，並且可以在各種項目中重複使用。所需的模組或程式套件開發完成之後，便可以提供其它的項目使用，使其更能夠輕鬆的導入與導出模組。在學習方面也相對的容易，人人皆可獲得與使用免費的 Python 工具。

　　本章節將就 Python 的函數指令進行介紹與說明，而 Python 的函數指令所在位置如下圖所示。

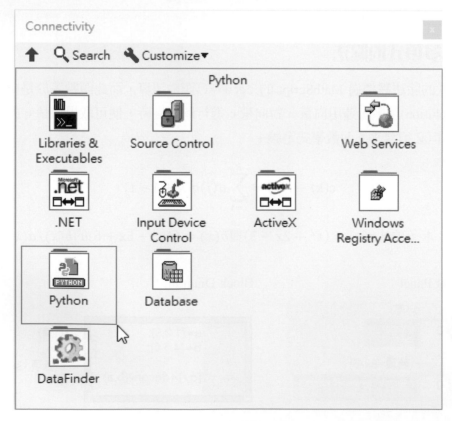

1. Open Python Session：**(開啟 Python 版本)**，此函數指令有兩個功能，分別爲輸入 Python 的版本與 Python 檔案所在路徑。

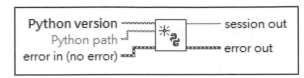

⚠️**注意**：LabVIEW 2020 的 Python Node 所使用的 Python 版本，分別爲 2.7 版與 3.6 版，目前無法使用 3.7 版與 3.8 版的 Python。

2. Python Node：(Python **節點**)，此 Python 節點是可以擴展的，與顯示有線輸入和輸出的數據類型。 您可以配置 Python 節點以指定 Python 對話，模組路徑和函數名稱。**注意！** Python 節點並不支援即時功能與 FPGA 的應用。

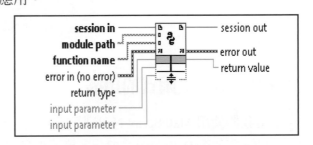

⚠️**注意**：Python 節點並不支援即時與 FPGA 的應用。

3. Close Python Session：(Python **節點**)，此函數指令功能是關閉 Python 對話。

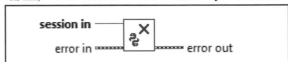

11.7.1　Python 的開發環境

多在使用 Python Node 之前，必須要先建構 Python 的開發環境，必須包含 Python 的編譯器、函式庫，以及其它相關的檔案與環境設定。本章節所使用的 Python 版本爲 3.6.5 版，可直接到 Python 官網(www.python.org)自行下載，或是使用書本的附錄光碟程式檔案安裝。在編譯器方面本節 Python 範例，則是採用 Anaconda 整合開發套件，此套件可至

11

Anaconda 官網(www.anaconda.com)自行下載與安裝，此系統中的 Spyder 是一個相當不錯的 Python 整合開發編譯器，如下圖所示。

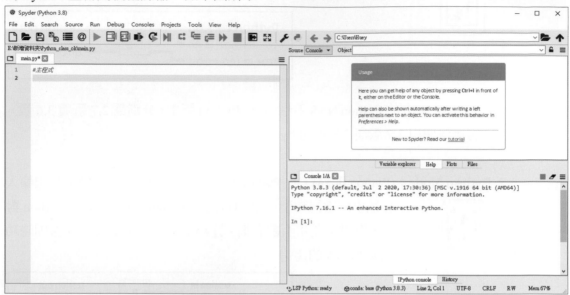

11.7.2　Define 函式的功能

當我們使用 MathScript Node 時，有幾個 Python 函式(Function)的指令經常會被用到，其中一個便是定義(Define)函式指令，接下來簡單的說明定義函式目的與語法。

1. 函式的目的：主要是避免重複程式碼的編寫，可提供其它程式的多次呼叫使用，其本身可將相關的指令組合再一起，讓程式呈現出模組化 (Modularization)。

2. 函式的語法：

```
def <function>(<parameters>):
    <program code>
```

- def：定義(Define)函式指令本身是複合指令，所以在結尾的部分要使用"冒號"。
- <function>：函式名稱，在輸入識別字的格式時需符合 Python 的規定。
- <parameters>：函式參數，可接受的個數(0…n+1)。
- <program code>：函式的指令內碼。

3. 函式的參數：函式可由呼叫程式，提供可接受的參數。

  ▶ 函式的定義：`def Add_Mult(x, y):`　　%其中 a 與 b 是參數

  ▶ 呼叫程式：呼叫程式可以輸入不同的參數，來進行多次呼叫函式，可產生不同的輸出結果，如此一來亦可減少重複撰寫相同的程式碼，進而提升了程式的執行效率，如下所示。

```
x = 6
y = x * 7
Print(y)
```

4. 參數的對應方式：

  ▶ Positional parameter：**位置參數**可經由位置來進行相互對應的功能，範例如下。

   ● 定義：`def fun(x, y, z):`

   ● 對應位置呼叫：`fun(2, 4, 6)`

   ● 結果顯示：x=2, y=4, z=6

  ▶ Named parameter：**名稱參數**利用名稱來進行相互對應的方式，範例如下。

   ● 定義：`def fun(x, y, z):`

   ● 對應名稱呼叫：`fun(z=6, y=4, x=2)`

   ● 結果顯示：x=2, y=4, z=6

  ▶ 若有預設正式的參數值時，可以省略此參數的呼叫，範例如下。

   ● 定義：`def fun(x, y, z=6):`

   ● 對省略參數的預先設定，並用位置對應方式呼叫：`fun(2, 4)`

   ● 結果顯示：x=2, y=4, z=6

  ▶ 如有預設值的參數位置，必須放在無預設值的參數之前，否則會產生錯誤，範例如下。

```
def fun(x, y, z=6):
```

錯誤訊息 SyntaxError: non-default argument default argument

11.7.3　Return **函式的功能**

通常**回傳**(Return)指令會與 def 指令搭配出現，而 return 的功能包含有直接回傳**參數**(Parameter)、定義**區域變數**(Local variable)，或是顯示計算結果。

  ▶ 回傳參數：此指令可以直接回傳參數值，範例如下。

   ● 程式碼：

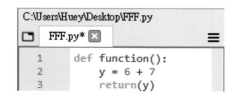

11

範例：

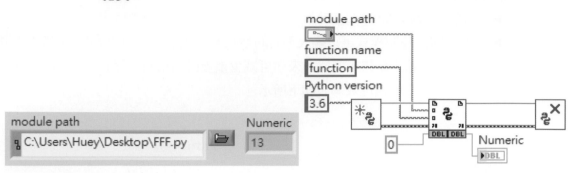

▶ 定義區域變數：範例如下。

● 程式碼：

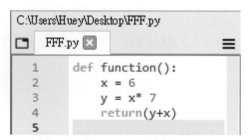

範例：

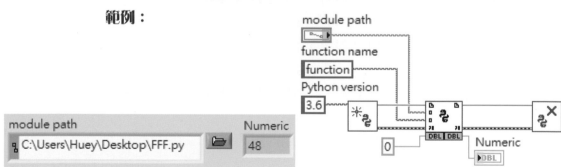

▶ 顯示計算結果：回傳運算式的結果，範例如下。

● 程式碼：

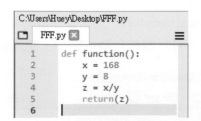

範例：

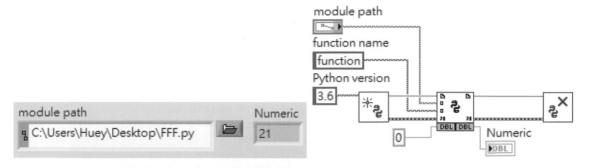

11.7.4 if....elif....else 的功能

Python 與其它程式一樣有「條件判斷的語法」，不過 Python 的 if 而比較不同的地方是在它會與 elif 一同使用，而不是 else if 的語法，但也沒有 switch 的語法，if 的使用組合方式有下面幾種。

▶ if 單一條件判斷：
● 程式碼：

```
C:\Users\Huey\Desktop\cost.py
untitled2.py ☒    cost.py ☒                    ≡
1    cost = int(input("Enter cost: "))
2    if cost>100:
3        discount = cost*0.08
4        print("Discount", discount)
5
```

▶ if...else 單一條件判斷：
● 程式碼：

```
C:\Users\Huey\Desktop\cost.py
untitled2.py ☒    cost.py ☒                    ≡
1    cost = int(input("Enter cost: "))
2    if cost>100:
3        discount = cost*0.08
4        print("Discount", discount)
5    else:
6        discount = cost*0.2
7        print("Discount", discount)
8
```

▶ if...elif 多重條件判斷：
● 程式碼：

```
C:\Users\Huey\Desktop\cost.py

untitled2.py ☒    cost.py ☒                               ☰

 1        cost = int(input("Enter cost: "))
 2        if cost>100:
 3            discount = cost*0.08
 4            print("Discount", discount)
 5        elif cost>1000:
 6            dsicount =cost*0.15
 7            print("Discount", discount)
 8        else:
 9            discount = cost*0.2
10            print("Discount", discount)
11        |
```

補充： 在安裝 Anaconda 整合開發套件之後， Spyder 編譯器已經提供 Python 3.8
的版本，但這不代表讀者的電腦中已有安裝 Python 的系統，而是需自行
下載和安裝 Python 程式，在安裝過程需要指定安裝系統的路徑。請注意
程式的檔案必須儲存在 python 程式安裝時所指定的路徑，否則 MathScript
Node 在執行 Python 程式時，會因程式路徑不對的問題，而產生執行錯誤
的訊息。

範例 11-12　　MathScript Node Example I

學習目標：學習使用 def 指令與 return 指令的應用。

　　經由 def 指令的參數定義一個名稱為 get_name(inputname)，將欲輸出顯示的文字以 greeting = 'Welcome to go home, ' + name 編寫，最後再透過 return(greeting) 指令來顯示輸出的結果。

Spyder **編譯器**：程式的編寫可先經過 Spyder 的執行確認之後，再行儲存檔案。

```
getname.py*
1  def get_name(inputname):
2      name = inputname
3      greeting = 'Welcome to go home, ' + name
4      return(greeting)
5
```

Front Panel：

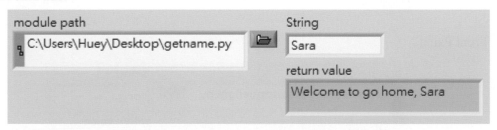

Block Diagram：

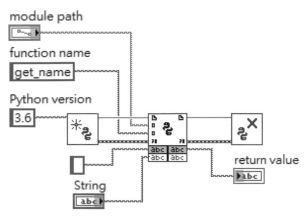

11

範例 11-13 MathScript Node Example II

學習目標：學習使用 if...elif...else 指令的應用。

設計一個能自選線徑的長、中，與短的選項程式，可先利用 def 指令定義選項的名稱，與透過 elif 指令來進行多重條件的設定，倘若前面的 elif 條件都不成立時，則會執行 else 指令再用 return 指令回傳選項的結果，最後再將選項的結果由 return 指令回傳。

Spyder 編譯器：程式的編寫可先經過 Spyder 的執行確認之後，再行儲存檔案。

```
C:\Users\Huey\Desktop\lenght.py

untitled1.py    lenght.py*

1    def get_line_lethgh( choice):
2        if choice =='long':
3            line_length = str(250)
4        elif choice == 'medium':
5            line_length = str(200)
6        else:
7            line_length = str(100)
8        return line_length
9
```

Front Panel：

Block Diagram：

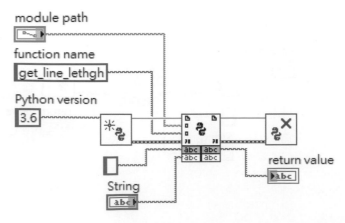

12

GPIB 儀器控制

　　HP(Hewlett Packard)公司在 1960 年代末與 1970 年代初，發展出通用的介面匯流排(又稱為 HP-IB)。在 1975 年，IEEE 發表了 ANSI/IEEE 的標準 488，經電機電子工程師協會(IEEE)將 GPIB 定為標準，於是 GPIB 便成為 IEEE 488 標準。GPIB 最初的目的是提供測試和量測儀表同步的電腦控制，因此 GPIB 的眾多功能，現在以廣泛地用於電腦間的通訊、掃描器及照片紀錄器控制等方面。其主要目的是供可程式與連接控制儀器，讓控制者與儀器能更容易搭配應用，而發展出的一個快速、與標準的通訊介面，可使儀器與不同的控制器取得連繫。因此讓 IEEE 標準的數位介面可以應用在可程式化的儀器中，最主要應用範圍包括電子、電機及機械等不同領域的介面系統。早期的 IEEE 488(1975)規範，又在 1978 年時被修訂過，對原有的介面再增加一些新功能與說明，而這些匯流排正被全世界所使用中，其名稱如下所示：

　　1. General purpose interface bus (GPIB)。

　　2. Hewlett-packard interface bus (HP-IB)。

　　3. IEEE 488 Bus。

12-1 IEEE 488.1 與 GPIB 的規格

早期的 IEEE 488 文件規範，並未詳訂通訊排列與協定的規格，因而增加了系統在相容性與結構性的問題。也就因為如此，才會有修訂與增補的新標準 IEEE488.2 規範，在編碼的型式、協定、以及一般的指令上，都沿用 IEEE488 之後的介面標準(又稱為 IEEE488.1)。IEEE488.2 並不能完全取代現今所有使用 IEEE488.1 的儀器，目前的規範依舊是遵循 IEEE488.1 的介面標準在做設計，所以說 IEEE488.2 是建立在 IEEE488.1 上的另一種新架構。為了訂定儀器介面性能的最小化標準，則須嚴謹規範資料碼與型式的標準化、儀器通訊協定和儀器指令標準化，及報告模式的標準化。

而 GPIB 是一種數位 8 位元並列埠的介面，其數據傳輸速率可高達 1 Mbytes / s。其匯流排可支持一個控制系統，該系統通常會是一部電腦，也可以同時支援多達 14 個附加的儀器設備。因為 GPIB 是以 8 位元並列快速資料傳輸的介面，它可以很有效率的應用在其它領域，例如電腦與電腦之間的通訊與儀表設備的控制。

雖然 IEEE488.1 規範，已取消連接器的型式、訊號線的種類，以及連接碼(PIN)的需求規定。但這些標準並不能解決其它問題，而在發表了 IEEE488.1 之後的 10 年之間，在 IEEE488.2 與 GPIB 的相繼發展出來後，才解決了上述問題。對使用相容於 IEEE488.1 儀器的使用者而言，也會碰到下面問題：

1. 沒有一個共同的方法可以完成操作。例如，在一個系統中有兩個不同的儀表，其中一個儀表需要指令才能讀取資料，而另一個則不需要指令就可讀取資料。

2. 在通訊介面儀器方面，沒有共同的資料型式。例如，在兩種不同的通訊儀器上，會使用兩種不同的形式，來表示相同的數字方式。

3. 沒有共同的指令標準。例如，當兩種儀器提供相同的功能時，但被使用在完全不同的語法時，則要取決於資料的訊息型態。

4. 在錯誤訊息與狀態顯示方式，每一種儀器的顯示狀況資訊，皆有不同的型式規範。

12.1.1　GPIB 硬體配置

　　GPIB 硬體設置可由兩個或更多 GPIB 裝置(如儀器和介面卡)所組成，並透過 GPIB 電纜將它們連接在一起。在連接設備的電纜線是由兩端 24 芯隔離電纜，以及公的連接器與母的連接器所組成。連線配置的應用可以是線性**匯流排**(Bus)的配置，或是**星狀**(Star)的配置來組合連接 GPIB 的設備，如下圖所示。

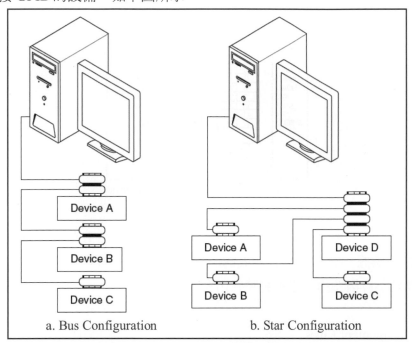

資料來源：National Instruments

12.1.2　GPIB 訊號與纜線

　　GPIB 乃是一個 24 根導線的數位平行匯流排，它具有 16 條信號線和 8 條接地迴路線所組成的隔離纜線，所有 GPIB 設備共享相同的 24 條的隔離纜線，其中 16 條信號線可區分為以下幾組：八條數據線、五條介面管理線，以及三個交握線。若以訊號方式區分，又可分為八條**資料線**(Data Lines)、五條**介面管理線**(Interface Management Lines)、三條**交握線**(Handshake Lines)，以及八條接地線所組成。

　　GPIB 是使用一個八位元平行，與位元組串列非同步的資料傳輸策略。這意味著整個位元組，會以相同的速度連續地透過匯流排交握，而速度是由資料中最慢的成員所決定的。因為 GPIB 的資料單位是位元組(8bit)，所以通常是以 ASCII 字元字串的形式傳送訊息。

GPIB 的連接器與接腳的訊號定義說明，如下圖所示。

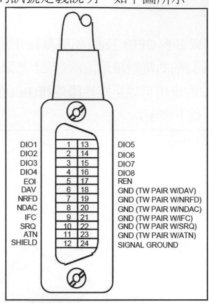

資料來源：National Instruments

1. Data Lines

　　在 GPIB 上的八條數據線(從 DIO1 至 DIO8)主要是傳輸命令和數據的訊息。但所有的命令與大部分的數據，會使用 7 位元的 ASCII 或是 ISO 碼來做設定，因此在這種情況下，第八位 DIO8 是不會被使用，也不會將它用在奇偶的檢驗。

2. Interface Management Lines

　　GPIB 的五條介面管理線(從 DIO1 至 DIO8)主要是傳輸命令和數據的訊息。管理訊息指令包含有**介面清除**(Interface Clear, IFC)、**注意** (Attention, ATN)、**遠端啟用**(Remote Enable, REN)、**結束或識別**(End or Identify, EOI)，以及**服務請求**(Service Request, SRQ)。

3. Handshake Lines

　　通常在設備之間的訊息位元組傳輸機制，會使用三線非同步的訊息位元組的方式，其包含有：**數據未就緒**(Not Ready For Data, NRFD)，**不接受數據**(Not Data Accepted, NDAC)，以及**有效數據**(Data Valid, DAV)等指令。而 GPIB 是使用三線互鎖交握機制，該機制確保設備在數據纜線上，發送和接收訊息位元不會發生傳輸的錯誤。除了標準的 IEEE 488.1 三線交握方式之外，National Instruments 也開發了高速 GPIB 交握協議的專利，稱之為 HS488。HS488 高速模式乃是在 GPIB 介面上使用了 TNT4882 晶片，可將 GPIB 系統的數據傳輸速率提高到 8Mbytes / s。

當有一筆資料轉移要結束時，會有三個途徑可以逐行告知，GPIB 會優先使用的方法，是透過一條硬體線如結束或是識別線，以最近的資料位元組來宣告結束，其二是在每一個資料字串中，放置一個特定的結束字串(End of String, EOS)字元，讓一些儀表可利用此方法，來取代 EOI 宣告或做爲後備。最後一種方法是接收者(Listener)計算交握的位元組數，在達到限制位元組計數時，停止讀取資料。位元組計算方式通常用以預設終止方法，因爲資料轉移時會有 EOI 的邏輯 OR 中止，而 EOS(假使有使用)會與位元計數同時發生，因此我們通常會設定位元計數相等，或超過想要輸入的位元數情況。

在每一個裝置當中包括電腦的 GPIB 介面卡，都必須要有一個介於 0 到 30 之間的 GPIB 位址。通常位址 0 是留給 GPIB 介面卡設定，而 GPIB 電纜線上的儀表所使用位址，則是由 1 到 30 之間的位址，經由 GPIB 的控制器(電腦)來控制匯流排，讓它能夠傳送匯流排上的儀器命令和資料。控制器可以設定其中一個位址做爲**傳送者**(Talker)，或是設定一個或多個位址做爲**接收者**(Listener)，資料在發送者與接收者之間進行交握，LabVIEW GPIB VI 會自動地處理定址和匯流排的排程管理。

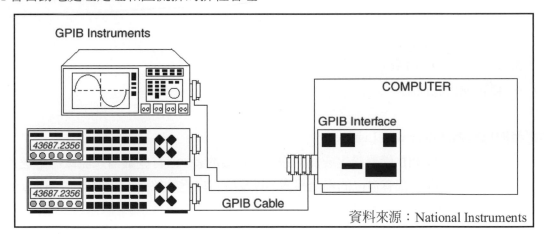

資料來源：National Instruments

根據 GPIB 的電氣規範，允許資料傳輸率最高可達 1Mbytes/s，GPIB 的系統特殊傳輸線規格說明如下：

①在兩裝置之間其最大的間隔是 4 公尺，但與匯流排平均間距須爲 2 公尺。

②電纜線的最大長度爲 20 公尺。

③最多允許 15 台裝置連接在同一匯流排系統，但至少要有三分之二的設備電源是開啓的。

12

當裝置設備或是設定超出上述任何一項規範時，便需要利用額外的硬體來延長匯流排的長度，或者適度的增加裝置設備數量。所有匯流排的操作，主要是在確保資料通過的可靠度，所以儀器可被分類為控制者、傳送者，以及接受者。當兩個儀器互相通訊時，其中一個儀器將會是傳送者，另外一個則是接收者。除此之外，在匯流排上的一個儀器通常會是控制者，更多有關 GPIB 的資訊，請至 NI 的官方網站：ni.com/support/gpibsupp.htm。

控制者(Controller)

大部份的 GPIB 儀器系統都會包括一台電腦及不同的儀器。在這種情況之下，這台電腦通常代表是系統的控制者。然而，當有多部電腦連接在一起時，便會發生誰是控制者的問題，通常在一個時間之內，只會有一個控制者可被稱為主動或是指令控制(CIC)，主動控制者可透過指令控制另一個閒置的控制者。從每一個 GPIB 的系統中，你必須去定義一個系統的控制者的角色，一般設定系統控制者的方法，是調整 GPIB 介面板的跳線(Jumper)開關、程式系統的選項，或是兩者同時做設定。如果只有一個儀器在匯流排上，系統控制者會讓它自行使用指令控制，而控制者具有四種最主要的能力：

1. 定義通訊連結。
2. 回應儀器的服務請求。
3. 傳送 GPIB 的命令。
4. 終止或接收控制。

傳送者與接收者(Talker with Listener)

我們大部份的 GPIB 儀器設定成為傳送者或是接收者，但有些儀器只能做為傳送者或是接收者，每一種儀器都有自己的指令模式，以及擁有自己的終止資料的方式。所以傳送者與接收者具有以下不同的特性：

傳送者：

1. 控制者的命令，由傳送者去傳送。
2. 傳送者將傳資料放置在 GPIB 上。
3. 控制者允許只有一個儀器，在同一時間內傳送資料。

接收者：

1. 控制者的命令，由接收者去接收。
2. 接收者讀取傳送者放置在 GPIB 上的資料。
3. 控制者允許在同一時間之內，可以有多台的接收者。

我們可以將 GPIB 操作的方法，比喻成教室裡的老師(控制者)，把控制資料傳送給所有的學生(儀器)，老師可以決定那個學生該講話，或是那個學生該聆聽。因此在 GPIB 連線上，便沒有任何儀器可同時具有傳送與接收資料的角色，需等到控制者指定時，才可以有動作。當你的電腦系統已配備 NI 的 GPIB 介面卡、儀器，以及必要的驅動軟體後，便可自行扮演下列角色：

1. 控制者：控制 GPIB。
2. 傳送者：傳送資料。
3. 接收者：接收資料。

12.1.3　軟體架構

LabVIEW 的系統下的 GPIB VIs，乃是使用 National Instruments 標準的 NI-488.2，於 Windows 32-bit GPIB 動態連結資料庫(DLL)，LabVIEW 安裝程式會安裝 DLL 和相關的支援程式，在購買時軟體會與 GPIB 卡放在一起。但要先確定安裝的是否是最新的 GPIB 軟體版本，如下圖所示。

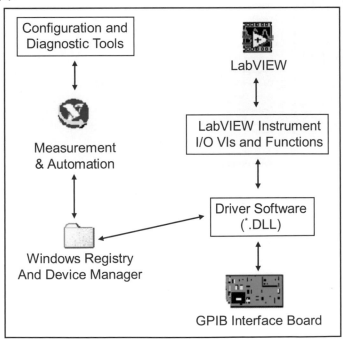

資料來源：National Instruments

若要執行 GPIB 的功能就必須安裝 NI-488.2 軟體，但至於要如何安裝 GPIB 卡的驅動程式有兩種方式，其一是在安裝 LabVIEW 系統的同一時間，直接從選單中點選擇安裝 GPIB。另一種方式，則是到 NI 官網自行下載驅動程式，請留意 GPIB 卡的型號。在安裝完成 NI-488.2 軟體之後，便可利用檔案總管來檢視是否已安裝成功，如下圖所示。

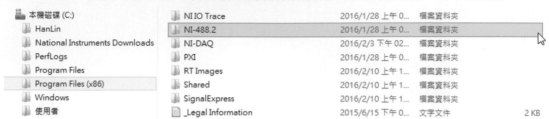

　　接下來，安裝 GPIB 介面卡硬體完成後，檢查的方法可透過 NIMax，如下圖所示。

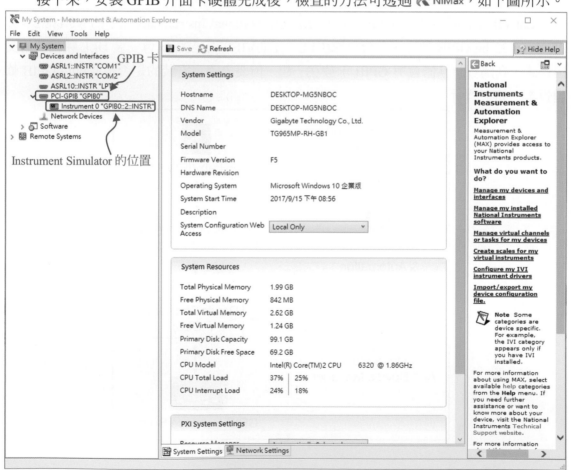

12.1.4 GPIB 的重要指令

　　LabVIEW 系統將儀器輸入與輸出的指令，存放在 Instrument I/O 函數面板中，其中包含了 GPIB 子工具面板。而大部分 GPIB 控制儀器的指令，都是運用寫入與讀取字串的指令方式，以下將逐一介紹說明。

GPIB Write：寫入位址字串設定的資料到 GPIB 儀器，Mode 乃是指示如何寫入 GPIB 中斷。如果不在時間 Timeout ms 之內完成，運算便會放棄執行。Status 是指示 GPIB 控制者在執行完寫入的狀態，是一個 16 個元素的布林邏輯陣列，而每個基本元素敘述 GPIB 控制者的狀態，如下圖所示。

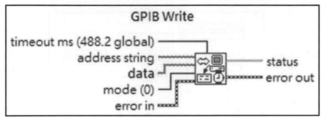

　　在下面範例利用 GPIB Write 指令，寫入字串為 "VDC;MEAS1?;" 到在 GPIB 位址 1 的儀器。範例所使用的預定值為 Mode (0) 與 Timeout ms (25,000)。

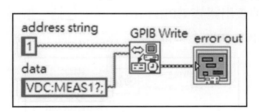

GPIB Read：指 GPIB 由儀器讀回 Byte Count 直到 Address String 所設定的位元組數為止，可利用 Mode 設定改變 Byte Count 的數目，其所讀回的資料則會被送到 Data String。

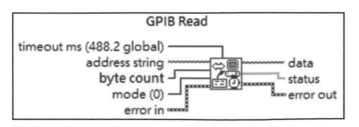

12

GPIB Read：當下面的任何一個事件出現時，讀回 VI 的指令便會立即中斷：

      1. 當 VI 讀完請求的數目的位元組。

      2. 在 VI 偵測出錯誤。

      3. 若 VI **超過時限**(Timeout)。

      4. VI 編輯器偵測出**結束**(END)、EOI Asserted，或是 VI 偵測到結束字串

      (EOS)。

在下面範例為 GPIB Read VI，設定從位址 1 儀器讀入 20 位元組，範例中所使用的預定值為 Mode (0)和 Timeout ms (25,000)。在此範例中，讀回中斷指令是在 VI 讀回 20 位元組之後才會發生，或是偵測到 EOI 的現象，亦或是超出時限，如下圖所示。

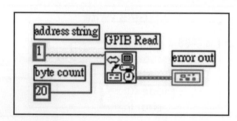

GPIB Status：顯示 Address String 設定的 GPIB 控制者，在最近的 GPIB 操作之後的狀態。如果 VI 被偵查出錯誤 GPIB Error，其中包括一個誤差碼，Byte Count 在此乃是指示在 GPIB 操作後，位元組的轉移計數。

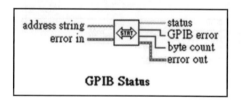

⚠ **注意**：如果在布林邏輯陣列元素在第 15 個狀態是 TRUE 時，GPIB 的錯誤才是有效的，這是指示 GPIB 控制者的位址，並不是儀器位址。

12.1.5　錯誤的訊息

在下表中是 GPIB Error 傳回的錯誤碼描述，以及 Status 在陣列中各元素的意義。

GPIB Error Codes	
GPIB Error	**Description**
0	Error connecting to driver.
1	Command requires Controller to be CIC.
2	Write detected no Listeners.
3	GPIB Controller not addressed correctly.
4	Invalid argument or arguments.
5	Command requires Controller to be SC.
6	I/O operation aborted.
7	Nonexistent board.
8	DMA hardware error detected.
9	DMA hardware up bus timeout.
11	No capability.
12	File system error detected.
13	Sharable board exclusively owned.
14	GPIB bus error.
15	Serial poll byte queue overflow.
16	SRQ stuck on.
17	Unrecognized commend.
19	Board not present.
20	Table error.
30	No GPIB address input.
31	No string input (write).
32	No count input (read).
61	Serial port parity error.
62	Serial port overrun error.
63	Serial port receive buffer overflow.
64	Serial port framing error.
65	Serial port timeout, bytes not received at serial port.

　　如下表所示，**狀態**(Status)是 16 個元素的布林邏輯陣列，其每個基本元素是在敘述 GPIB 控制者，顯示最近的 GPIB 操作後的狀態。如果有錯誤發生在 GPIB 操作時，VI 設定的 Status 在第 15 個元素的狀態，會呈現 TRUE 的邏輯狀態，並由 GPIB error 產出一個錯誤碼。

GPIB Status Elements	
Status Element	Description
0	Device clear state
1	Device trigger state
2	Listener active
3	Talker active
4	Attention asserted
5	Controller-in-Charge
6	Remote state
7	Lockout state
8	Operation completed
12	SRQ detected while CIC
13	EOI or EOS detected
14	Timeout
15	Error detected

錯誤報告

　　下圖為 LabVIEW 儀器輸入／輸出函數與驅動器的錯誤顯示圖示。

　　Cluster 錯誤顯示器會顯示一個布林邏輯錯誤、一個數字的錯誤碼，或是一個錯誤來源字串，來顯示錯誤的狀況與錯誤發生的 VI 名稱。因此每一個儀表 I/O 函數、VI，或是驅動器，都會有一個 Error In 和 Error Out 接點，可由 VI Error Out 叢集連線到，另一個 VI Error In 叢集，同時可將儀表驅動器的錯誤資訊，傳遞到最上層的應用程式 VI。

範例 12-1　GPIB Write & Read VI

學習目標：如何實際編寫一個 GPIB 模擬的讀取與寫入 VI。

在未將電纜線連接至 GPIB 模擬器之前，請先建立一個連接 Instrument Simulator 的 VI，做為連線測試來確定連線的方式與功能是否正常？再將 GPIB 電纜線連接到儀器的 GPIB 埠。在執行 GPIB 程式之前，請先利用 Measurement & Automation 再一次檢查硬體連線，以確定 LabVIEW 能偵測到儀器。

Front Panel：

Block Diagram：

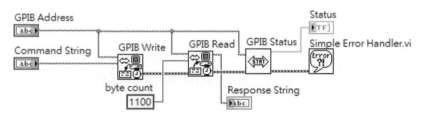

步驟說明：

1. 關閉 Instrument Simulator 電源開關，連接上 GPIB 電纜線，設定模擬器位址為 2，如下圖所示：

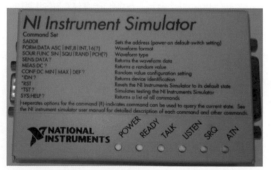

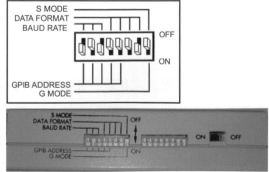

2. 開啟 Instrument Simulator 的電源，注意電源的 LED 是否亮燈？這代表 Instrument Simulator 若是亮燈表示 GPIB 已經處在通訊模式，反之則否。

3. 開啓一個新的 VI，建立如上圖人機介面的系統環境，其中放置的布林陣列主要是顯示，在執行 GPIB 模擬器時的輸出狀態之用。

4. 接著鍵入 2 到位址字串中，並在 Command string 鍵入*IDN?字串，再執行 VI。其中的*IDN?是儀器的認證之用。此時你應該已接收到回應，此回應是 NI Instruments GPIB 與 Serial Device Simulator 已被偵測到。

5. 試著傳送其它的命令到 Instrument Simulator，下列爲一些嘗試的控制。

   SOUR:FUNC SIN; SENS:DATA?   輸出的正弦波形

   SOUR:FUNC SQU; SENS:DATA?   輸出的方波

   SOUR:FUNC RAND; SENS:DATA?   輸出的隨機雜訊波形

   SOUR:FUNC PCH; SENS:DATA?   輸出尖銳波形

6. 此程式請以 GPIB Write & Read.vi 命名與儲存它。

函數物件功能説明：

1. GPIB Write 函數：此函數物件位於 Instrument I/O » GPIB 子工具面板中，主要功能爲寫入資料字串到 GPIB 儀器中。

2. GPIB Read 函數：此函數物件位於 Instrument I/O » GPIB 子工具面板中，主要功能可從 GPIB 儀器中讀取資料字串。

3. GPIB Status 函數：此函數物件位於 Instrument I/O » GPIB 子工具面板中，主要功能在資料轉換之後傳回 GPIB 的狀態。

4. Simple Error Handler VI：此函數物件位於 Time & Dialog 子工具面板中，主要功能在當程式在執行中，如果產生任何錯誤時可立即經由彈出式對話方框顯示訊息。

⚠️ **注意**：模擬程式需花數秒產生波形資料。

12-2　虛擬儀器軟體架構(VISA)

本節將說明如何使用共通的**虛擬儀器軟體架構**(Virtual Instrument Software Architecture, VISA)函數。虛擬儀器軟體架構是透過單一的介面函式庫，控制 VXI、GPIB、RS-232，以及其它在 LabVIEW 全部平台類型的儀器。

VISA 乃是一個屬於 VXI 隨插即用系統聯盟認可的標準，其包括 35 以上的工業界大型儀器公司參與。VISA 工業的統一標準，此軟體系統可用在不同的工作平台、不侷限不同儀器的 I/O 使用，或是長時間的重複使用。程式設計者可以在函數工作板中 Instrument I/O » VISA 子工具面板找到這些函數。共同的 VISA 指令包含有 VISA Open、VISA Write、VISA Read 和 VISA Close 等說明如下。

VISA Open：**開啟** VISA 此函數為建立通訊以一個指定儀器基於 Resource Name 和 VISA Session(分類用) 函數傳回一個 Session 識別碼，所以 VISA Session 能操作與呼叫任何儀器，而 Error In 和 Error Out Clusters 會適當的顯示錯誤的狀況。

Resource Name：**資源名稱**的 I/O 介面型態和裝置位址資訊，儀表描述器的語法列於下表。

Interface	Grammar
SERIAL	ASRL[board][::INSTR]
GPIB	GPIB[board]::primary address[::secondaryaddress][::INSTR]
VXI	VXI[board]::VXI logical address[::INSTR]
GPIB-VXI	GPIB-VXI[board][::GPIB-VXI primary address]::VXI logical address [::INSTR]

VXI 是用於 VXI 儀器經由內建或是 MXIbus 控制者的方式，與 GPIB-VXI 用於 GPIB-VXI 控制者、SERIAL 用於建立與非同步串列的裝置通訊，以及 INSTR 用於指定 VISA INSTR 的類別是一樣的性質，即使用 VISA 也可以讓所有的儀器發揮與 GPIB 相同的功能。下面範例中，我們可以透過 VISA Open 使用儀器描述字串 GPIB::2 建立與 GPIB 主要位址 2 裝置的通訊方式，來控制所要使用的儀器。

VISA Write：寫入資料透過 Write buffer 到 VISA resource name 所指定的裝置或儀器，Return Count 包含實際轉移的位元組數，而 Error In 和 Error Out Clusters 則會顯示錯誤的狀況。

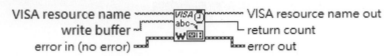

VISA Read：設定 VISA 從儀器讀回的資料。Byte Count 會顯示被送回到 Read Buffer 位元組的數目，read buffer 則是顯示讀取暫存器的資料，Return Count 顯示包含實際轉移的位元組數，而 Error In 和 Error Out Clusters 則會顯示錯誤的狀況。

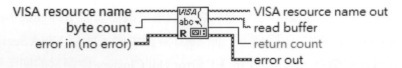

VISA Close：功能是關閉與儀器設備之間，或是事件對象的對話，此函數物件位於 Instrument I/O » VISA » Advanced，而 Error In 和 Error Out Clusters 則會顯示錯誤的狀況。

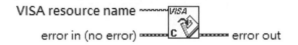

　　在 File I/O 子工具面板裡的所有函數，皆有等級的區分，VISA 子工具面板也是如此，以上所提及的函數皆屬中階的 VISA 函數，現在請讀者試著建立一個 VI，可以利用 VISA 指令來與 Instrument Simulator 進行通訊。

範例 12-2 VISA Write & Read VI

學習目標：編寫一個 VISA 與 Instrument Simulator 通訊程式。

　　首先建立一個 Instrument Simulator 通訊的 VI 程式，讓控制系統的 GPIB 介面可以傳送資料到 Instrument Simulator，緊接著從 Instrument Simulator 讀回狀態，記得要設定 GPIB 的位址。

Front Panel：

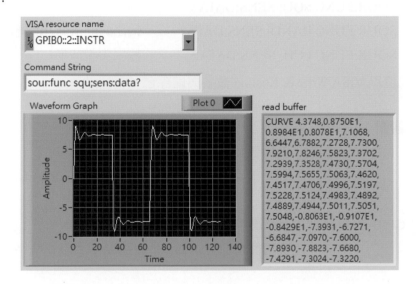

Block Diagram：

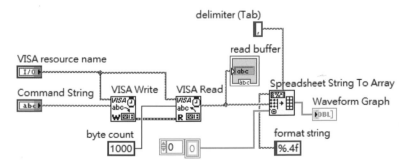

步驟說明：

1. 首先開啓一個新的 VI，並建立如上圖的人機介面。
2. 關閉 Instrument Simulator 電源開關，連接上 GPIB 電纜線，設定模擬器位址爲 2。
3. 接著開啓 Instrument Simulator 的電源，注意電源的 LED 是否亮燈？這代表 Instrument Simulator 若是亮燈表示 GPIB 已經處在通訊模式，反之則否。
4. 執行 GPIB 程式，並檢視輸出波形是否正確？
5. 試著傳送其它的命令到 Instrument Simulator，下列爲一些嘗試的控制。

    SOUR:FUNC SIN; SENS:DATA?　　　輸出的正弦波形

    SOUR:FUNC SQU; SENS:DATA?　　　輸出的方波

    SOUR:FUNC RAND; SENS:DATA?　　　輸出的隨機雜訊波形

    SOUR:FUNC PCH; SENS:DATA?　　　輸出尖銳波形

6. 此程式請以 VISA Write & Read.vi 命名與儲存它。

函數物件功能說明：

1. GPIB Write 函數：此函數物件位於 Instrument I/O » VISA 子工具面板中，主要功能爲寫入資料字串到 Instrument Simulator。

2. GPIB Read 函數：此函數物件位於 Instrument I/O » VISA 子工具面板中，主要功能可從 Instrument Simulator 讀取資料字串。

3. Simple Error Handler VI：此函數物件位於 Time & Dialog 子工具面板中，主要功能在當程式在執行中，如果產生任何錯誤時可立即經由彈出式對話方框顯示訊息。

⚠ **注意：**模擬程式需花數秒產生波形資料。

12-3　Waveform 轉換

大多數的儀器，你可以透過 GPIB 來傳送大量的資料，如波形的轉換。當你從儀器(如示波器或是頻譜分析儀)讀取波形圖資料時，這些資料通常是被格式化的，但有時候它會包含有表頭與表尾的訊息如下所示，因此你必須處理從儀器收到的波形字串資料。

12.3.1　移除資料表頭

大部份的儀器，在傳回資料時均會附加**表頭**(Headers)訊息，而這些表頭訊息通常包括傳回的數字資料數值或是儀表的設定，也會有些資料在**表尾**(Trailer)加上一些結束的訊息。如欲將儀器傳回的資料變成有效的格式時，首先必須移除表頭與表尾的訊息，所以會從儀器送出一個如下所示的字串：

```
CURVE {12,28,63,...1024 points in total...,}CR L
Header          Data Point                      Trailer
(6 bytes)       (up to 4 bytes each)            (2 bytes)
```

在第九章的字串指令中提及 String Subset 的功能，我們可以使用此函數來移除儀器回傳的表頭訊息。String Subset 可由 offset 來設定字串的偏移位置，從某一長度的子字串開始擷取資料，移除表頭的方式如下圖程式所示：

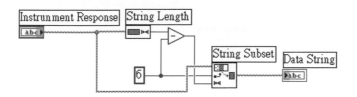

如果從一個儀器傳回的資料是 ASCII 的格式，其實它看起來與一般字元字串很類似，但在資料中含有數字就必須先經過處理，如果傳回的是波形資料時，那麼就必須先將它轉換成數字資料。例如一個由 1024 點所構成的**波形**(Waveform)，其每點的數值會介於 0 到 255 之間，若是使用 ASCII 編碼時，每個點需要用 4 個位元組來表示(每個點的最大數值是由 3 個位元組，以及一個逗點或是分隔方式來組成)，總共需要 4096（4*1024），再加上表頭及表尾的位元組數來表示此波形的 ASCII 字串，如下波形以 ASCII 編碼為例，其表頭部分已經被移除。

12，28.63，43，234，….1024 points in total…

由上述得知，只要知道這字串格式並移除表頭後，便可從 ASCII 字串中擷取資料。

12

範例 12-3 ASCII Waveform Convert to Numeric VI

學習目標：從模擬器裝置擷取 ASCII 格式的波形，將其中的數值轉換成浮點數值的陣列。

建立一個 VI 程式，可以透過 GPIB 的連線，寫入 SENS:DATA？命令給 Instrument Simulator 裝置要求輸出波形。然後讀取資料(大小 200 位元組)並且顯示在字串顯示器上，將該字串中的表頭訊息移除，取出數值資料以波形輸出方式，顯示在圖表上。

Front Panel：

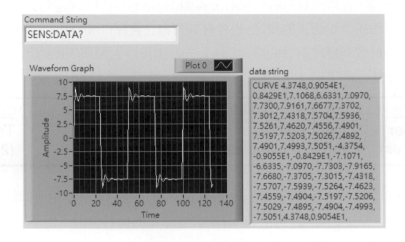

Block Diagram：

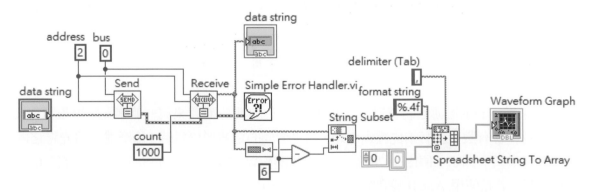

步驟說明：

1. 首先開啟一個新的 VI，並建立如上圖的人機介面。
2. 關閉 Instrument Simulator 電源開關，連接上 GPIB 電纜線，設定模擬器的位址為 2。
3. 接著開啟 Instrument Simulator 的電源，注意電源的 LED 是否亮燈？這代表 Instrument Simulator 若是亮燈表示 GPIB 已經處在通訊模式，反之則否。

4. 波形字串會顯示從 Instrument Simulator 裝置所回應的字串，執行後檢視此 VI 從儀器回應的字串。在原來定義的狀態下，Instrument Simulator 裝置會傳送下面 ASCII 格式的波形資料：

CURVE<space>num0，num1……num127<LF>

必須確認上面所示顯示的資料格式是否正確，但須留意在此範例中，表頭的長度應是 6 個位元組，表尾的長度是 1 位元組，而波形資料值總共有 128 筆。然而在範例中，必須位移到表頭後面，才開始讀取資料並把 ASCII 資料轉換成數值，同時將資料以波形圖方式顯示出來。

5. 此程式請以 ASCII Waveform Convert.vi 命名與儲存它。

函數物件功能說明：

1. Send：此函數位於 Instrument I/O » GPIB » 488.2 子面板中，主要功能可將資料傳送到 GPIB 設備。

2. Receive：此函數位於 Instrument I/O » GPIB » 488.2 子面板中，主要功能可從 GPIB 設備讀取資料位元組。

3. String Length：此函數位於 String 面板中，此功能為求 ASCII 字串的位元組數，此值減去偏移值所得之值便是剩餘波形資料長度。

4. String Subset 函數：此函數物件位於 String 面板中，功能自 Instrument Simulator 裝置中擷取包含 ASCII 的波形資料的字串子集合。這個函數寫入資料字串到 GPIB 儀器中。

5. Fract/Exp String To Number：此函數位於 String » Number/String Conversion 子面板中，主要功能可以傳回一個字串當中的字元數量。亦可轉此函數功能是轉換一個字串，包含有效的數字字元成為一個浮點數，而函數是由偏移開始掃描字串。

6. Build Array：此函數位於 Array 面板中，主要功能是擴充陣列函數，連結兩個以上的陣列成為一個陣列，或在陣列中加入一個新元素。

12.3.2　Binary Waveform Encoded as 1-byte Integers

相同的波形使用二進位編碼，只需要 1024 Bytes 加上表頭和表尾 Bytes 來表示，在使用二進位編碼，只需要用 1 Byte 表示點即可。如果每個點都是 Unsigned 8-bit 整數時，以下為二進位波形字串的範例說明。

```
CURVE % {MSB}{LSB} {ÅÅ¤á...1024 bytes in total...} {Chk} CR
Header      Count      Data Point                   Trailer
(7 bytes)   (4 bytes)  (1 byte each)                (3 bytes)
```

若將二進位字串轉換成數值陣列時，必須先轉換字串變成整數陣列，再利用 String To Byte Array 函數來達成(String » Conversion 子工具面板)。所以在轉換成陣列之前，必須先從字串移除掉表頭與表尾的資訊。否則，表頭與表尾資訊也會一起被轉換。

12.3.2　Binary Waveform Encoded as 2-byte Integers

如果是二進位波形字串，每個點會被編碼成 2-byte 整數，可以使用 Type Cast 函數 (Advanced » Data Manipulation 子工具面板)，如此一來便會更容易且更快的進行資料轉換。例如，考慮一台 GPIB 的示波器其轉換波形資料若是二進位紀錄時，如波形有 1024 個資料點，而每個資料點是 2-byte Signed 整數，因此整個波形便會有 2048 Bytes。如果波形有 4-byte 表頭 DATA 和一個 2-byte 表尾，如下圖所示。

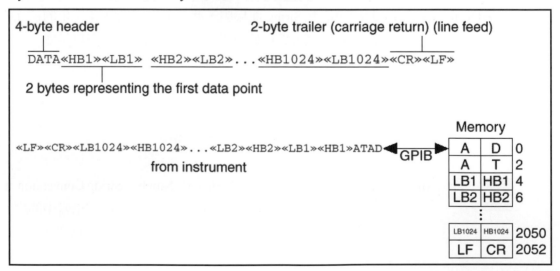

若需要使用 Swap Bytes 函數(Advanced » Data Manipulation 子工具面板)去交換 High-order 8 bit 和 Low-order 8 bit 對每個**元素**(Element)，但 GPIB 是一個 8-bit Bus，它在同時間只能轉換一個 Byte。如果儀器能夠設定先傳送 Low Byte，然後再傳 High Byte，就不需要使用 Swap Bytes 函數。

在上一頁的範例中，需要使用 Swap Bytes 函數是因為儀器先傳送 High-order Byte，使得 High-order Byte 會先被接收，將它放置在較低的記憶位置，並會延後傳送 Low-order Byte。

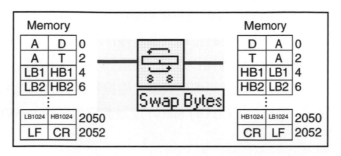

12-4　**儀器驅動程式設計**

　　儀器驅動程式是經由一個驅動程式，控制一個特殊的儀器設備。可以透過 LabVIEW 的人機介面概念，建立儀器驅動程式會是一種不錯的選擇。在 LabVIEW 的人機介面可以提供，模擬儀表的真實操作介面，並經由程式區將操作命令送到設備端。在完成一個儀器驅動器時，便無需去記憶繁瑣的儀器操作命令。更進一步的說，就是只須在人機介面設定輸入，便可由輸出端獲得結果。因此可簡化人機介面控制儀表的過程，最大的優點就是你可以透過儀表驅動程式，來結合主程式的 SubVI 或是其它程式的 SubVI，建構一個控制系統的 VI 程式。

　　LabVIEW 有一個超過 600 個的儀器驅動的程式函式庫，以下列出有驅動程式的儀器公司。一覽表是現成適用於 NI 的 GPIB 介面的儀器設備。如果所使用的儀器不在表單當中，亦可在表單找到一個類似儀器設備，進行驅動程式修改來滿足你的需求，或是重新自行編寫程式。

	Tektronix	
Prema		Newport
Philips		Kepco
John Fluke Mfg.		Schlumberger
Stanford Research		Yokagawa
Rohde & Schwarz		Wandel and Goltermann
AD Data		Racal-Dana
Nicolet		LeCroy
Tasco		Hewlett-Packard
	TEAC	

　　因為有很多不同類型的儀器設備，所以也不可能有全部類型的儀器驅動程式範例與技巧。而驅動程式都是透過在人機介面與程式區，來建立一個命令字串，並將指令送到儀器端執行操作。命令字串可由裝置設定組成(通常是 ASCII 碼)用來遙控儀器設備。本章節將說明在設計儀器驅動程式時，所需遵循的程序與注意事項，經由設計模型便能了解儀器驅動程式的結構，會更易於使用在個別的程式應用，快速的建立與使用儀器驅動程式，亦可以學到如何去修改一些儀器的驅動程式，進而將修改部分程式的內容，變成為另一新儀器的驅動程式。

在列舉的範例中,所呈現之 VI 程式皆是大眾化的儀器驅動程式,可適用於大多數的儀器設備,這也是儀器驅動程式發展的基礎。下圖說明 HP 34401A 儀器驅動程式 VI 階層架構,可應用此 VI 的基本量測配置介面,來撰寫新的儀器驅動程式,如訊號產生器便是很好的練習範例。主要架構可分為起始 VI(Getting Started VI)是屬於高階的應用 VI,由它進行呼叫 Initialize(初始化)、Application(應用),以及 Close(關閉)VIs 等程序動作。

　　前述這些 VI 執行共同的操作如:初始化、關閉、重設、自行測試、和修正查詢。如同下圖所示,VI 的公共元件包含有 VI 的初始化、關閉,和公用程式的內部模式。其它類型的 VI 模型,例如配置、動作/狀態,以及資料 VI 等,皆與儀器息息相關,將留給儀器驅動程式發展人員自行定義。

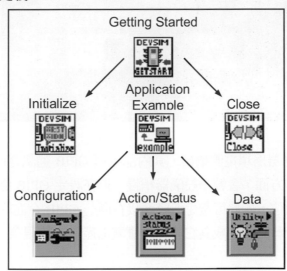

資料來源:National Instruments

範例 12-4 ASCII Waveform Convert to Numeric VI

學習目標：利用 GPIB 與儀器裝置通訊，達到儀器控制的目地。

　　建立一個 VI 程式，可以透過 GPIB 的連線，控制單電源供應器的電壓與電流輸出，儀器型式如下圖所示。

　　此款的電源供應器為單電源輸出，其內部處理 GPIB 通訊介面資料的 CPU 為 Z80，所以在傳輸數據資料方面，會較一般儀器稍慢。但在設定 GPIB 位置與連接電纜線時，須將其位置設在第一順位，如此可避免造成連接在同一 GPIB 介面的其它儀器，會因此電源供應器設備在傳輸資料時，造成其它設備的壅塞而產生當機現象。

　　在程式設計方面的要領說明如下：
　　　　1. Set Volts：電壓值設定。
　　　　2. Set Current：電流值設定。
　　　　3. Reset：重置功能乃是將目前狀態清除，使儀器回復到預設值的起始狀態。
　　　　4. Damping：此功能可以減少自然振盪，具阻尼效果。
　　　　5. Output：此功能決定是否送出電壓及電流值。

⚠ **注意**：TTI PL330P Power Supply 的輸出電壓範圍 0~32V，電流範圍 0~3A。

Front Panel：

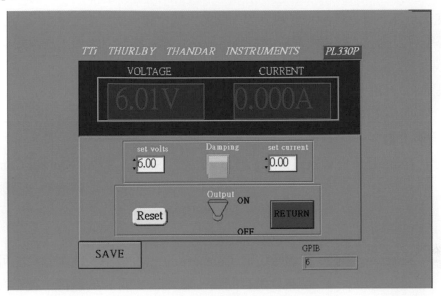

Block Diagram：

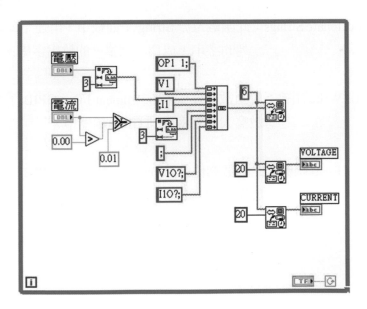

步驟說明：

1. 首先開啟一個新的 VI，並建立如上圖的人機介面。
2. 必須分設獨立的電壓與電流的控制器與顯示器之輸出與輸入，並設定有效數值在小數下二位。
3. 設定 Reset 鍵，以便清除目前的狀態，回復到預設值的起始狀態。

函數物件功能說明：

1. Number to Fractional String：此函數位於 String » String/Number Conversion 子面板中，函數功能是將函數轉換一個數字成為一個浮點數的字串。

2. Selection 函數：此函數位於 Comparison 子面板中，此函數功能可以透過一個布林選擇開關，來決定 T 或 F 的選擇，在每次選擇只有一組輸出。

3. Concatenate Strings：此函數位於 String 子面板中，串連全部的輸入字串及陣列的字串，成為一個單一的輸出字串。

4. GPIB Write 函數：此函數物件位於 Instrument I/O » GPIB 子面板中，這個函數寫入資料字串到 GPIB 儀器中。

5. GPIB Read 函數：此函數物件位於 Instrument I/O » GPIB 子面板中，這個函數從 GPIB 儀器中讀取資料字串。

問題練習

1. 請參考訊號產生器範例，修改該程式為三用電表控制程式，如下圖的範例所示。

Front Panel： Block Diagram：

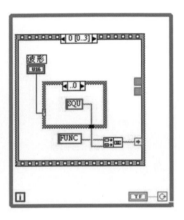

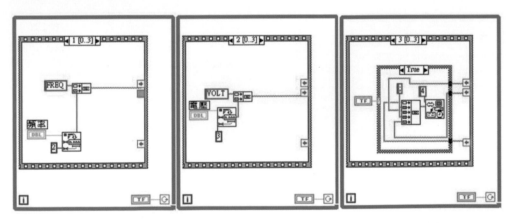

2. 請修改範例 12-3 電源供應器的控制程式，當電壓設定在某一固定範圍時，如果實際輸出電壓值的變動率超過±5%，由程式內部發出一個警告視窗，並暫停程式執行，直到重新設定電壓變動率範圍為止。如果實際輸出電壓值為 0V 時，由程式內部發出一個警示聲響，並且停止程式繼續執行。

3. 試設計一個十字路口紅綠燈的控制，請以 12-4 節「並列埠的應用」的 RS-232 原理，使用並列埠的位址範圍由 DATA 0 到 DATA5 的燈號控制。

12

歡迎加入 全華會員

全華會員

● 會員獨享
  會員享購書折扣、紅利積點、生日禮金、不定期優惠活動…等。

● 如何加入會員
  掃 QRcode 或填安讀者回函卡直接傳真 (02) 2262-0900 或寄回，將由專人協助登入會員資料，待收到 E-MAIL 通知後即可成為會員。

如何購買

1. 網路購書
   全華網路書店「http://www.opentech.com.tw」，加入會員購書更便利，並享有紅利積點回饋等各式優惠。

2. 實體門市
   歡迎至全華門市（新北市土城區忠義路 21 號）或各大書局選購。

3. 來電訂購
   (1) 訂購專線：(02) 2262-5666 轉 321-324
   (2) 傳真專線：(02) 6637-3696
   (3) 郵局劃撥（帳號：0100836-1　戶名：全華圖書股份有限公司）
   ※ 購書未滿 990 元者，酌收運費 80 元。

OpenTech.com.tw 全華網路書店

全華網路書店 www.opentech.com.tw
E-mail: service@chwa.com.tw

※ 本會員制如有變更則以最新修訂制度為準，造成不便請見諒。

讀者回函卡

掃 QRcode 線上填寫 ▶▶▶

姓名：＿＿＿＿＿＿　生日：西元＿＿＿年＿＿月＿＿日　性別：□男 □女

電話：（　）＿＿＿＿＿＿　手機：＿＿＿＿＿＿

e-mail：＿＿＿＿＿＿（必填）

註：數字零，請用 Φ 表示，數字 1 與英文 L 請另註明並書寫端正，謝謝。

通訊處：□□□□□

學歷：□高中・職　□專科　□大學　□碩士　□博士

職業：□工程師　□教師　□學生　□軍・公　□其他

學校／公司：＿＿＿＿＿＿　科系／部門：＿＿＿＿＿＿

· 需求書類：

□A. 電子　□B. 電機　□C. 資訊　□D. 機械　□E. 汽車　□F. 工管　□G. 土木　□H. 化工　□I. 設計

□J. 商管　□K. 日文　□L. 美容　□M. 休閒　□N. 餐飲　□O. 其他

· 本次購買圖書為：＿＿＿＿＿＿　書號：＿＿＿＿＿＿

· 您對本書的評價：

封面設計：□非常滿意　□滿意　□尚可　□需改善，請說明＿＿＿＿＿＿

內容表達：□非常滿意　□滿意　□尚可　□需改善，請說明＿＿＿＿＿＿

版面編排：□非常滿意　□滿意　□尚可　□需改善，請說明＿＿＿＿＿＿

印刷品質：□非常滿意　□滿意　□尚可　□需改善，請說明＿＿＿＿＿＿

書籍定價：□非常滿意　□滿意　□尚可　□需改善，請說明＿＿＿＿＿＿

整體評價：請說明＿＿＿＿＿＿

· 您在何處購買本書？

□書局　□網路書店　□書展　□團購　□其他

· 您購買本書的原因？（可複選）

□個人需要　□公司採購　□親友推薦　□老師指定用書　□其他

· 您希望全華以何種方式提供出版訊息及特惠活動？

□電子報　□DM　□廣告（媒體名稱＿＿＿＿＿＿）

· 您是否上過全華網路書店？（www.opentech.com.tw）

□是　□否　您的建議＿＿＿＿＿＿

· 您希望全華出版哪方面書籍？＿＿＿＿＿＿

· 您希望全華加強哪些服務？＿＿＿＿＿＿

感謝您提供寶貴意見，全華將秉持服務的熱忱，出版更多好書，以饗讀者。

填寫日期：　　／　　／

2020.09 修訂

親愛的讀者：

感謝您對全華圖書的支持與愛護，雖然我們很慎重的處理每一本書，但恐仍有疏漏之處，若您發現本書有任何錯誤，請填寫於勘誤表內寄回，我們將於再版時修正，您的批評與指教是我們進步的原動力，謝謝！

全華圖書　敬上

勘　誤　表

頁　數	行　數	書　號	書　名
		錯誤或不當之詞句	作　者
			建議修改之詞句

我有話要說：（其它之批評與建議，如封面、編排、內容、印刷品質等⋯⋯）

國家圖書館出版品預行編目資料

LabVIEW 程式設計與應用 / 惠汝生編著.--初版.
-- 新北市：全華圖書, 2020.10
    面 ； 公分
ISBN 978-986-503-499-3(平裝)

1.CST：LabVIEW(電腦程式) 2.CST：量度儀器

331.7029   109014393

LabVIEW 程式設計與應用

作者 / 惠汝生

發行人 / 陳本源

執行編輯 / 李孟霞

出版者 / 全華圖書股份有限公司

郵政帳號 / 0100836-1 號

印刷者 / 宏懋打字印刷股份有限公司

圖書編號 / 06465007

初版三刷 / 2023 年 9 月

定價 / 新台幣 600 元

ISBN / 978-986-503-499-3 (平裝附光碟)

全華圖書 / www.chwa.com.tw

全華網路書店 Open Tech / www.opentech.com.tw

若您對書籍內容、排版印刷有任何問題，歡迎來信指導 book@chwa.com.tw

臺北總公司(北區營業處)
地址：23671 新北市土城區忠義路 21 號
電話：(02) 2262-5666
傳真：(02) 6637-3695、6637-3696

南區營業處
地址：80769 高雄市三民區應安街 12 號
電話：(07) 381-1377
傳真：(07) 862-5562

中區營業處
地址：40256 臺中市南區樹義一巷 26 號
電話：(04) 2261-8485
傳真：(04) 3600-9806(高中職)
          (04) 3601-8600(大專)